西北旱区生态水利学术著作丛书

水利工程风险与管理

胡德秀 杨 杰 程 琳 罗倩钰 编著

科学出版社

北 京

内 容 简 介

水利工程所处的气象、水文、地形、地质和环境等条件十分复杂,其规划、设计、施工、运行与管理中存在的诸多不确定性因素,使得工程不同程度地存在库区淹没、库岸失稳、泥沙淤积、冻胀冻融破坏、材料老化、洪涝灾害以及管理决策失误等风险,加强相关风险研究与防范,对于确保水利工程安全至关重要。本书紧密结合工程实际,系统论述水利工程风险与管理方面的基本理论和技术方法,包括水利工程风险的基本概念以及国内外水利工程风险与管理的研究现状;水库大坝风险管理;库区防护风险与库岸失稳防治;水库泥沙淤积风险及防沙措施;水利工程的冻害风险及防治;水利工程老化风险与检测评估;水利工程安全管理信息化;水库的洪灾风险及防汛管理等。

本书可作为水利工程相关专业技术管理人员的参考用书,也可作为高等院校师生的参考用书。

图书在版编目(CIP)数据

水利工程风险与管理/胡德秀等编著. —北京:科学出版社,2017.9
(西北旱区生态水利学术著作丛书)
ISBN 978-7-03-054422-3

Ⅰ. ①水… Ⅱ. ①胡… Ⅲ. ①水利工程-风险管理 Ⅳ. ①TV

中国版本图书馆 CIP 数据核字(2017)第 217463 号

责任编辑:祝 洁 赵晓廷 / 责任校对:郭瑞芝
责任印制:张 伟 / 封面设计:迷底书装

科学出版社 出版
北京东黄城根北街 16 号
邮政编码:100717
http://www.sciencep.com
北京教图印刷有限公司 印刷
科学出版社发行 各地新华书店经销

*

2017 年 9 月第 一 版 开本:B5(720×1000)
2017 年 9 月第一次印刷 印张:16
字数:312 000

定价:90.00 元
(如有印装质量问题,我社负责调换)

《西北旱区生态水利学术著作丛书》学术委员会

（以姓氏笔画排序）

主　任：王光谦

委　员：许唯临　杨志峰　沈永明

　　　　张建云　钟登华　唐洪武

　　　　谈广鸣　康绍忠

《西北旱区生态水利学术著作丛书》编写委员会

（以姓氏笔画排序）

主　任：周孝德

委　员：王全九　李　宁　李占斌

　　　　罗兴锜　柴军瑞　黄　强

总 序 一

　　水资源作为人类社会赖以延续发展的重要要素之一，主要来源于以河流、湖库为主的淡水生态系统。这个占据着少于 1%地球表面的重要系统虽仅容纳了地球上全部水量的 0.01%，但却给全球社会经济发展提供了十分重要的生态服务，尤其是在全球气候变化的背景下，健康的河湖及其完善的生态系统过程是适应气候变化的重要基础，也是人类赖以生存和发展的必要条件。人类在开发利用水资源的同时，对河流上下游的物理性质和生态环境特征均会产生较大影响，从而打乱了维持生态循环的水流过程，改变了河湖及其周边区域的生态环境。如何维持水利工程开发建设与生态环境保护之间的友好互动，构建生态友好的水利工程技术体系，成为传统水利工程发展与突破的关键。

　　构建生态友好的水利工程技术体系，强调的是水利工程与生态工程之间的交叉融合，由此促使生态水利工程的概念应运而生，这一概念的提出是新时期社会经济可持续发展对传统水利工程的必然要求，是水利工程发展史上的一次飞跃。作为我国水利科学的国家级科研平台，"西北旱区生态水利工程省部共建国家重点实验室培育基地（西安理工大学）"是以生态水利为研究主旨的科研平台。该平台立足我国西北旱区，开展旱区生态水利工程领域内基础问题与应用基础研究，解决了若干旱区生态水利领域内的关键科学技术问题，已成为我国西北地区生态水利工程领域高水平研究人才聚集和高层次人才培养的重要基地。

　　《西北旱区生态水利学术著作丛书》作为重点实验室相关研究人员近年来在生态水利研究领域内代表性成果的凝炼集成，广泛深入地探讨了西北旱区水利工程建设与生态环境保护之间的关系与作用机理，丰富了生态水利工程学科理论体系，具有较强的学术性和实用性，是生态水利工程领域内重要的学术文献。丛书的编纂出版，既是重点实验室对其研究成果的总结，又对今后西北旱区生态水利工程的建设、科学管理和高效利用具有重要的指导意义，为西北旱区生态环境保护、水资源开发利用及社会经济可持续发展中亟待解决的技术及政策制定提供了重要的科技支撑。

中国科学院院士 王光谦

2016 年 9 月

总 序 二

近 50 年来全球气候变化及人类活动的加剧，影响了水循环诸要素的时空分布特征，增加了极端水文事件发生的概率，引发了一系列社会-环境-生态问题，如洪涝、干旱灾害频繁，水土流失加剧，生态环境恶化等。这些问题对于我国生态本底本就脆弱的西北地区而言更为严重，干旱缺水（水少）、洪涝灾害（水多）、水环境恶化（水脏）等严重影响着西部地区的区域发展，制约着西部地区作为"一带一路"国家战略桥头堡作用的发挥。

西部大开发水利要先行，开展以水为核心的水资源-水环境-水生态演变的多过程研究，揭示水利工程开发对区域生态环境影响的作用机理，提出水利工程开发的生态约束阈值及减缓措施，发展适用于我国西北旱区河流、湖库生态环境保护的理论与技术体系，确保区域生态系统健康及生态安全，既是水资源开发利用与环境规划管理范畴内的核心问题，又是实现我国西部地区社会经济、资源与环境协调发展的现实需求，同时也是对"把生态文明建设放在突出地位"重要指导思路的响应。

在此背景下，作为我国西部地区水利学科的重要科研基地，西北旱区生态水利工程省部共建国家重点实验室培育基地（西安理工大学）依托其在水利及生态环境保护方面的学科优势，汇集近年来主要研究成果，组织编纂了《西北旱区生态水利学术著作丛书》。该丛书兼顾理论基础研究与工程实际应用，对相关领域专业技术人员的工作起到了启发和引领作用，对丰富生态水利工程学科内涵、推动生态水利工程领域的科技创新具有重要指导意义。

在发展水利事业的同时，保护好生态环境，是历史赋予我们的重任。生态水利工程作为一个新的交叉学科，相关研究尚处于起步阶段，期望以此丛书的出版为契机，促使更多的年轻学者发挥其聪明才智，为生态水利工程学科的完善、提升做出自己应有的贡献。

中国工程院院士
2016 年 9 月

总 序 三

我国西北干旱地区地域辽阔、自然条件复杂、气候条件差异显著、地貌类型多样，是生态环境最为脆弱的区域。20世纪80年代以来，随着经济的快速发展，生态环境承载负荷加大，遭受的破坏亦日趋严重，由此导致各类自然灾害呈现分布渐广、频次显增、危害趋重的发展态势。生态环境问题已成为制约西北旱区社会经济可持续发展的主要因素之一。

水是生态环境存在与发展的基础，以水为核心的生态问题是环境变化的主要原因。西北干旱生态脆弱区由于地理条件特殊，资源性缺水及其时空分布不均的问题同时存在，加之水土流失严重导致水体含沙量高，对种类繁多的污染物具有显著的吸附作用。多重矛盾的叠加，使得西北旱区面临的水问题更为突出，急需在相关理论、方法及技术上有所突破。

长期以来，在解决如上述水问题方面，通常是从传统水利工程的逻辑出发，以人类自身的需求为中心，忽略甚至破坏了原有生态系统的固有服务功能，对环境造成了不可逆的损伤。老子曰"人法地，地法天，天法道，道法自然"，水利工程的发展绝不应仅是工程理论及技术的突破与创新，而应调整以人为中心的思维与态度，遵循顺其自然而成其所以然之规律，实现由传统水利向以生态水利为代表的现代水利、可持续发展水利的转变。

西北旱区生态水利工程省部共建国家重点实验室培育基地（西安理工大学）从其自身建设实践出发，立足于西北旱区，围绕旱区生态水文、旱区水土资源利用、旱区环境水利及旱区生态水工程四个主旨研究方向，历时两年筹备，组织编纂了《西北旱区生态水利学术著作丛书》。

该丛书面向推进生态文明建设和构筑生态安全屏障、保障生态安全的国家需求，瞄准生态水利工程学科前沿，集成了重点实验室相关研究人员近年来在生态水利研究领域内取得的主要成果。这些成果既关注科学问题的辨识、机理的阐述，又不失在工程实践应用中的推广，对推动我国生态水利工程领域的科技创新，服务区域社会经济与生态环境保护协调发展具有重要的意义。

中国工程院院士

2016年9月

前　　言

　　水中蕴含着巨大的能量,为了能够利用这种清洁、廉价且可再生的能源,人们采用工程措施,修建了大量的水利工程。现代水利工程项目普遍具有工程规模大、投资额度大、建设工期长、结构复杂及影响因素多等特点,这就决定了其在建设与运行过程中存在各种风险,而这些风险一旦发生,往往会造成生命财产的损失与损害。为了减小和消除水利工程风险的影响,就必须对风险进行识别、估算、评价进而控制管理。为此,本书在国家自然科学基金项目"黄河上游梯级水库群若干生态环境风险的分析方法与模型"(编号:41301597)、陕西省教育厅科学研究计划项目"黄河上游梯级开发若干生态环境问题风险分析研究"(编号:2013JK0848)、西北旱区生态水利工程国家重点实验室培育基地基金项目"引汉济渭工程供水风险分析研究"(编号:2016ZZKT-8)以及"丹凤水库群安全性态综合评价研究""临潼水库群除险加固技术方法研究""靖边县抗旱应急水源工程新建四座水库可行性研究论证与优化设计"等多项研究课题的联合资助下,紧密结合工程实际,系统研究和全面总结了水利工程风险管理的基本理论、分析方法、评价估算、工程防治措施以及水利工程管理信息化的应用等。

　　全书共8章,主要内容如下。

　　第1章简要介绍水利工程风险的基本概念,包括风险类别、风险影响因素、研究内容与方法等;分析了国内外水利工程风险与管理研究现状和存在的问题。

　　第2章介绍水库大坝风险的分析与评价方法,以及水库生态环境风险研究的内容。

　　第3章研究讨论了水库防护区的防淹没、防浸没与排洪措施,以及岩质和非岩质库岸失稳的预测与防治方法。

　　第4章针对水库泥沙淤积的类型、特点及其影响,对水库来沙量与淤积量的分析与计算方法进行研究,介绍了水库淤积防治的工程措施与管理办法。

　　第5章对水利工程冻害风险,如冻胀破坏、冻融破坏和冰冻破坏及其机理进行研究,介绍了相关的冻害防护措施。

　　第6章系统介绍水利工程老化风险及其检测评估方法,重点研究了老化评估的层次分析法与可靠度评定法。

　　第7章阐述了水利工程安全管理信息化的意义、作用和基本内容,结合实例介绍了信息化在水利工程管理上的运用。

第 8 章针对水库的洪灾风险与防汛管理、水库与水库群的防汛调度进行研究，介绍了水库超标洪水、土坝漏洞及滑坡、堤坝决口以及其他水工建筑物险情的抢险措施；研究了水库来水、供水和损失的水量估算方法以及兴利调节计算等。

本书由西安理工大学胡德秀、杨杰、程琳、罗倩钰共同编著，马婧、冉蠡、屈旭东、秦全乐、赵慧冰、李亚明、王赵汉、张凯、董嘉锐等博、硕士研究生在书稿校核、图文整编、文字处理等方面做了大量工作。全书由胡德秀统稿。各章编写分工如下：第 1 章由胡德秀、冉蠡编写，赵慧冰、李亚明校核；第 2 章由胡德秀、杨杰编写，程琳、屈旭东校核；第 3 章由胡德秀、程琳编写，马婧、王赵汉校核；第 4 章由胡德秀、杨杰编写，程琳、董嘉锐校核；第 5 章由程琳、杨杰编写，王赵汉校核；第 6 章由胡德秀、罗倩钰编写，张凯、李亚明校核；第 7 章由杨杰、程琳编写，马婧、冉蠡校核；第 8 章由胡德秀、程琳、罗倩钰编写，秦全乐、屈旭东校核。

在编写本书过程中参阅了大量论文文献和专著、教材等，谨对所有作者表示衷心的感谢！

限于作者的认识与水平，书中难免会有疏漏之处，恳请广大读者批评指正！

作　者

2017 年 2 月 1 日

目　　录

总序一

总序二

总序三

前言

第1章　绪论 …………………………………………………………………………… 1

1.1　水利工程风险的基本概念 …………………………………………………… 1
　　1.1.1　风险的属性 ……………………………………………………………… 1
　　1.1.2　风险的特征 ……………………………………………………………… 2
　　1.1.3　水利工程风险的特点 …………………………………………………… 3
　　1.1.4　水利工程风险的影响因素 ……………………………………………… 4
1.2　水利工程风险类别 …………………………………………………………… 6
1.3　水利工程风险与管理研究现状 ……………………………………………… 10
　　1.3.1　国外风险与管理研究现状 ……………………………………………… 11
　　1.3.2　国内风险与管理研究现状 ……………………………………………… 11
1.4　水利工程风险与管理的研究内容及任务 …………………………………… 12

第2章　水库大坝风险管理 …………………………………………………………… 16

2.1　水利工程风险分析程序与方法 ……………………………………………… 16
　　2.1.1　风险分析的一般程序及内容 …………………………………………… 16
　　2.1.2　水利工程风险分析方法 ………………………………………………… 17
2.2　水库大坝的风险与分析评价 ………………………………………………… 19
　　2.2.1　水库大坝风险 …………………………………………………………… 19
　　2.2.2　水库大坝风险分析评价 ………………………………………………… 20
2.3　水利工程的生态环境风险 …………………………………………………… 29
　　2.3.1　生态与环境风险分析研究的发展历程 ………………………………… 29
　　2.3.2　水利工程生态与环境风险分析 ………………………………………… 31

第3章　库区防护风险与库岸失稳防治 ·····················40

3.1　水库蓄水风险及库区防护措施 ·····················40

3.2　水库的淹没风险及防控措施 ·······················41
　　3.2.1　水库的淹没防控措施 ·······················41
　　3.2.2　防护工程 ·······························43

3.3　防护区的排洪措施 ····························48
　　3.3.1　排洪渠渠线的布置 ·······················48
　　3.3.2　排洪渠道的断面 ·························49

3.4　防浸没的措施 ·····························49
　　3.4.1　填高地面 ···························49
　　3.4.2　排水措施 ···························49
　　3.4.3　抽水站 ···························54

3.5　岩质库岸失稳的防治 ··························58

3.6　非岩质库岸失稳的防治 ·························60

3.7　库岸失稳的预测 ····························63
　　3.7.1　库岸失稳预测方法 ·······················63
　　3.7.2　滑坡引起的涌浪 ·························64

第4章　水库泥沙淤积风险及防沙措施 ·····················68

4.1　水库的泥沙淤积及其影响 ························68

4.2　水库泥沙的淤积和冲刷 ·························69
　　4.2.1　水库泥沙的淤积类型 ·······················69
　　4.2.2　壅水淤积形态 ·························70
　　4.2.3　水库的冲刷 ···························74

4.3　水库来沙量的估算 ····························75
　　4.3.1　影响水库泥沙来量的因素 ·····················75
　　4.3.2　入库悬移质年沙量的估算 ·····················76
　　4.3.3　推移质输沙量的估算 ·······················78

4.4　水库淤积计算 ·····························79
　　4.4.1　水库回水曲线的计算 ·······················79
　　4.4.2　水库壅水淤积计算的有限差分法 ···················84
　　4.4.3　水库壅水淤积计算的三角洲法 ···················85
　　4.4.4　多年平均淤积量的估算 ·····················87
　　4.4.5　水库淤积年限的计算 ·······················88

4.5　防治水库淤积的措施···89
　　4.5.1　减少泥沙入库的措施···89
　　4.5.2　减少水库淤积的措施···90
　　4.5.3　清除水库淤沙的措施···91
4.6　水库的滞洪排沙···94
　　4.6.1　水库的运用方式···94
　　4.6.2　滞洪排沙泄量的选择···94
　　4.6.3　滞洪排沙期间淤积量计算···94
　　4.6.4　浑水水库及其特点···95
　　4.6.5　浑水水库滞洪排沙计算···96
4.7　水库的异重流排沙···98
　　4.7.1　异重流现象···98
　　4.7.2　异重流的运动特点···100
　　4.7.3　异重流排沙计算···103

第5章　水利工程的冻害风险与防治·······································108

5.1　水利工程的冻胀破坏与防治···108
　　5.1.1　水利工程冻胀破坏机理···108
　　5.1.2　水利工程冻胀破坏现象···110
　　5.1.3　水利工程冻胀破坏防治···113
5.2　水利工程的冻融破坏与防治···118
　　5.2.1　混凝土冻融破坏的机理···118
　　5.2.2　混凝土冻融破坏的特征···119
　　5.2.3　影响混凝土抗冻性的主要因素···································119
　　5.2.4　提高混凝土抗冻性的措施···120
5.3　水利工程的冰冻破坏与防治···121
　　5.3.1　水库建筑物的冰冻破坏···121
　　5.3.2　冰冻破坏防治方法···122

第6章　水利工程老化风险与检测评估·······························123

6.1　水利工程的安全检测···124
　　6.1.1　水工建筑物的历史与现状调查···································124
　　6.1.2　回弹法推定混凝土的强度···127
　　6.1.3　混凝土的老化病害检测···130
6.2　水利工程的老化病害评估···139
　　6.2.1　水工建筑物老化病害评估的目的·······························139

6.2.2　水工建筑物老化病害评估的原则 ···············140

6.2.3　水工建筑物老化病害评估方法综述 ············140

6.3　老化评估的层次分析法 ··································144

6.3.1　层次结构 ···145

6.3.2　相对重要性的比例标度和判断矩阵 ···········148

6.3.3　判断矩阵的一致性检验 ························151

6.3.4　准则指标的确定 ·································153

6.3.5　层次分析法的步骤 ······························153

6.4　老化评估的可靠度评定法 ·······························154

6.4.1　结构可靠度分析的若干基本概念 ··············154

6.4.2　结构可靠度计算的一次二阶矩法 ··············157

第7章　水利工程安全管理信息化 ·································160

7.1　水利信息化概述 ···160

7.1.1　信息化与水利信息化 ····························160

7.1.2　水利信息化的意义和作用 ·······················162

7.2　水利信息化基本内容 ····································164

7.2.1　水利信息化基本概念与分类 ····················164

7.2.2　水利工程信息化结构 ····························166

7.3　水利信息化实例 ···175

7.3.1　水雨情采集系统 ·································175

7.3.2　水库大坝安全监测信息系统 ·····················181

7.3.3　闸门自动监控系统 ·······························187

7.3.4　视频监视系统 ·····································192

第8章　水库的洪灾风险和防汛管理 ·······························195

8.1　水库的防洪调度 ···195

8.1.1　水库调度的意义 ·································195

8.1.2　水库的洪水调节计算 ····························195

8.1.3　水库防洪调度方案的编制 ·······················198

8.2　水库群的防洪调度 ·······································203

8.2.1　梯级（串联）水库的防洪标准 ··················203

8.2.2　梯级水库的设计洪水 ····························204

8.2.3　梯级水库防洪库容的分配 ·······················204

8.2.4　梯级水库的防洪调度原则 ·······················205

8.2.5　梯级水库的洪水调度方式 ·······················205

8.3　水库的防汛抢险 ··· 206
　　8.3.1　汛前准备与抢险的基本工作 ····································· 206
　　8.3.2　土坝超标准洪水抢险 ··· 207
　　8.3.3　土坝漏洞抢险 ·· 210
　　8.3.4　土坝塌坑抢险 ·· 214
　　8.3.5　土坝滑坡抢险 ·· 215
　　8.3.6　溢洪与输水建筑物险情抢护 ····································· 222
　　8.3.7　堤坝险情及抢护 ··· 223
　　8.3.8　涵闸及穿堤管道的抢护 ··· 226
　　8.3.9　堤坝决口的抢护 ··· 230
8.4　水库的兴利控制运用 ·· 232
　　8.4.1　水库来水量估算 ··· 232
　　8.4.2　水库供水量估算 ··· 232
　　8.4.3　水库损失水量计算 ··· 233
　　8.4.4　水库兴利调节计算 ··· 233
　　8.4.5　综合利用水库的调度原则 ··· 234

参考文献 ··· 235

第1章 绪 论

水是生命之源，是人类生产和生活必不可少的宝贵资源，但其在大自然中的存在形式与状态并不完全符合人类的需要。只有兴建水利工程，才能有效控制水流，防止洪涝灾害，并进行水量的调节和分配，以满足人们生活和生产对水资源的需要。水利工程是用于控制和调配自然界的地表水与地下水，达到除水害、兴水利目的而修建的工程。现代水利工程项目普遍具有工程规模大、投资额度大、建设工期长、结构复杂和影响因素多等特点，这些就决定了其在建设与运行过程中存在各种风险，而这种风险的发生往往会造成生命财产的损失与损害。因此，进行水利工程风险与管理的研究是保证水利工程正常运行和发挥效益的关键。

1.1 水利工程风险的基本概念

风险的概念诞生于 19 世纪末的西方经济学领域，现已广泛应用于经济学、社会学、建筑工程学、环境学科和自然灾害等领域（石青梅等，2008）。风险的基本含义为生产目的与劳动成果之间的不确定性，即收益的不确定性与成本或代价的不确定性。风险事件的发生往往导致具有损失的后果。

1.1.1 风险的属性

1. 自然属性

自然界中的不规则运动，如地震、洪水及泥石流等，是从人类出现以来所面临的自然风险。它们虽然遵循一定的运动规律，但是由于人类对其认识和了解很少，因此认为这些风险的发生是不规则的，且难以准确预测。此外，自然界中这些不规则运动的破坏力是极其巨大的，人类即使认识了它，也无法采取措施对其完全控制，这就构成了风险的自然属性。

2. 社会属性

人类对土地、矿产、森林及淡水等资源的过度开发，对有害废物的处置、堆弃不合理，以及不合理工程与生产活动的日益增多，致使地球的生态环境日益恶化，风险事件不断增多，如水污染风险、洪灾风险等，其危害日趋严重。此外，风险的社会属性还体现在风险的结果由整个社会承担。

3. 经济属性

风险事件会造成人员伤亡和国家、社会与个人的财产损失，必然对社会经济造成破坏，这就是风险的经济属性。

1.1.2　风险的特征

1. 客观性

风险在自然和社会领域中是不可避免的，如地震、台风、洪水和意外事故等，它们都独立于人的意志而客观存在着，这是由风险事件内部因素的客观规律所决定的。

2. 普遍性

宇宙万物相互影响、相互联系和相互制约，其形态瞬息万变，关系错综复杂。人们置身于这种不确定的自然环境和社会环境中，必然面临着各种各样的风险。风险普遍存在于自然、社会、经济和文化等的发展中。

3. 随机性

风险虽然客观存在，但由于任何风险事件的发生是诸多风险因素和其他因素共同作用的结果，每一个因素的作用时间、地点、方向、顺序和强度等都必须满足一定的条件才能导致风险事件的发生，而每一个因素的出现，其本身就是偶然的，因此某一件具体风险事件的发生是随机的。风险发生的随机性意味着风险在时间上具有突发性，在后果上往往具有灾难性。

4. 规律性

虽然个别风险事件的发生是随机的、无序的，但是通过对大量风险事件的观察和综合分析表明，风险事件又呈现出明显的规律性。因此，在一定条件下，对大量独立的风险事件进行统计处理与分析，其结果可以比较准确地反映风险的规律性。大量风险事件发生的规律性，使人们可以利用概率论和数理统计方法来计算风险事件的发生概率与损失，并对风险实施有意识的监测防范与控制。

5. 动态性

风险的动态性是指在一定条件下，风险可以变化的特性。相互联系的各类事物不断发展变化，这就决定了风险是不断发展变化的。随着科技的进步和社会的发展，一方面，人们面临的风险越来越多；而另一方面，人们认识和抗御风险的能力也在逐渐加强。

1.1.3 水利工程风险的特点

19 世纪 70 年代，Yen 等（1971）首先论证了风险分析在水系统的可行性，自此之后风险这一概念便大量引入水库、大坝及堤防等水利工程系统，并在范围更广的水文水资源与水环境系统中逐渐推广应用。水利工程风险是指水利工程在建设和运行的各个阶段存在的可能结果与预定目标之间的差异，或者是发生的实际结果偏离预期有利结果的可能性（李芬花，2011）。这种差异或者可能性往往造成生命财产的损失或损伤，对水利工程的正常运行是不利的，也是工程建设者、决策者和管理者不愿意看到的。

水利工程风险具有以下特点（胡德秀，2001）。

1. 风险的客观性和普遍性

在水利水电工程中，风险指的是工程损失的不确定性，这种不确定性是客观存在的，不以人的意志为转移。任何水利水电工程都会存在各种各样的风险问题。在工程的全寿命周期中，风险是普遍存在的，没有不存在风险的工程。由于水利工程项目的工期一般较长，不确定的因素较多，特别对于一些大型的工程，人为或者自然的原因导致的工程风险交替发生，这就造成风险和损失频繁发生。而且所处的市场是有很大变数的，很多发包人一般签订固定总价的合同，并且一般在合同中都会有"遇到政策及文件不再调整"条款，其实意图很简单，就是他们担心因为政策的变化等一些外力的介入会妨碍其利益的获得，特别是担心国家或省级、行业建设主管部门或其他授权的工程造价管理机构发布工程造价调整文件，从而带来风险浮动的市场价格与固定的合同价格之间的矛盾，这样利润风险就自然会产生。再者，现在的很多工程项目的特点是参与方多、投入的资金巨大、资金链较长、工作监管难以到位、质量水平参差不齐、工期长、市场价格变化多端、环境接口复杂，存在着这么多的不确定性因素，在项目工程实施过程中可以说是危机重重。

2. 风险的随机性和偶然性

由于水利水电工程规模大、建设周期长、涉及范围广泛，因此影响水利水电工程风险产生的因素是多种多样的，各种风险的产生具有随机性和偶然性。但是对于普遍风险，可以通过概率统计方法分析其发生的规律。

3. 风险的可变性

在整个水利水电工程中，风险的量和性质会随着工程的进行呈现不断变化的趋势。某一风险不能一直存在，一成不变。在一些已经发生的风险得到控制的同时，新的风险又会在一定条件下发生。在工程的每一阶段都会有新的风险产生。

4. 风险的多样性

因为水利水电工程项目的复杂性，风险产生的因素是多种多样的，各种因素之间又存在错综复杂的交叉关系，所以风险具有多样性和多层次性。

5. 水利工程的专业性

水利工程工作环境、施工技术及其所需设备等的复杂性，决定了其风险的专业性强。因此，很多复杂的施工环节都需要专门的人员才能胜任。由于专业性的限制，水利工程施工人员都需要经过职业培训，只有业务和专业对口，才能在水利工程的工作中很好地发挥作用。在风险的管理过程中，质量、设计规划、合同、财务管理等都是人为性质的风险，由于专业性较强，这些人为性风险很难管理，外行人难以对它进行有效的监督与管控。

6. 水利工程的复杂性

水利工程有着工期较长、参与单位多及涉及的范围广等特点，这其中碰到人文、政治、气候和物价等不可预见或不可抗力的事件几乎是不可避免的，因此其风险的变化相当复杂。工程风险与施工分工、设计的质量、方案是否可行、监管的力度、资金到位情况、执行力是否到位及施工单位资质与水平等各种各样的问题息息相关。也就是说，水利工程风险一直存在，并且其发生的流程也很繁复。

7. 承担者的综合性

水利工程是一个庞大的系统工程，其各参与方很多，其中某一方在工作中都有可能发生风险，只要某一个环节出现状况，整个系统都受其影响。因为风险事件经常是多方原因导致的，所以一个项目一般都有多个风险共同承担者，与别的行业对比，这方面尤其明显和突出。

8. 监管难度大，寻租空间大

由于水利工程涉及的范围广泛，专业分布和人员流动都较密集，从横向范围来看，材料供应商、公关费用及日常开销等项目繁多；从纵向流程来看，与招标投标、工程监理、项目负责、融资投资、业主、工程师、项目经理及财务等多个方面有关系，范围加大，监管的战线拉长，因此其监管的难度较大。正是监管有一定的难度，再加上利益驱动，在诱惑面前势必会导致权力寻租可能性的加大。

1.1.4　水利工程风险的影响因素

水利工程建设是一个复杂的系统工程，因此有技术要求高、建设工期长、投资需求大、所处环境复杂等特点，因此有较大的风险。在对水利工程项目进行风险估计之前，首先要对工程中可能出现的风险因素进行识别。水利工程在建设过程中涉及很多不确定因素，其风险影响因素主要体现在以下五个方面。

1. 技术方面的影响

水利工程风险受技术方面的影响因素包含以下几点。第一，设计方面的风险影响。即设计方的技术决策、设计方的资质与水平、设计方前期类似工程出现的问题、此次设计方案的可行性和可靠性。第二，地质勘查的风险影响。勘查单位提供的数据直接关系着整个项目的成败，勘测的准确性和科学性对水利工程建设尤其重要。第三，施工方面的风险影响。主要是对新技术和新构件了解程度不深，技术交底工作不认真，没有按时、按规定对施工人员进行新的施工方法的安全知识和相关工艺流程的培训与教育，并且有很多地域原因，全国各地的技术标准要求有所不同，符合此工程技术方案的相关准备工作没有做充分等。

2. 管理方面的影响

管理方面对水利工程风险的影响主要包含以下几点。第一，由于水利工程项目参与方比较多，而且各参与方都代表着各自的利益，各方利益又会有所冲突，为了约束各参与方在建设期的行为，一般业主都会和其他各方签订合同，但是合同是否能够有效地履行是不能确定的，而且合同内容完整程度、条款严谨性也很关键。第二，材料设备及能源供应也是一个大问题，能源是工程项目建设期间不可或缺的一部分，尤其是现代化的大型水利工程，若能源的供应或者是能源的持续性供应出问题，这个项目便无法顺利完成。材料设备的采购及供应也必须及时，以及供应商的选择，采购合同中是否明确材料在规定的时间、地点按数量提供，质量标准、规格等要求是否合理。第三，对于现代水利工程，项目管理人员的稳定性和能力是相当关键的，施工人员的素质对工程的质量工期、成本等方面有很大的影响，人力资源管理方面的风险也不容小觑。

3. 环境方面的影响

环境风险一般包括社会环境风险及自然环境风险两个内容。社会环境风险主要是指由社会的稳定与秩序发生变化而对水利工程造成影响的可能性。例如，对水利工程而言，一般占地面积较大，拆迁移民安置这项工作异常重要，这决定了能否做到安抚民心，能否顺利进行拆迁工作。自然环境风险是指受自然灾害的威胁而造成的工程及人员损失。自然环境风险对已建水利项目来说是很重要的风险因素，主要包括：狂风、暴雨、洪水、地震、火山、水土流失、地面沉降和气候异常等自然灾害。对于这些自然灾害，即便是有丰富经验的管理人员也是无法预料的。还有一些是项目施工时的废气和废物的乱排导致的灾害，对环境造成破坏，引起土壤、水质污染等。另外，地质、地形方面的问题也要引起关注，水利工程大部分项目都是位于地质地形环境比较复杂的地点，这有时就会给工程带来很大的不便和困难。

4. 经济方面的影响

经济因素对水利工程风险的影响主要包括：由于水利工程项目一般施工工期较长，因此市场因素的变化对其影响较大。在漫长的工程建设过程中，通常会出现通货膨胀、物价波动、利率波动、工程资金不到位、货币升值或贬值等情况，这些都会对工程项目总承包方的利润产生直接的影响。一些国外工程项目还会受外汇汇率波动的影响。在这种情况下，相关风险管理人员能否对此提前做出预防和规划事后应对措施尤为关键。

5. 政治方面的影响

政治风险主要表现在行政干预和政策法规方面的风险。一个工程的建设会涉及很多方面的问题，而且水利工程在建周期较长，工程所在国家、省市以及当地的政策是否对工程的建设起积极作用，法规是否鼓励工程的建设，法律及规章的变化，政府对工程建设的支持程度等，这些都与工程的顺利完成有着直接的关系。

综上所述，水利工程具有风险种类多、影响因素复杂等特点，因此对水利工程进行风险管理具有重大意义。高效的风险管理是确保水利工程建设顺利完成的重要条件，也是对工程质量和施工安全的有效保障。理想的风险管理是一连串排好优先次序的过程，将工程中可能造成巨大损失或者最可能发生的事情优先处理，将相对风险较低的事情后置处理。通过风险管理，使未发生的风险得到规避，使已经发生的风险得到减轻或转移，从而保证工程建设的顺利进行。

1.2 水利工程风险类别

水利工程是人类在除水害、兴水利的长期实践过程中发展起来的。人类在与自然的斗争过程中求得生存和发展，在这样的条件下水利工程系统不断进步，人们生活水平不断提高。在这个过程中风险也随之产生，因此人们通过实践过程中积累的经验与风险展开博弈，并且对风险加以认识、控制和管理。要对风险进行有效的管理，首先必须对风险存在的规律加以认识；而要深刻把握风险存在的规律，进而产生对其加以管理的对策，就必须对形形色色的风险进行科学的分类。水利工程风险的类别与其他学科类似，可以按照以下几种方式进行分类（刘佳，2016）。

1. 按风险后果划分

（1）水利工程的纯风险。它是指不能带来机会，无利益获得可能的风险。纯风险是指风险事件发生后，没有任何收益，只是产生损失的风险，如水利工程的洪水灾害风险、地震引起的大坝坍塌风险等。纯风险可以表示为

$$R = f(p, L) \tag{1.1}$$

式中，R 代表风险的大小（称为风险指标）；p 代表事件发生的概率；L 代表事件所产生的不利后果。

式（1.1）适合纯风险定义，一般是指自然灾害和意外事件所产生的不利后果，这类事件的发生只会带来巨大的损失。纯风险总是产生负效益，人们总是希望采取一些有效的策略来减少此类风险或者彻底消除它的不利影响。工程项目保险就是针对这一需求而采取的应对策略。

（2）水利工程的动态风险。它是指水利工程发生风险事件以后既有损失机会也有收益机会，这种风险往往使得人们在决策水利工程项目时很是犹豫，这种动态风险，也称为投机风险。例如，在水库汛期超汛限水位运行，如果大坝失事，那么造成的损失是非常严重的，但是大坝失事发生的概率并不高。这样看来，如果在一般情况未发生大洪水，多蓄一些水，使得库水位升高，对发电、灌溉等都有明显的经济效益。此时，风险可表述为

$$R = f(p, E) \tag{1.2}$$

式中，E 不仅表示损失，也表示收益。

2. 按风险来源划分

水利工程风险按来源划分为自然风险和人为风险。

（1）自然风险。水利工程在建设过程中系统内部结构元素和外部自然因素之间存在着相互联系和相互制约作用，而外部的自然因素往往是很难控制的。以作用在水工建筑上的荷载为例，水工建筑物承受自重、水压力、扬压力、动水压力、波浪压力、土压力及泥沙压力、冰压力和地震荷载等。这些荷载是和自然紧密联系在一起的。例如，水压力受流域天然来水量的影响，扬压力则与坝址附件的地质构造等相联系，波浪压力和冰压力也是气候变化引起的，土压力及泥沙压力与流域产沙情况及流域水流输沙情况有关，地震荷载是地球内部板壳结构长期运动过程中发生的错位变化。这些自然因素的变化使得水利工程主体结构内部元素具有不稳定性，而这种不稳定性对整个水利工程来讲就是一种自然风险。

（2）人为风险。如果水利工程中存在的自然风险因素很难控制，那么在水利工程建设与运行管理过程中人为风险因素相对来讲是可以控制并可以规避的。人为风险因素包括行为风险、经济风险、技术风险、政治风险和组织风险等。

① 行为风险。它是指在水利工程建设与管理中由于人为的过失、疏忽、侥幸、恶意等造成的系统风险。例如，施工过程中工程监理不到位，致使施工方因为节省材料或采用的材料质量不达标从而引起的工程质量问题。在水利工程完工投入运行后，大坝施工质量不合格而引起蓄水之后无法承受原来设计荷载而出现坝踵拉应力或者大坝稳定性能不满足要求，从而使得整个水利工程不能正常运行等。

② 经济风险。它是指经营管理、市场预测、价格浮动等。从表 1.1 可以看出，水利工程建设需要大量的建筑材料，如钢材、原木、汽油、柴油、炸药、不同标号的水泥、砂石料和块石等，而这些建筑材料的价格浮动是受市场影响的，市场价格的浮动往往影响整个水利工程的建设投资。在设计规划阶段也会对市场上建材价格的浮动做评估，并给出浮动的范围，但是当遇到金融危机等大的经济事件时，市场的变化往往超出原有预期评估，这种风险往往是水利工程是否能够投入建设的决定因素。

表 1.1　水利工程施工材料费用统计

序号	材料名称	单价	每吨运费/元	运输距离/km	运杂费/元	运输保险费/元	小计/元
1	钢筋	2600 元/t	0.5	30	20	5.24	2625.24
2	原木	970 元/m³	0.4	30	17	1.97	988.97
	板枋材	—	—	—	—	—	—
3	汽油	3437.5 元/t	0.5	30	20	13.83	3471.33
4	柴油	3712.5 元/t	0.5	30	20	14.93	3747.43
5	2#岩石炸药	4420 元/t	0.7	348	248.6	46.69	4715.29
	4#抗水岩石炸药	4640 元/t	0.7	348	248.6	48.89	4937.49
6	普通水泥 425#	300 元/t	0.5	30	20	1.28	321.28
	普通水泥 525#	320 元/t	0.5	30	20	1.36	341.36
7	砂石料	30 元/m³	0.5	20	21	0.10	51.10
8	石块	—					
9	施工供电	—					
10	施工供水	—					
11	施工供风	—					

③ 技术风险。技术风险是指水利工程在设计或者施工过程中遇到了以前实践过程中没有遇到的问题，这些问题的解决需要技术上的支持，而技术是否可行和适用往往不可避免地存在一定的风险。例如，三峡水利枢纽中五级船闸的设计和施工及两岸的山体高边坡稳定性问题都是世界性的难题，在解决这类问题的时候遇到的风险即属于技术风险。从目前三峡大坝的运行情况来看，三峡的五级船闸运行良好，没有对系统产生不良的影响。

④ 政治风险。政治风险是指国家政府对水利工程建设的相关政策和法规的变

化从而导致整体产生的意外情况。目前我国的水利行业的政策法规都是朝着有利于水利工程正常运行的方向发展，它对水利工程的整体运行是正面的，这种政策方面的不断完善降低了水利工程的风险。但在一些国际水利工程的投资与建设合作方面，受国际形势变化和国家关系深度影响，往往存在一定的政治风险，需要特别注意规避此类风险。

⑤ 组织风险。组织风险包括内部风险和外部风险，内部风险是指各部门对项目的理解、态度和行动不一致而引起的风险，如设计单位对水利工程的主体结构功能产生的分歧可能导致设计方案不是最优方案等。外部风险是指水利工程各方关系协调不利引起的风险，如设计单位、施工单位、工程建设单位、监理单位和政府主管部门等之间协调出现问题而引起的整个水利工程的风险。

3. 按风险影响范围划分

水利工程风险按风险影响范围可以分为局部风险和总体风险。

（1）局部风险是指水利工程中各部分内部存在的风险。这种风险可能影响整个系统，也可能仅仅影响它所在的部位。例如，大坝是整个水利枢纽工程众多建筑物中的一个，但如果大坝发生溃坝，那么整个水利枢纽工程将无法正常运行。而电站厂房内的某一台水轮机出现故障不能正常运行的时候，只是影响该机组的正常运行，而不会影响整个水利枢纽工程的正常运行。这种局部风险不再波及整体的正常运行。

（2）总体风险是指可以导致整个水利工程瘫痪的风险因素。例如，遇到特大洪水，使得土石坝漫顶；或者遇到强烈地震，使得大坝坍塌影响水利工程的整体运行。

4. 按风险后果的承担划分

水利工程比较复杂，从勘测、规划、设计、施工、运行到最后水利工程的管理，涉及不同的领域和部门，如建设单位、设计单位、施工单位、监理公司和当地主管政府等，而这些单位代表着不同的利益体。利益不同，角度不同，投资方、业主、承包商、监理和保险公司等承担的风险后果也是不一样的。

5. 按风险的可测性进行划分

水利工程风险按其可测性划分为已知风险、可预测风险和不可预测风险三种。已知风险是经常发生、可预见后果的情况，这种风险发生概率高、损失较轻，并且这种风险是在可控制的范围内；可预测风险是可预见发生但不可预见后果的情况，这种风险发生概率高但损失大小不确定，整个风险也是在可控范围内；不可预测风险是发生和后果都不能合理预见，这种风险发生概率很小，但后果无法合理预测，而引起风险的因素往往是属于外部的不可控因素。

水利工程系统的风险分类如图 1.1 所示。

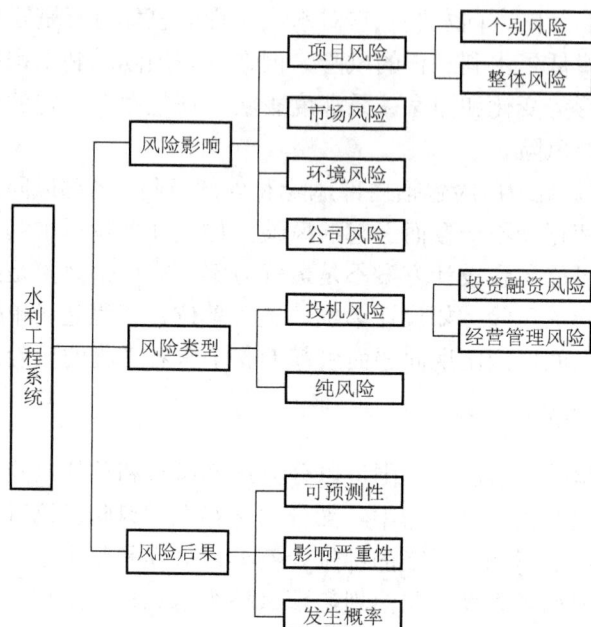

图 1.1　水利工程系统风险分类图

水利工程风险成本可表示为

$$F = \sum_{i=1}^{n} (S_i - r_i) p_i + c \tag{1.3}$$

式中，F 为当采取抗风险成本为 c 策略时的风险成本（当不包括 c 时，F 为风险损失）；S_i 为抗风险成本为 c 时第 i 种风险的损失；r_i 为抗风险成本为 c 时第 i 种风险损失的可转移量或可控制量（投机风险中指收益量）；p_i 为第 i 种风险出现的概率，并且 $\sum_{i=1}^{n} p_i = 1$；c 为抗风险成本，或投机风险中损失转为机会的代价。

1.3　水利工程风险与管理研究现状

随着我国经济的快速发展，人们在水利工程各阶段风险控制方面更注重科学方法，在考虑自然环境、社会经济水平、科学技术条件及价值取向等差异情况下，提出和运用了风险与管理的方法。在我国的一些大型工程项目，如三峡工程和黄河小浪底工程等，均得到成功运用且效果很明显。但总体来说，目前我国在水利工程风险与管理方面的研究仍处于初级阶段，需要结合水利开发建设实际开展系统的深入研究。

1.3.1　国外风险与管理研究现状

风险管理思想最早见于公元前 916 年的共同海损制度和公元 400 年的船货押贷制度，这可以说是风险管理的雏形。一般认为，美国学者格拉尔在 1952 年的调查报告《费用控制的新时期——风险管理》中首次提出"风险管理"，揭开了风险管理研究的序幕（也有人认为是法国管理学家 Fayol 在 1916 年编写的《工业管理与一般管理》一书中正式把风险管理思想引进企业经营领域，但并未形成完整的体系）。20 世纪中叶，经历第二次世界大战以后，欧美国家为了改变萧条的经济现状，兴建了许多以水利和煤炭等为主的能源开发项目，这些项目工期比较长、运用的技术繁杂，加上项目本身与当时的社会环境有着诸多矛盾，项目建设存在不确定性，使得这些投资项目在质量、进度、成本管理等方面面临诸多风险因素，项目风险管理的概念在这种情况之下产生了，并从此发展成为一门科学，之后风险管理在西方国家得到了迅速的发展（赵刚，2008）。1971 年，Yen 等首先论证了风险分析在水系统的可行性（李爱花等，2009）。1990 年，科威特学者 Bahar 提出了一种风险管理模式——建筑工程风险管理系统（construction risk management system，CRMS），以帮助承包人更好地认识、分析和管理风险。1994 年，欧盟（European Union，EU）提出了一种称为 RIS 的综合风险管理系统方法，其构成阶段主要包括风险识别、风险评估、风险评价、风险减轻措施、不可预见费估计、决策与控制，该方法还建立了一个更加综合的框架来枚举和估计与项目有关的潜在风险因素（Carter et al.，1994）。并且为了促进在该领域的交流，国际知名大学和研究机构会定期召开相关的学术会议，致力于工程项目风险与管理的进一步发展。

国外对水利工程的风险与管理研究较早，把风险管理运用于工程项目管理是在 20 世纪五六十年代。第二次世界大战后伴随着西方社会的重建，欧洲新建了一大批大型水利水电、能源和交通工程，巨大的投资使得项目管理者越来越重视费用、进度、质量安全的风险管理，而复杂的工程往往会存在许多的不确定性的因素，如何管理、预测这些问题对整个工程项目管理者是一个难题。为此，许多学者研究了许多项目风险评估技术，并且采用了许多新的评价方法，国外的水利风险评价主要是明确投资主体，明确投资活动的利益关系，这样在风险管理方面取得了一定的经验和成果。

1.3.2　国内风险与管理研究现状

我国在工程项目的各个阶段运用风险与管理，无论在理论研究还是实践应用上都与发达国家存在一定的差距，但近年来工程风险与管理方面的研究得到了越来越多的重视，取得了一些可喜的成果。

我国对于项目风险管理的研究起步较晚，"风险"这一名词最早是在 1980 年由周士富提出的。1987 年，清华大学教授郭仲伟在《风险分析与决策》中对项目风险特别是风险的决策进行了系统的阐述。同年，天津大学管理学院"三峡工程风险研究"课题组编写的《投资项目风险分析》一书首次结合大型水利工程，对大型建筑工程项目进行了全面、系统的风险分析和评价，较深入地对风险管理的理论和方法进行了研究，这也是我国大型工程项目，尤其是大型水利工程项目进行风险管理实践的开始（文理等，2003）。之后，风险管理被成功应用于小浪底、京九铁路、江苏润扬大桥、上海地铁建设工程项目和大亚湾核电站等工程项目。现阶段国内工程项目风险管理研究方向主要集中在工程项目风险识别、工程项目风险分析与评价、工程项目风险控制与应对以及工程保险等方面，这些风险管理研究成果在大型工程项目的实践中，也取得了较为明显的效果。

虽然目前风险管理在国内大中型水利工程建设中已逐步被采用，并显示了广阔的应用前景，但仍然存在以下一些难点和问题，这也对我国水利工程项目风险管理研究提出了挑战（吴同强，2011）。

（1）风险识别困难。要进行项目风险与管理，需先对风险源进行识别，但由于水利工程项目的不可重复性、差异性和复杂性，风险识别困难增加。

（2）风险分析评价误差大。正是由于风险识别困难，容易造成风险识别不全面，甚至漏掉了主要风险因素，这种情况下即使评价做得再好，风险管理的效果也会大打折扣。

（3）风险管理组织结构不完善。水利工程中需要建立完善的组织结构，保证管理者能够进行有效的风险评估，提高风险认识水平和管理水平，为风险管理创造良好的条件。完善的组织架构对降低工程项目风险具有积极的作用。客观的风险管理需要各个组织架构的支持，通过利益关系的分析，提升利益风险的控制水平，对完善水利工程风险管理机制具有重要的作用。

（4）缺乏风险与管理意识。长期以来我国走的都是计划经济道路，市场经济是在改革开放以来才逐步形成的，因此我国在风险与管理这个领域涉及的时间短且研究不深，导致无论是投资项目的业主和政府，还是项目施工和监理单位，都没有认识到风险与管理的重要性，风险与管理意识淡薄，很多水利建设项目都没有明确的风险管理计划或风险管理人员，这在很大程度上制约了风险管理在水利工程建设中的应用和发展。

1.4　水利工程风险与管理的研究内容及任务

水利工程建设是一个复杂的系统工程，具有技术要求较高、建设工期长、投资需求大和所处环境复杂等特点，因此存在各种风险。水利工程风险种类繁多，类别也较多。水利工程所处的水文、地质和环境等条件十分复杂，其规划、设计、建设与运行管理中存在较多的不确定因素，使得工程兴建后存在库区淹没、库岸失稳、泥沙淤积、冻胀冻融、材料老化、洪涝灾害和决策失误等风险。水利工程风险与管理的理论知识和技术方法内容覆盖面十分广泛，包括但不限于水库大坝风险管理、库区防护风险与库岸失稳防治、水库泥沙淤积风险及防沙措施、水利工程的冻害风险与防治、水利工程老化风险与检测评估、水利工程安全管理信息化和水库的洪灾风险与防汛管理等。本书紧密结合工程实际，重点针对上述几方面的内容开展水利工程风险与管理研究。

1. 水库大坝风险管理

水库大坝系统在其施工建设和运行管理中涉及诸多方面的不确定性，存在可能引发各种事故和灾害损失的诸多风险因素。由于大坝一旦溃坝失事，不仅工程毁坏，而且可能会对下游地区人民的生命财产安全和社会经济发展造成重大甚至毁灭性的灾害损失。

水库大坝风险管理主要是通过风险因素识别、风险分析和风险评估等，对大坝的安全状态、失事可能性以及一旦失事可能产生的生命与财产等各种损失进行评价，为大坝运行管理决策提供可靠依据。

2. 库区防护风险与库岸失稳防治

库区防护与库岸失稳防治的主要任务是减小因水库蓄水而造成的库区淹没损失，消除或减轻因水库渗漏和地下水位抬高而引起的浸没，以及防止因库水位升高而引起的库岸坍塌等情况，改善库区的环境，最大限度地利用水土资源。

水库库区的防护措施，视防护区的具体情况而定，库区常用的防护措施可概括为修建防护堤、防洪墙、抽水站、排水沟渠和减压沟井，采取挖高填低的工程措施，修建防浪堤、护岸、副坝和岸坡加固等工程。

水库库区防护设施的类型是多种多样的，同一种防护设施也因其用途、规模和地点的不同而各有差别，为了正确地选择和修建水库库区的防护设施，必须对水库库区进行必要的社会经济、自然地理、地形地质、水文气象等方面的综合调查，在此基础上拟定防护方案，并通过技术经济比较确定防护措施。

3. 水库泥沙淤积风险及防沙措施

我国江河大多泥沙量大，所建水库淤积严重，由此带来了一系列问题：库容损失影响水库效益的发挥；淤积上延影响上游地区的生态环境；水库变动回水区的冲淤对航运带来不利影响；坝前泥沙淤积影响枢纽的安全运行；水库下泄清水对下游河道河床的冲刷以及附着在泥沙上的污染物对水库水质的影响等。

水库泥沙淤积风险及防沙措施的主要研究任务包括水库泥沙淤积的机理、水库泥沙淤积的类别和形态、水库泥沙的淤积和冲刷、水库淤积量计算及水库淤积防治的措施等。

4. 水利工程的冻害风险与防治

我国季节冻土区面积达 513.7 万 km^2，占全国总面积的 53.5%，主要分布在东北、华北、西北和青藏高原地区。在季节冻土地区，由于冬季地表土壤冻结、水库水面结冰等，给水工建筑物的安全带来严重危害，寒冷地区的水工建筑物冻害破坏非常普遍和严重，尤其是中小型工程受冻害特别突出。我国严寒地区的冻害是水工建筑物破坏的主要原因之一，应充分研究和掌握冻土的特性、建筑物冻害的原因及其规律，从而采取切实可行的有效措施加以治理。

水工建筑物的冻害防治主要从水工建筑物冻胀破坏、冻融破坏以及冰冻破坏的机理、现象和特征着手，研究相应的防治措施与方法。

5. 水利工程老化风险与检测评估

水工建筑物随着使用年限的增加，在外界因素（不包括人为破坏和超标准荷载）作用下，其预定功能逐渐降低直至失效的现象称为水工建筑物老化。

建筑物老化检测的任务是对建筑物进行全面、系统和科学的检测，找出其隐患。国外混凝土建筑物使用的检测方法有回弹法、超声脉冲速度法、超声反射法、钻芯法、声发射法、电测法等，其中不少方法应用了计算机技术、仿真技术等，具有很高的技术水平。国内在此领域开展研究较晚，但近年来发展迅速，并已制定了一些有关的规范或规程，带动了水利工程领域检测评估工程质量与老化情况的发展。

建筑物老化评估的任务是根据对已有建筑物老化病害现状的调查和检测结果，对其进行可靠性评估。建筑物老化评估是一项技术性很强、专业面极广的工作，是建筑物维修与加固的依据。

6. 水利工程安全管理信息化

当今世界已经进入信息时代，信息技术与互联网技术已成为现代科技的核心和主流，信息化已成为全球发展的趋势，是世界各国普遍关注和发展竞争的焦点。水利信息化是指充分利用现代信息技术，深入开发和广泛利用水利资源信息，包括水利资源信息的采集、传输、存储和处理，全面提升水利活动的效率和效能的历史进程。

水利工程安全管理信息化的主要任务是以信息化为手段，紧密围绕防汛抗旱工作的需求、水利社会管理的需求、治水思路转变的需求、生态安全保障的需求以及信息资源共享的需求，加快水利工程信息采集系统、自动控制系统、计算机网络系统、防汛抗旱通信系统、管理决策支持系统以及数字水利、虚拟水利系统的建设，全面提高水利工程安全管理的效率。

7. 水库的洪灾风险与防汛管理

水库的作用是调节径流，兴利除害。但是水库在运用中也常常存在各种矛盾，如防洪与兴利的矛盾和各兴利部门之间在用水上的矛盾等。而解决矛盾的方式不同，相应的结果和经济效益也不同。因此，只有在确保水库安全的前提下，根据河川径流的特点和用水部门的不同需要，充分利用水库的调蓄能力，正确处理好防洪与兴利、蓄水与泄水以及各用水部门之间的关系，才能发挥水库的最大综合效益。

根据径流预报和用水计划，结合工程的实际能力和上下游防洪的要求，制定合理的水库运用方案，这就是水库调度。水库调度通常分为两种，即防洪调度和兴利调度。防洪调度的任务是在确保工程本身及上下游防洪安全的前提下，对水库的调洪库容和兴利库容进行合理安排，以充分发挥水库的综合效益。兴利调度的任务是充分利用水库的调蓄能力，在时空上对河川径流进行重新分配，以满足用水部门的需要。水库兴利控制运用的任务是在保证水库安全的前提下，充分利用河川径流资源和水库的库容，以满足用水的要求，最大限度地发挥水库的兴利效益。

第2章 水库大坝风险管理

2.1 水利工程风险分析程序与方法

"风险"一词在不同的行业与文献中有着不同的含义和定义。通俗地讲，风险就是遭受损失、伤害、不利或毁灭的可能性。换言之，即某一特定危险情况发生的可能性和后果的组合。从广义上来说，只要某一事件的发生存在着两种或两种以上的可能性，那么就认为该事件存在着风险。

2.1.1 风险分析的一般程序及内容

一般来说，造成系统风险的因素很多，其后果严重程度也各不相同。忽略或遗漏某些重要因素对于系统设计和科学化管理是很危险的。然而，面面俱到地考虑每个因素，又会使问题复杂化。

因此，在进行系统风险评价时，首先，进行风险识别，即把系统中可能带来严重危害的风险因子识别出来。其次，进行风险估算，即对风险的大小和危害的后果进行度量，给出危害发生的概率以及其造成的经济损失估值。最后，根据对系统进行的风险分析和风险估算的结果，结合风险事件的承受者的承受能力，评价判断风险是否可以被接受，并根据具体情况采取减小系统风险的措施和行动，如工程技术措施和管理措施等。

综上可知，在系统风险管理和风险识别之间存在一个反馈作用。这表明，系统的风险评价是一个动态过程，是一个可以迭代的过程。一个完整的系统风险分析程序应由五部分内容组成：风险识别、风险估算、风险评价、风险减缓和风险决策。

1. 风险识别

风险识别又称风险辨识，是风险分析的第一步，也是风险分析的一个重要阶段。风险识别就是要找出风险之所在和引起风险的主要因素，并对其后果做出定性的估计。能否正确地识别风险，对风险分析能否取得较好的效果有极为重要的影响。为了做好风险识别工作，必须有认真的态度和科学的方法。

2. 风险估算

风险估算是在风险识别的基础上，通过对所收集的大量资料加以分析，运用概率论和数理统计方法，对风险发生的概率及其后果做出定量的估算。风险估算的这两项内容是有联系的，风险损失程度大小不同时，其相应发生的概率（可能性）也不同。例如，对于环境风险，由于不同的事故发生的概率不同，所造成的环境灾害损失值也不同。因此，应对不同的风险发生概率及其损失进行估算，求出不同程度的灾害损失的概率分布及可能遭遇的各种特大灾害的损失值和相应的概率，使决策者对风险发生的可能性大小、损失的严重程度等有比较清晰的了解，以便做出更加科学合理的风险防范与风险减缓决策。

3. 风险评价

风险评价是根据风险估算得出的风险发生概率和损失后果，把这两个因素结合起来考虑，用某一指标决定其大小，如期望值、标准差或风险度等，再根据国家所规定的安全指标或公认的安全指标去衡量判别风险的程度，以便确定风险是否需要处理和处理的程度。

4. 风险减缓

风险减缓就是根据风险评价的结果，选择相应可行的风险管理技术，以实现风险分析目标。

风险管理技术分为控制型技术和财务型技术。前者指避免、消除或减少意外事故发生的机会，限制已经发生的损失继续扩大的一切措施，重点在于改变引起意外事故和扩大损失的各种条件，如回避风险、风险分散和工程措施等；后者则在实施控制技术后，对已发生的风险所做的财务安排，其核心是对已发生的风险损失及时进行经济补偿，使其能较快地恢复正常的生产和生活秩序，维护财务稳定性。

5. 风险决策

风险决策是风险分析中的一个重要阶段。在对风险进行了识别，做了风险估算和评价，对其提出了若干种可行的风险处理方案后，需要由决策者对各种处理方案可能导致的风险后果进行分析、做出决策。即决定采用哪一种风险处理的对策和方案。因此，风险决策从宏观上讲是对整个风险分析活动的计划和安排；从微观上讲是运用科学的决策理论和方法来选择风险处理的最佳手段。

2.1.2　水利工程风险分析方法

经过 20 多年的研究发展，目前水利工程风险分析已发展到定性与定量分析相结合的阶段。在资料调查收集的基础上通过外推或主观估算得到基本数据，然后采用数理统计法、层次分析法等进行风险分析和处理。可初步将这些方法归纳为单一风险分析和综合风险分析两大种类。

1. 单一风险分析

单一风险分析主要考虑水利工程系统的随机不确定性，以数理统计分析方法为主，应用最广，研究也最为成熟，已经从直接积分法、蒙特卡罗（Monte Carlo，MC）法等发展到一次二阶矩（first order second moment，FOSM）法、当量正态化法、二次二阶矩法等。

（1）直接积分法。在已知水利工程风险因素概率密度函数和概率关系的情况下，对建立的功能函数进行解析和数值积分计算求出工程风险。此法理论概念强，当概率密度函数近似线性、随机变量影响因素个数又较少时，方法简单有效。但如果影响因素较多，就难以找出概率密度函数或概率关系，有时即使找到，也难以求得分布的解析解或数值解。因此，直接积分法在实用方面限制较多。

（2）MC 法。由于水利工程荷载等因素概率密度函数均较复杂，采用直接积分法难以求得解析解。鉴于此，可采用 MC 法统计试验计算风险率，直接处理风险因素的不确定性（李爱花，2009）。MC 法在水利工程中应用广泛。MC 法的关键在于将生成的伪均匀分布随机数转换为符合风险变量概率分布的随机数，其方法原理简单，精度高，但进行模拟的前提要求各个风险变量之间相互独立，因此难以解决风险变量之间的相互影响，且计算结果依赖于样本容量和抽样次数，计算量大。MC 法对变量的概率分布假设很敏感，需要给出各个风险变量的概率分布曲线，这在统计数据不足时往往难以实现。

（3）FOSM 法。FOSM 法不需要风险变量的概率分布，只需均值和方差，利用泰勒级数展开将风险变量线性化后，采用迭代法求解原点面到极限状态面的最短距离来转求风险率。当已知变量近似正态分布时，根据线性化点选择的不同，分为均值一次二阶矩（mean first order second moment，MFOSM）法和改进一次二阶矩（advanced first order and second moment，AFOSM）法。MFOSM 法假设各影响因素相互独立，将线性化点选为均值点，因此可能计算误差颇大。AFOSM 法针对这一缺点，将线性化点选为风险发生的极值点（风险点）。作为一种解析法，FOSM 法的收敛性有待理论上的证明。

除上述几种方法，单一风险分析还有重现期法、回归法、随机有限元法和贝叶斯法等。但就数理统计理论原理来讲，这些都是概率估算问题，其正确与否，主要取决于统计资料的真实齐全与否，也取决于风险分析的理论水平。

2. 综合风险分析

从系统工程角度看，水利工程除本身所具有的水文、水力等随机不确定性，因其牵涉工程技术、经济、社会和环境等各个方面，还具有模糊不确定性、灰色不确定性等，需要通过综合的风险分析方法来对众多竞争和矛盾的定性定量风险因素进行优先排序及总体评价，实现对风险的权衡、优选和决策。

从数学的角度讲，综合风险分析就是通过两次映射，把无序空间上的点映射到有序空间上，从而实现风险的比较优化。通过指标体系的量纲归一化实现将一个由 n 个无序的、单位不统一的指标构成的 n 维空间 A 上的点映射到一个由无计量单位的 n 个指标构成的 n 维空间 B 上的点，而后通过各种综合分析方法，将各项指标值转化为一个综合指标值，实现在一个一维有序空间中的比较分析。

因此，综合风险分析的步骤一般包括：确定评价对象，选择评价指标，通过极差变换和线性比例变换等方法对指标数据进行量纲归一化处理，确定权重系数，利用单一风险分析结果或专家评价结论建立评价模型，结合权重系数得出各个系统的综合评价值。

2.2　水库大坝的风险与分析评价

水库大坝建成蓄水后，在其运行管理和安全监控中涉及诸多方面的不确定性，因此存在出现各种事故和灾害损失的风险因素。由于水库一旦溃坝失事，不仅工程毁坏，而且可能会对下游地区人民的生命财产安全和社会经济的发展造成重大甚至毁灭性的灾害，因此在对水库大坝的运行管理中引进风险概念具有重要意义。只有这样才能科学分析和妥善处理有关水库大坝安全的各种风险问题，并通过风险因素识别、风险分析和风险评估等，对大坝的安全状态、失事可能性以及一旦失事可能产生的生命与财产等各种损失进行评价，从而为大坝运行管理的科学性决策提供可靠依据。

2.2.1　水库大坝风险

水库大坝建成运行后的风险来自于它自身的诸多不确定性因素。由于水库大坝是一个复杂的不确定性系统，其所处的水文、地质、环境以及坝体和坝基材料物理力学参数等方面都具有不确定性，同时，作用于大坝和坝基的各种荷载也是动态变化的，因此将水库大坝的风险分析与不确定性问题联系在一起进行研究的思路是自然而合理的，这样更能体现诸多不确定性因素对大坝安全状况的影响。这些不确定性因素主要包括：有关随机过程的不确定性（如洪水过程），信息不足而产生的灰色不确定性，模型化的不确定性，模型参数不准确及其在运行中发生变化而产生的不确定性，以及由于需求、效益和费用不能确切预知所引起的不确定性等。

定性地讲，水库大坝运行风险包含了不确定性和损害两个部分，没有损害就没有风险，但只有损害而没有不确定性，同样也不存在风险。为此，在对大坝运行风险问题的研究中，应突出两方面的内容，一是强调风险的不确定性，二是强调风险损失的不确定性。风险发生的不确定性决定了风险所可能导致损失的不确定性，风险发生的概率越大，损失出现的概率也越大，反之亦然。风险通过损失表现出来，其大小可通过相应损失的概率分布特性来描述。由此可知，水库大坝运行风险是一个具有极其深刻而又有广泛不确定性意义的概念。

2.2.2　水库大坝风险分析评价

水库大坝风险分析评价是指对水库大坝及其主要附属建筑物运行中可能面临的破坏与灾害进行风险识别、风险估算和风险评价，并在此基础上优化组合各种风险管理技术，做出风险决策。水库大坝风险分析评价的基本目标是用风险概率来定量判断水库大坝的安全性态，并根据一定的风险判据来评估水库有大坝失事的概率和失事后果。

由于风险具有动态性，以及对风险的认识水平和风险管理技术处在不断完善的过程中，因此水库大坝风险分析既是一个动态过程，又是一项综合性的研究工作。其中，对大坝失事概率进行评估是风险分析的中心环节。为此，在对水库大坝进行风险分析时，应先确定各种可能发生的大坝失事模式（或特定的机理），然后通过风险分析以定量确定每一失事模式在总失事概率中所占的份额，以及产生最大风险份额的负荷极值。

风险在不同的文献中有不同的定义，但就一般而言，风险具有两个主要特点，损害性和不确定性。因此，比较通用与严格的风险概念可以定义为事故发生的不确定性与相应损害的乘积，即

$$风险 = 损害 \times 不确定性 \tag{2.1}$$

通常，损害是指系统不能达到所期望的满意的功能。因此，水库大坝风险可以定义为失事概率 P_f，即广义荷载 L 大于广义抗力（承载能力）R 的概率

$$风险 = P_f = P(L > R) \tag{2.2}$$

式（2.2）中，荷载 L 和抗力 R 各自的影响因素众多，都是相关影响变量的多元函数，即

$$L = f(x_1, x_2, x_3, \cdots, x_n) \tag{2.3}$$

$$R = g(y_1, y_2, y_3, \cdots, y_n) \tag{2.4}$$

风险 P_f 以荷载 L 和抗力 R 的联合概率密度 $f_{R,L}(r, l)$ 表示为

$$P_f = \int_a^b \int_c^l f_{R,L}(r, l) \mathrm{d}r \mathrm{d}l \tag{2.5}$$

式中，b、a 分别为荷载 L 的上下限；c 为抗力 R 的下限。

定义功能变量 Z 为式（2.6）、式（2.7）或式（2.8）的形式，即

$$Z = R - L \tag{2.6}$$

$$Z = (R / L) - 1 \tag{2.7}$$

$$Z = \ln(R / L) \tag{2.8}$$

由于功能变量 Z 也受多种因素的影响，因此式（2.2）可写为

$$风险 = P_\mathrm{f} = P(Z < 0) = \int_a^b f(z)\mathrm{d}z \tag{2.9}$$

综合考虑各种不确定性影响因素的作用后，设荷载 L 的概率密度函数（probability density function，PDF）为 $f_L(l)$，抗力 R 的概率密度函数为 $f_R(r)$。若用功能变量 Z 表示，风险值为 $Z < 0$ 时，PDF 曲线下的面积相当；而可靠性为 $Z > 0$ 时，PDF 曲线下的面积相当。实际工程中，L 和 R 的概率密度函数往往很难求得，而 Z 的概率密度函数却能够估算。

近年来，国内外在大坝安全可靠度方面的研究有了一定进展。实际上，可靠度与风险的概念有比较接近的一面，二者分别指系统完成某种特定功能的可靠程度和不可靠程度，其差别有时候主要表现在人们对事故类型及其结果的强调与认识上，可靠度偏重于描述大坝结构的安全或不安全性态，而风险则强调可能导致生命财产损失的破坏失事。将可靠度定义为一定条件下结构或系统完成预定功能的概率，表示为 P_s；而结构或系统不能完成预定功能的失效概率即为风险，表示为 P_f；则 P_f 与 P_s 互补，二者满足 $P_\mathrm{f} = 1 - P_\mathrm{s}$。

设大坝结构中的基本随机变量为 $X_1, X_2, \cdots, X_n$，相应的概率密度函数为 $f_X(x_1, x_2, \cdots, x_n)$，功能函数为 $Z = g(X_1, X_2, \cdots, X_n)$，则结构的失效概率可表示为

$$P_\mathrm{f} = P(Z < 0) = \iint_{Z<0} \cdots \int f_X(x_1, x_2, \cdots, x_n)\mathrm{d}x_1\mathrm{d}x_2\cdots\mathrm{d}x_n \tag{2.10}$$

若随机变量 $X_1, X_2, \cdots, X_n$ 相互独立，则式（2.10）可写为

$$P_\mathrm{f} = P(Z < 0) = \iint_{Z<0} \cdots \int f_{X_1}(x_1) f_{X_2}(x_2) \cdots f_{X_n}(x_n)\mathrm{d}x_1\mathrm{d}x_2\cdots\mathrm{d}x_n \tag{2.11}$$

假定大坝的抗力随机变量 R 与荷载效应随机变量 L 的概率密度函数分别为 $f_R(r)$ 和 $f_L(l)$，概率分布函数为 $F_R(r)$ 和 $F_L(l)$，且 R 和 L 相互独立，结构功能函数为

$$Z = g(R, L) = R - L \tag{2.12}$$

则结构的失效概率为

$$P_\mathrm{f} = P(Z < 0) = \iint_{r<l} f_R(r) f_L(l)\mathrm{d}r\mathrm{d}l$$

$$= \int_0^{+\infty} \left[\int_0^l f_R(r)\mathrm{d}r \right] f_L(l)\mathrm{d}l = \int_0^{+\infty} F_R(l) F_L(l)\mathrm{d}l \tag{2.13}$$

或

$$P_f = P(Z < 0) = \int_0^{+\infty} \left[\int_0^{+\infty} f_L(l) \mathrm{d}l \right] f_R(r) \mathrm{d}r = \int_0^{+\infty} \left[1 - F_L(r) \right] F_R(r) \mathrm{d}r \quad (2.14)$$

对水库大坝进行风险分析的目的在于以最少的成本实现对水库大坝系统及其一旦失事后可能危害地区的最大安全保障。参照其他工程系统的经验，水库大坝风险与风险分析一般应包含以下内容和步骤，如图 2.1 所示。

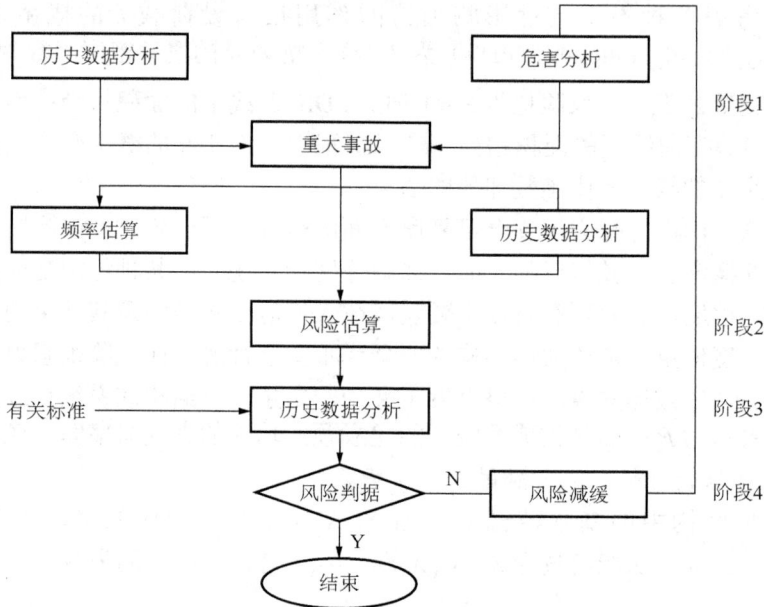

图 2.1　水库大坝风险与风险分析步骤

1. 风险识别

风险识别（risk identification）：又称风险辨识，是风险分析的第一步，其任务是要找出威胁水库大坝安全的风险所在和引起风险的主要因素，并对其后果做出定性估计。对系统风险进行全面准确的辨识，是水库大坝风险分析取得理想结果的重要前提。

引起水库大坝系统出现安全问题的风险因素很多，归纳起来主要包括以下几方面。

（1）坝体和坝基破坏。大坝类型、坝基结构及其材料特性既是形成大坝抗力的基础，也是引起大坝失事的重要因素。坝体依靠与坝基和岸坡的紧密结合来抵抗外部荷载的作用，坝基若出现问题就会直接威胁大坝的安全。据统计，大约有40%的大坝失事是坝基地质缺陷或坝基处理不当所致。在各类坝型中，钢筋混凝土坝、混凝土坝及堆石坝的体型小、地基应力大和坝体自身适应变形的能力差，因此对地基的要求较土石坝要高。

（2）泄流能力不足而导致洪水漫顶。由于泄水建筑物存在问题，特别是因泄流能力不足而造成大坝漫顶失事的比例也比较高。由于受水文现象的随机不确定性、水文系列短缺或代表性不够的灰色不确定性、水文参数的模糊不确定性以及对坝址区水文情况研究不透彻，从而对洪水叠加的可能性考虑不周等因素的影响，极有可能导致泄水建筑物设计标准偏低或在遭遇超标准洪水时泄流能力严重不足。大坝尤其是土石坝一旦发生洪水漫顶，极有可能发生毁灭性的灾害。

（3）渗流控制措施不当。水库蓄水后，必然通过坝体、坝基和坝端两岸产生坝体渗流、坝基渗流和绕坝渗流。库水位抬高，基础孔隙水压力逐渐增加，可能使坝体发生管涌、接触冲刷或流土破坏等，从而引起坝基和坝体破坏；对于土石坝，若碾压不密实，坝体内往往会形成隐患裂隙及渗流通道或透水层，导致坝体浸润线抬高，也可能引起坝体破坏；对于含有石膏或其他可溶性物质的地基，渗流可以引起地基的侵蚀，使坝体产生不均匀沉降；含软弱夹层或断层的坝基，在渗透水流的作用下，夹层、断层层面强度降低，可能引起坝基或坝体滑动；另外，沿着坝体两岸原状土体和岩石裂隙、节理、断层或软弱夹层，会发生绕坝渗流，抬高岸坡部分坝体的浸润面和坝基扬压力，从而危及大坝安全。渗流是由地下渗透水流所引起的，常被忽视或不容易被发现，又常具有突发性，因此破坏性往往比较大。

（4）滑坡。水库大坝一般位于高山峡谷地区，常会遇到岸坡稳定问题，一旦库岸山体发生滑坡，将造成很大的危害。一方面，滑坡可能堵塞泄水建筑物，直接威胁水库大坝的安全；另一方面，大体积滑坡体高速滑入水库而激起的巨大涌浪，会对大坝形成很大的冲击荷载，甚至漫顶，从而导致大坝失事。

（5）地震。尽管地震是小概率事件，但一旦发生，其对水库大坝安全的危害很大。地震波遇到建筑物后，会引起建筑物在竖直方向和水平方向的振动，因此在结构中产生复杂的剪应力和弯曲应力，从而使建筑物受到破坏。地震对大坝造成的破坏，主要表现为滑坡、裂缝、较大的不均匀沉降变形及土石坝体液化等。

（6）施工质量差。由于施工质量差而威胁大坝安全的现象比较普遍，主要表现为：坝身分层、分段和分期填筑时，层与层、段与段以及前、后期之间的结合面处理不好；在土坝填筑过程中，对坝体填料控制不严，土体含水量过高，碾压不密实，坝体出现不均匀沉降、纵横裂缝，使坝体漏水等；坝基清基不彻底或未清基，或未对地基进行处理，运行中坝基形成渗水通道或坝后出现诸多渗透破坏现象；施工中对溢洪道的护砌质量差、输水涵管截水环做得不规范也可能会影响坝体的安全稳定性。

（7）运行管理。科学合理的大坝运行管理，有利于大坝安全及水库综合效益的发挥。反之，则可能引起不同程度的大坝安全问题，甚至带来严重后果。1993年在我国青海省发生的沟后水库垮坝事故，在一定程度上是由于工程运行过程中有关管理不善，在发现隐患后未能及时采取适当的工程处理措施而造成的。

在对大坝系统的风险因素有了全面认识的基础上，如何针对具体的大坝工程进行风险识别，就成了大坝风险分析的关键所在。通常，可以按照以下失事模式进行风险辨识。

首先，在遭遇洪水或暴雨情况下，重点应考虑是否存在由于洪水超标、泄洪能力不足、溢洪道堵塞和库岸山体滑坡产生涌浪或堵塞泄洪设施、泄洪设施闸门开启失灵和溢洪道破坏等原因而导致漫顶的可能性。

其次，在正常蓄水情况下，要考虑是否存在由于施工质量差、坝基渗漏、绕坝渗流、白蚁鼠类洞穴侵害发生管涌和坝体滑坡等原因而导致溃坝的可能性。

再次，遭遇地震时，应考虑可能遭遇地震的烈度级别、是否会造成砂砾石液化从而产生坝体滑坡、坝体裂缝和涌浪漫顶等而导致溃坝。

最后，则应对运行管理及其他可能存在的风险因素进行辨识。

2. 风险估算

风险估算（risk estimate）：在风险识别基础上，通过对所收集的大量相关资料加以分析，运用概率论、数理统计、模糊数学和灰色理论等方法，对大坝风险发生的概率及其后果做出定量的估计；并在此基础上求出不同程度灾害损失的概率分布以及可能遭遇的各种特大灾害的损失值和相应概率，为决策提供依据。

1）风险变量的概率估算

风险变量的概率估算可以分为客观估算、主观估算和合成估算三大类。

（1）客观估算是指用客观概率对未来事件发生的可能性进行预测。客观概率常用一些理论分布来加以描绘，它经由足够的数据和统计资料，根据大量试验并用统计方法进行计算，或者根据概率的古典定义，将事件集分解为基本事件，用分析的方法进行计算。客观概率是客观存在的，与决策者的意志无关。

（2）主观估算则采用主观概率进行风险量化计算。由于客观概率往往比较难以获得，因此只好根据决策人或专家对某个不确定事件所获得信息的感觉，主观判断该不确定事件发生的概率和已知的基准事件发生概率的关系，从而获得特定事件的概率分布，进而形成主观概率。主观估算一般根据专家的判断，用一个0~1的数字来描述某事件发生的可能性，此数值即为主观概率。

（3）客观估算与主观估算实际上是两种极端情况，在风险分析研究的实际工作中，事件发生概率总是介于两者之间，称为合成估算。合成估算采用的概率为合成概率。合成概率不是直接由大量试验或分析得来，也不是完全由专家主观确定，而是两者的"合成"。

用概率分布来表示各种风险变量的变化规律，是进行风险分析的一种较完善的方法。无论客观估算、主观估算还是合成估算，都需要给出风险变量的概率分布，这也是风险量化估算的主要工作。

2）主观估算的量化

客观概率是客观存在的，可以由足够的数据统计资料或通过多次试验而获得，这里不再赘述。由于大坝系统中的许多风险因子一般并无先验样本，其概率特性只能通过主观估算得到，因此这里仅就主观估算中的某些方法进行探讨。主观估算确定风险概率的方法主要有区间法、专家调查法、直方图法、三角分布法和极大熵确定先验分布的方法等。前三种方法一般在有关风险分析的文献中均有介绍，这里仅对后两种方法进行说明。

（1）三角分布法。三角分布是目前风险分析中求主观概率分布的一种最常用分布。其突出的优点是所需参数较少，对于所研究的风险变量，只需要提供最小值、最大值和最可能值三个参数，无须给出具体的概率，这样不仅可以减少主观因素的影响，同时计算工作量也较小。

概率密度函数三角分布图如图 2.2 所示。图中假定风险变量 x 的最小值、最可能值和最大值分别为 a、b、c，三角形顶点 d 为对应于最可能值 b 的概率密度值。

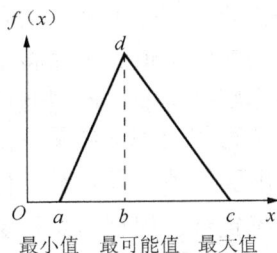

图 2.2　概率密度函数三角分布图

由概率密度的定义知，三角形 acd 的面积为 1，由此可求得

$$d = 2/(c-a) \tag{2.15}$$

则风险变量 x 的概率密度函数为

$$f(x) = \begin{cases} \dfrac{2(x-a)}{(b-a)(c-a)}, & a \leqslant x \leqslant b \\ \dfrac{2(c-x)}{(c-b)(c-a)}, & b \leqslant x \leqslant c \\ 0, & x < a, x > c \end{cases} \tag{2.16}$$

由于 x 的累积概率分布函数 $F(x)$ 是其概率密度函数 $f(x)$ 在相应区间上的积分，即

$$F(x) = \int_{-\infty}^{+\infty} f(x)\mathrm{d}x \tag{2.17}$$

因此，可以求得风险变量 x 的概率分布函数为

$$F(x) = \begin{cases} \dfrac{(x-a)^2}{(b-a)(c-a)}, & a \leqslant x \leqslant b \\[3mm] 1 - \dfrac{(c-x)^2}{(b-a)(c-a)}, & b \leqslant x \leqslant c \end{cases} \qquad (2.18)$$

（2）极大熵确定先验分布的方法。利用先验信息确定先验分布是进行定量分析和决策过程中的重要环节，但由于受先验分布不确定性的影响，很久以来一直未能找到一种通过先验信息来确定先验分布的有效方法。近年来，随着对不确定性问题研究的逐步深入，人们开始使用极大熵准则作为一种确定先验分布的方法，并将熵的概念做了推广，进而用来研究先验信息的可靠性和真实性。

极大熵确定先验分布是指在没有任何先验信息的情况下去确定先验分布，即在满足先验信息分布的各种约束条件下，求出不确定事件的先验概率密度 P_f，使信息熵值 $H(X) = H(p_1, p_2, \cdots, p_n) = -k\sum_{i=1}^{n} p_i \ln p_i$ 达到极大。即要在符合已知约束的情况下，使未知事件的分布尽可能均匀。

利用极大熵准则去研究先验分布排除了个人主观意志的影响，是一种较好的、客观的方法，在应用中有一定的实际价值。下面将结合大坝系统主观风险概率估计的特点，对如何利用极大熵准则确定非连续型变量的风险概率分布进行说明。

在一个试验中，假设有 n 个可能出现的结果 $X_1, X_2, \cdots, X_n$，其出现的概率分别为 $P_1, P_2, \cdots, P_n$。在试验前，出现何种结果并不能肯定，根据极大熵准则，一个均匀的概率分配含有最大的不确定性。根据信息论定义，在一个信息通道中传送的第 i 个信号（即试验中的第 i 个结果）的信息量 I_i 为

$$I_i = -\ln(P_i) \qquad (2.19)$$

则这 n 个信号的平均信息量为

$$I = -\sum_{i=1}^{n} P_i \ln(P_i) \qquad (2.20)$$

I 实质上就是不确定性的数学表达式，称为信息熵，它是由 Shannon 在 1948 年提出的，他在已知概率的情况下，又进一步定义熵为

$$I = -k_0 \sum_{i=1}^{n} P_i \ln(P_i) \qquad (2.21)$$

式中，k_0 为一个与度量单位有关的正常数。

根据 Jaynes 提出的极大熵准则，当根据部分信息进行推理时，必须选择这样一组概率分配，它应具有极大熵，并服从一切已知的信息，这是唯一能做到的无偏分配。

因此，用极大熵准则设定先验密度 P_i 的值，是在先验密度 P_i 适合这个确定事

件的先验信息的约束时选择的，它使平均信息量达到最大。使用极大熵准则，先验信息将构成求极大值时的约束条件。

设由先验信息 Q_i 构成了下列两个约束条件，即

$$\sum_{i=1}^{n} P_i(Q_i) = a \qquad (2.22)$$

$$\sum_{i=1}^{n} Q_i P_i(Q_i) = b \qquad (2.23)$$

则问题即转化为求 $P_i(Q_i)$，使得

$$\max\left\{\sum_{i=1}^{n} -P(Q_i)\big[\ln P(Q_i)\big]\right\} \qquad (2.24)$$

满足式（2.22）和式（2.23）。这样，无任何信息时的先验密度问题就转化为求解有约束的最优化问题。

3）风险估算的一次二阶矩法

对于风险估算，目前国内外普遍使用的定量计算方法主要有重现期法、直接积分法、蒙特卡罗法、可靠性指标法和一次二阶矩法等。表 2.1 对各种方法的特性、优缺点以及适用性进行了比较。

表 2.1　常用风险估算方法的一般性比较

比较项目	重现期法	直接积分法	蒙特卡罗法	可靠性指标法	一次二阶矩法	
					MVFOSM	AFOSM
考虑不同因素的能力	受很大限制	受限制	是	是	是	是
需要相关因素的概率分布资料	间接	大量	中等	前两阶统计矩	只要联合分布,对各种因素有前两阶统计矩已足够	只要联合分布,对各种因素有前两阶统计矩已足够
应用的复杂性	简单	复杂	中等复杂	中等	中等	中等
计算量	简单	中等到大量	大量	中等到简单	中等到简单	中等
估算总风险的能力	无	困难	大量计算	无	是	是
对风险代价分析结果的适应性	部分	是	是	不	是	是

从表 2.1 中可以看出，一次二阶矩法具有概率分布要求不高、应用不复杂、计算工作量不大和估算总风险的能力较强等优点。这里仅对一次二阶矩法进行介绍。

（1）MVFOSM 原理。一次二阶矩法又称为中心点法，其主要步骤是：首先，将非线性功能函数在中心点 P 处泰勒展开，并保留一次项；其次，利用近似函数的平均值 μ_z 和标准差 σ_z 求出可靠性指标 β；最后，由 β 得出可靠度和失效概率。

研究表明，β 越大，系统越可靠。设一维随机变量 x 的函数为 $Z = f(x)$，随机变量的平均值为 μ，则在 $Z = \mu$ 处进行泰勒展开：

$$z = f(x) = f(\mu) + f(x - \mu)f'(\mu) + \frac{(x - \mu)}{2!}f''(\mu) + o(x) + R_n \qquad (2.25)$$

式中，$o(x)$ 为高阶项；R_n 为余项。

　　根据一元二次矩理论，忽略高阶项 $o(x)$ 和余项 R_n，得出式（2.25）的数学期望为

$$E(Z) \approx E[f(\mu)] + E[f(x - \mu)f'(\mu)] + E\left[\frac{(x - \mu)^2}{2!}f''(\mu)\right] \qquad (2.26)$$

　　将已知条件代入式（2.26），求出其数学期望为 $f(\mu)$。多维分析与一维分析的方法相同，得出最后的期望为

$$E(Z) = f(\mu_1, \mu_2, \cdots, \mu_n) \qquad (2.27)$$

方差为

$$\mathrm{Var}(Z) = \sum_{i=1}^{n}\left[\frac{\partial f(x)}{\partial x_i}\bigg|_{x=\mu}\right]\mathrm{Var}(x_i) \qquad (2.28)$$

　　将一次二阶矩法引入水利工程运营阶段可靠性分析中，设销售收入为 R，投资现值为 T，经营成本为 C，税金为 TA。用 μ_j 和 $\mathrm{Var}(j)$ 分别表示平均值和标准差，j 取 R、T、C、TA。则此情况下的可靠度指标为

$$\beta = \frac{\mu_z}{\sigma_z} = \frac{\mu_R - \mu_T - \mu_C - \mu_{TA}}{\sqrt{\mathrm{Var}(R) + \mathrm{Var}(T) + \mathrm{Var}(C) + \mathrm{Var}(TA)}} \qquad (2.29)$$

　　则此情况下的风险概率 $P(Z)$ 为

$$P(Z) = \varphi(-\beta) = 1 - \varphi(\beta) \qquad (2.30)$$

　　（2）AFOSM 原理。在边坡可靠性分析的一阶二次矩法中，极限状态方程可以表示为

$$Z = g(X_1, X_2, \cdots, X_k) = f(X_1, X_2, \cdots, X_k) - 1 \qquad (2.31)$$

式中，Z 为极限状态函数值；g 为极限状态函数；f 为传统的边坡安全系数计算值；$X_i(i = 1, 2, \cdots, k)$ 代表能够对边坡稳定性产生影响的 k 个随机变量。

　　边坡处于稳定状态时，$Z > 0$；边坡处于失稳状态时，$Z < 0$；$Z = 0$ 表示边坡处于临界状态，位于极限状态面上。设 $X^* = (X_1^*, X_2^*, \cdots, X_k^*)$ 为极限状态面上的一点，则在此处泰勒展开并取至一次项，为

$$g(X^*) = 0 \qquad (2.32)$$

$$Z_L = g(X^*) + \sum_{i=1}^{k}\frac{\partial g(X^*)}{\partial X_i}(X_i - X_i^*) \qquad (2.33)$$

当变量为独立正态随机变量时，线性函数 Z_L 的均值 μ_{Z_L}、标准差 σ_{Z_L} 为

$$\mu_{Z_L} = g(X^*) + \sum_{i=1}^{k} \frac{\partial g(X^*)}{\partial X_i}(\mu_{X_i} - X_i^*) \tag{2.34}$$

$$\sigma_{Z_L} = \sqrt{\sum_{i=1}^{k} \left[\frac{\partial g(X^*)}{\partial X_i} \right]^2 \sigma_{X_i}^2} \tag{2.35}$$

则可靠度指标 β 为

$$\beta = \frac{\mu_{Z_L}}{\sigma_{Z_L}} = \frac{g(X^*) + \sum_{i=1}^{k} \frac{\partial g(X^*)}{\partial X_i}(\mu_{X_i} - X_i^*)}{\sqrt{\sum_{i=1}^{k} \left[\frac{\partial g(X^*)}{\partial X_i} \right]^2 \sigma_{X_i}^2}} \tag{2.36}$$

引入灵敏度向量 α_X，其分类 $\alpha_{X_i}(i=1,2,\cdots,k)$ 可称为灵敏系数，即

$$\alpha_{X_i} = -\frac{\frac{\partial g(X^*)}{\partial X_i}\sigma_{X_i}}{\sqrt{\sum_{i=1}^{k} \left[\frac{\partial g(X^*)}{\partial X_i} \right]^2 \sigma_{X_i}^2}}, \quad i=1,2,\cdots,k \tag{2.37}$$

则设计验算点 p^* 可通过式（2.38）计算：

$$p_i^* = \mu_{X_i} + \beta\sigma_{X_i}\alpha_{X_i}, \quad i=1,2,\cdots,k \tag{2.38}$$

将式（2.32）、式（2.35）、式（2.36）和式（2.37）联立，即可求解出 β 和 p^*。但通常采用迭代法求解，避免求解式（2.32）。首先假定初始设计验算点，一般取为均值点；然后计算 α_X、β 并计算新的设计验算点；若满足迭代终止条件，则终止迭代，否则重复上述过程。

2.3　水利工程的生态环境风险

水利工程在防洪、灌溉、供水、发电、航运和旅游等多方面可产生巨大的效益，对于保障社会安全、促进经济可持续发展发挥着巨大的作用，这是毋庸置疑的事实。但是另外，水坝和堤防、河道整治工程及跨流域调水工程等各类水利工程，对于河流、湖泊生态系统也造成了胁迫效应。水利工程的负面影响主要表现为改变了自然水文规律和引起地貌特征变化，从而不同程度地改变了生境条件，导致淡水生态系统结构和功能的变化。

2.3.1　生态与环境风险分析研究的发展历程

生态与环境风险作为一个全球性的重大社会问题，是从产业革命开始的，当

时只顾生产而不重视对生态环境的保护,造成了严重的后果。进入 20 世纪中叶后,科技、工业和交通等迅猛发展,造成工业过分集中,城市人口过分密集,环境污染由局部扩大到区域,由单一的大气污染扩大到大气、水体、土壤和食品等多方面的污染,酿成不少震惊世界的公害事件。因此,为了治理和改善已被污染的环境,并防止新的污染发生,就必须加强生态保护和环境管理。

1964 年在加拿大召开的国际环境质量评价会议上,学者提出了"环境影响评价"的概念。在发达国家,环境影响评价的实践经历了曲折的道路,研究学者和管理人员不断寻求对环境影响评价工作进行改进和完善的方法。20 世纪 80 年代,在环境影响评价的对象、范围、程度和方法等方面,出现了一些新的特点,评价的范围由只考虑对自然因素的环境影响发展到包括社会与经济影响在内的全面环境影响,环境影响风险评价也应运而生,成为环境影响评价中最受关注的问题之一。

环境影响风险评价常称为事故风险评价或事故后果评价,它在国际上主要是沿着三条路线发展的,其一称为概率风险评价,它是在事故发生前,预测某设施或项目可能发生什么事故及其可能造成的环境健康风险;其二称为实时后果评价,它是在事故发生期间给出实时的有毒物质的迁移轨迹及实时浓度分布,以便做出正确的防护措施,减少事故的危害;其三称为事后后果评价,它主要研究事故停止后对环境的影响。

经过近 30 年的研究发展,风险分析评价的热点已经从人体健康评价转入生态环境风险分析评价,风险因子也从单一的化学因子扩展到多种化学因子及可能造成生态风险的事件,风险受体也从人体发展到种群、群落和生态系统,流域景观水平评价范围则由局地范围扩展到区域水平。比较完善的生态与环境风险评价框架也在 1998 年美国《生态风险评价指南》出台后逐渐形成。

纵观生态与环境风险分析研究的发展历程,先后经历了从环境风险到生态风险再到区域生态与环境风险分析等阶段;风险源由单一风险源扩展到多风险源,风险受体由单一受体发展到多受体。同时,随着各基础学科的发展,一些新的分析技术和方法也正逐渐被应用于风险评估领域,如在模式识别、非线性回归及优化、不确定信息处理、数据分类与预测等方面占有强大优势的神经网络技术;从无规则和无序事件中有效找出有用、显著和有序事件的混沌理论;从传统的明确量化思维模式转变,汲取人脑模糊思维特点而保留更多有用信息的模糊理论;在系统外部信息明确、内部规律不确定甚至数据信息不全的情况下进行建模分析的灰色系统理论;基于贝叶斯统计推断,借助尽可能多的先验信息与样本信息进行推理和决策的贝叶斯理论;利用模糊系统、神经网络和遗传算法对数据库中的数据进行分析的数据挖掘技术,又称为数据库中的知识发现技术;通过技术缩短信息库延滞于生态环境变迁的动态时差,对环境影响的动态变化进行监测,具有连续性、区域性和准确性的遥感与耦合技术等。这些理论方法的发展与完善,为深入开展生态与环境风险分析研究提供了良好的理论基础条件。

目前，欧美不少发达国家已经将水利工程的生态环境影响风险分析摆在了十分重要的位置。这些国家在水利工程开发中，同时做到了单项工程开发的生态环境风险分析、流域工程开发的生态环境风险分析以及各工程在规划前、施工中和运行期等各个阶段的生态环境风险分析。印度、巴西等发展中国家也非常重视河流开发的生态环境风险分析。因此，从国外现状与发展趋势看，无论社会还是公众均十分关注和重视水利工程（包括单项工程和流域工程）开发建设所带来的各种生态与环境风险问题，而相关研究人员也广泛致力于有关生态与环境风险分析的理论和方法研究，以期为水利工程开发的规划、设计、施工、运行和管理等提供科学决策依据。

我国从 20 世纪 80 年代开始逐渐重视对事故风险的防范与研究工作。国家环境保护总局于 1990 年下发第 057 号文，要求对重大环境污染事故隐患进行环境风险评价。90 年代以来，在我国重大项目的环境影响报告中也普遍开展了环境风险的评价，特别是世界银行和亚洲开发银行贷款项目的环境影响报告，其中必须包含环境风险评价的内容。对于生态风险评价研究，国内学者也已经做过一些有意义的探索工作，但从取得的研究成果看，还难以系统应用于环境影响评价当中，主要是因为生态风险评价不同于化学物质和物理变化导致的风险评价，它很难实现对环境破坏的直观评价，同时生态风险评价需要大量的基础数据和生态调查，以及对评价方法的系统研究，这些都需要投入大量的人力、物力和财力，即便在美国，也是在 1998 年才颁布了生态风险评价的导则。

综上分析，目前国内外针对水利工程开发、特别是针对流域开发所带来的生态与环境风险问题的研究方面尚处于起步阶段，尤其在国内开展相关研究还比较稀少，尚需在多个方面进行系统研究和逐步完善。

2.3.2　水利工程生态与环境风险分析

水利工程生态与环境风险分析主要是针对水利工程在规划、设计、施工、运行和管理阶段以及与之相关的社会生产和经济活动等环节中的诸多生态与环境风险问题进行研究。

1. 水质风险

随着社会与经济的不断发展，世界各国对水能利用的需求不断提高，水资源开发的力度也逐步增大，随之而来的水环境污染问题日趋严重，水质风险问题日益引起人们及舆论的关注。国外和国内先后于 20 世纪 60 年代与 70 年代开始对水质风险问题进行研究。

水质风险是指水环境中由于介质传播、自然原因或人类活动引起的非期望事件（如污染或灾害）发生的概率，以及在不同概率下事件后果的严重性。对于江河流域水环境系统，水质风险通常主要是指河道水流或水库水质超标的风险，因此可以将其定义为水环境系统的污染负荷（或污染物浓度值）超过其承载容量（或水质标准值）的可能性。

水质风险评价是水环境风险评价的重要内容。在风险评价方法上，国外早期多采用指数法，20 世纪 80 年代以来，研究人员陆续提出和采用了一些新的方法，如数理统计方法、模糊数学方法、灰色系统理论方法和未确知理论方法等。

目前，国内外一般从突发性水质风险和非突发性水质风险两个方面进行水质风险的分析研究。突发性水质风险是指污染物质突发性或事故性泄漏排放到水体中而导致的水质超标风险，它具有突然性、巨大的破坏性以及难以预测性等特征。非突发性水质风险是指环境中存在着大量复杂的不确定性因素，致使有毒有害物质即使是达标排放，却仍然存在着对水质造成污染的可能性，相对于突发性水质风险，非突发性水质风险具有潜伏性、长期性和复杂性等特征。

对于突发性水质风险的研究，绝大多数研究人员是基于随机理论或随机理论与其他不确定性理论相结合的方法来分析和评价风险发生的可能性。在非突发性水质风险研究方面，随机理论、灰色系统理论和模糊理论都得到了不同程度的应用。

与国内偏重于研究水质风险的概率分析与风险评价不同，国外研究人员进行水质风险研究，主要是以事先给定的水质超标可能性大小作为约束条件，由此分析河流的同化能力，或者对允许排污负荷的分配问题进行研究，总体来看，国外对于如何分析和计算水质超标的风险概率研究较少，因此从度量河流水质超标可能性大小角度进行水质风险问题的研究报道相对比国内要少。

在有水质控制标准的水域，选取其中某一污染物的最大浓度 C_m 作为负荷 l 来表示对水环境的不利影响，根据水域的不同功能区划，可将环境水质标准限定水体中最大允许污染物浓度 C_0 作为阻抗 r。当 $C_m = C_0$ 时，就达到了该污染物水质污染风险的临界条件。因此，有

$$水质风险 = P(C_m > C_0) \tag{2.39}$$

$$水质可靠 = P(C_m \leqslant C_0) \tag{2.40}$$

水体污染是一个复杂的过程。一方面，污染物或废水进入天然河流后，在水体中的沉淀、扩散、稀释或分解是受水体的物理、化学、生物作用及其综合影响的结果，因此水质的变化既有基本的确定性规律，又有很多不确定性的变化；另一方面，上游水库的水质状况可能会对下游水库的水质产生直接影响，如果上游水库污染严重，其宣泄至下游水库的水流必然会给下游水库带来水体污染的风险。

水质风险的不确定性，首先表现在负载污染物水体变化的不确定性。水环境中的许多因素，如水温、水流流向、局部流速、紊动强弱、水中及底栖微生物的种类数量、藻类的光合作用与呼吸等，其偶然变化都将对水体中污染物的扩散、迁移和降解过程产生较大的制约作用，受这些不确定性变化因素影响的水质变化过程，是一个波动起伏的不确定性变化过程。因此，水环境中各种影响因素的不确定性是水质风险产生的根本原因，也是水质风险研究的难点问题之一。

2. 生态与环境需水量风险

水既是人类赖以生存的物质基础，又是确保河流系统发挥正常功能的介质和动力。为了维持和保护流域生态系统的平衡发展，人类在流域开发利用过程中，必须充分考虑其生态、环境和资源三大功能的有机结合，确保生态、环境与经济效益之间的协调和可持续发展。近些年，在水资源开发利用过程中，尤其是流域开发中的生态与环境需水量及其风险问题已引起了人们的关注，并逐渐展开了相关问题的研究，这对于实现流域水资源的合理开发与配制，促进水资源可持续利用具有重要意义。

对于生态需水量与环境需水量，二者既相互区别又相互联系，至今仍没有明确的标准定义，其概念从不同角度出发有着不同的划分，如广义、狭义之分，水域、陆地之分，生态需水、环境需水之分等。

生态环境需水量可按生态与环境用水两部分进行区分。其中，生态需水量是指维持生态系统中具有生命的生物体水分平衡所需要的水量，主要包括河流基本生态需水、河流输沙需水、维护天然植被生长需水、水土保持需水、保护水生生物栖息地及产卵洄游需水等。环境需水量是指为保护和改善人类居住环境及其水环境所需要的水量，主要包括改善用水水质需水、回补地下水需水、协调环境需水、美化环境与景观设计需水等。

若将生态环境需水量按生态与环境用水两部分进行考虑，则可按其各自的内涵组成对生态环境需水量的风险影响因子进行如下划分。

（1）生态需水量的风险影响因子划分为河流基本生态需水因子、河流输沙需水因子、维护天然植被生长需水因子、水土保持需水因子、保护水生生物栖息地及产卵洄游需水因子五部分。其中，河流基本生态需水因子是指用以满足河流纳污功能，以及部分排盐、蒸发和保证河流不断流等方面的所需水量因子，主要受河道上下游各水库放水量、河道水质污染程度、区域内降雨和蒸发等因素影响；河流输沙需水因子是指维持河流中下游的水沙平衡所需水量因子，主要受区域内降雨、蒸发和上游来水来沙情况等因素影响；维护天然植被生长需水因子是指保证森林、草地、湿地和荒漠植被等生长所需水量因子，主要受区域气候、降雨、上下游径流量等因素影响；水土保持需水因子是指以流域为单元，通过采取生物、工程和耕作等措施来改善生态所消耗的水量因子，主要受上游来水、来沙量、区域降雨和产水产沙量等因素影响。

（2）环境需水量的风险影响因子划分为改善用水水质需水因子、回补地下水需水因子、协调环境需水因子、美化环境与景观设计需水因子四部分。改善用水水质需水因子是指保证河流枯水期的最小流量，使其维持河流最基本的环境功能，具有一定的污径比以提高水体自净能力，达到改善水质目的所需水量因子，主要受上下游放、需水量、河道水流速度及河道周边水体环境污染情况等因素影响；回补地下水需水因子是指在地下水超采区为了遏制超采地下水所引起的地质环境等问题，需要一定的回灌用水量因子，主要受区域降雨、地质及阶梯带周边经济发展对地下水需求等因素影响；协调环境需水因子是指为了维持水沙平衡、水盐平衡以及维护河口地区生态环境，需要保持一定的下泄水量或入海水量需水因子，主要受上游来水来沙情况、区域降雨、蒸发及下游需水量等因素影响；美化环境与景观设计需水因子是指周边净化、绿化及划船与垂钓旅游等休闲娱乐用水因子，主要受上下游及区域河道内的运行现状等因素影响。

各种风险影响因子间相互作用，共同决定了生态与环境需水量的风险大小。

从 1974 年对枯水流量概念的提出，到后来对最小可接受流量的研究，再到最小河流需水量、河流环境需水量及河流生态环境需水量等问题的研究，目前国内外关于流域生态与环境需水量及其风险问题的研究，已经取得了一定的进展。

早在 20 世纪 70 年代初，美国就将河流需水量列入了地方法规，80 年代英国、新西兰及澳大利亚等国家开始对河流生态需水量进行研究，90 年代国外学者已普遍关注河流生态需水量方面的研究。国外关于河流生态环境需水量的研究内容，主要集中在对生态环境需水量与自然生境、生物多样性、鱼类栖息、水生生物指示物、树木生长、河流改道、水利工程开发、水库调度及经济用水等各方面之间的关系研究上所采用的研究方法，主要包括水文水力学基础方法（Tennant 法、7Q10法、枯水频率法、R2CROSS 法和湿周法）、生物生态学基础方法（河道流量增加法、Casimir 法、多层次分析法和地形结构法）及整体法（建模块法、专家组评价分析法，亦称栖息地分析法和桌面模型）等，这些方法各有其特点和适用性；而且某些方法仅限于理论研究，在实际应用方面有其局限性，例如，R2CROSS 法需对河流断面进行实地测量调查才能确定有关参数，故该方法实际应用难度较大；河道流量增加法则往往由于缺乏所需要的生物定量化资料，也限制了其实际使用（胡德秀，2009）。

在我国，研究人员开展河流生态与环境需水量方面的研究只是近十年的事情，且不同学者对生态环境需水量有着不同的定义和认识。但从天然河流所具有的功能来看，多数学者对水量和水质两个方面均提出要求，一方面要求有足够的水量以满足河流生态系统的需求；另一方面要求达到一定的水质标准以维持河流生态系统的健康状态。国内学者开展相关研究的内容主要包括，河流基本生态环境需水量、河流输沙排盐需水量、水面蒸发生态需水量、湿地生态环境需水量、水土保持生态环境需水量及入海区生态环境需水量等方面；采用的研究方法主要包括，环境功能设定法、河流基本生态环境需水量计算法、最枯月平均流量法、水量补充法及假设法等，计算公式大多依托水文与水力学知识进行推导建立。

然而，综观国内外有关生态与环境需水量方面的研究，在随着数学、流体力学等基础学科发展而取得广泛进展的同时，也暴露出了已有研究的某些不足。例如，对生态与环境需水量各相关概念的定义尚不够明确；一水多用、不同生态需水量的界定不清等导致水量重复计算，定量化确定困难；时间和空间尺度不够准确；数据采集模式老化、计算理论方法发展缓慢；水资源调控模式、评价指标体系与管理体系的建立不够完善；由于流域内各生态环境用水主体间是相互作用的有机整体，某些分析方法仅以各类生态环境用水的简单叠加计算生态环境需水量，其结果可靠性较低等。因此，在生态与环境需水量及其风险方面，还有很多问题值得深入研究。

3. 泥沙淤积风险

国内外水利工程开发建设的历史与经验表明，对河流的开发利用，必须同流域的生态与环境可持续发展结合起来，有效防止和减缓水库泥沙淤积，尽可能延长水库的寿命。因此，如何科学确定水库输沙的需水量，有效减缓泥沙淤积风险，对于保护已建水库的有效库容和充分发挥其经济与社会效益具有深远的意义。

水库群的泥沙淤积受到上游植被、地形、地质、来水、来沙、泥沙粒径、河道形态、大坝排沙设施设计的合理性及社会经济发展等各种因素的影响，如果对其不能合理认识，将带来水库有效库容被淤、防洪标准降低及生态环境恶化等严重后果。因此，有必要首先对流域梯级开发模式下泥沙淤积的各种影响因素进行系统分析，只有这样，才能科学分析和有效防范泥沙淤积风险。

1）影响泥沙淤积的自然因素

（1）气象条件。不同的地区，其气象条件差别较大。在雨水较多、强暴雨密集的地区，水土流失往往比较严重，河道泥沙淤积往往也比较严重。气候温和、湿润的地区，往往植被葱郁，水土流失不严重，则泥沙淤积的可能性相对要小。

（2）植被条件。达到一定郁闭度的林草植被有保护土壤不被侵蚀的作用。植被郁闭度越低，水土保持能力就越差，其水土流失的可能性也就越大，从而导致河道径流泥沙含量大，发生泥沙淤积的可能性也越大。

（3）地形条件。地形起伏越大，地面坡度越陡，地表径流的流速就越快，对土壤的冲刷侵蚀作用就越强。同时，坡面越长，汇集地表径流越多，冲刷破坏力也越强，其导致水土流失和泥沙淤积的可能性越大。

（4）地质条件。流域区内的地质条件往往也是影响产沙的重要因素。除植被条件外，地表沉积层的土质状况与颗粒结构也是决定水土流失的内在因素。地质条件优良，水土流失量小，导致河道或水库泥沙淤积的可能性也小。

（5）来水、来沙条件。当出现高含沙、小洪水的水沙条件时，由于对输沙不利，往往产生泥沙淤积。

2）影响泥沙淤积的工程因素

（1）大坝拦蓄影响。流域梯级开发建成串珠式的水库大坝群，在很大程度上改变了原河道的水流条件与水力条件，推移质泥沙一般会沉积在库底；同时，河道水流速度降低，也推进了悬移质泥沙的沉积，再加上试验研究不足、输沙建筑物设计不合理等因素影响，则很有可能造成水库及库群间的河道淤积。

（2）工程施工影响。各水库枢纽的主体工程开挖、砂石料场开采、弃渣、场地平整和道路修建等施工活动，将大面积扰动施工区地表土壤，破坏原有地貌和植被，从而导致水土流失加剧，增加泥沙淤积风险和入库沙量。

（3）水库蓄水影响。各级水库蓄水后，水位抬高、水面扩大，两岸地下水位相应上升，因此出现浸没、湿陷、沼泽化及盐渍化等，造成水文地质和工程地质条件改变，从而影响库岸的稳定，在局部河段或库段可能引起库岸坍塌、滑坡或地面塌陷等，使大量泥沙在库区堆积。

影响泥沙淤积的社会与经济因素也是不容忽视的：社会经济发展过程中，对河道水资源的不合理引用可能导致基流缺失、河道断流或河道水流低于输沙需水量要求，这些均是导致泥沙淤积的重要原因。

3）泥沙淤积的风险

泥沙淤积可能直接影响开发工程综合效益的发挥。综合分析认为，流域开发的泥沙淤积风险主要体现在以下多个方面。

（1）生态环境风险。①耕地面积减少。随着库底、河道泥沙清淤工作的开展，泥沙占地面积不断增大，使可耕种土地面积减少。②土壤沙化、肥力降低。淤积泥沙主要成分为细沙、粉沙和粉土，黏性颗粒很少，具备风沙和土壤沙化的先导因素。若输沉沙区土壤黏性颗粒少，每逢大雨和大风就会使土壤表层随风吹或水冲而流失，使土壤质地变粗，渗透性增强，漏水漏肥，有机质含量减少，土壤肥力下降。泥沙的清淤使得堆沙之间加高并不断拓宽，由于沙粒粗、密实性差，遇到风天，会出现飞沙卷落，植被被埋，农作物死亡。这种沙尘天气会严重污染空气质量，破坏生态环境。

（2）工程效益风险。水库的兴建阻断了原天然河道，导致河道的流态发生变化，进而引发河流上下游和河口的水文特征发生改变，造成河流形态的多级非连续化。由于水库的拦沙作用影响河流的冲淤与输沙，破坏了原有河流的输沙平衡，上游和支流来沙大部分被拦于各水库内，淤积的泥沙将使防洪库容和兴利库容减小，影响水库的使用寿命，缩短水库运用年限，最终影响水库综合效益的发挥。

（3）加剧洪灾风险。洪水期间，泥沙在河道的冲淤情况直接影响河道水位。泥沙淤积将抬高洪水水位，使同流量下水位超出河道承受能力的概率以及超高高度双双增加。由于洪灾损失的大小与淹没水深紧密相关，河道泥沙淤积会加剧蓄滞洪区的洪灾损失。因此，泥沙淤积对洪灾风险评估的影响很大，在洪水调度模拟和洪灾评估中考虑泥沙淤积是客观必要的。

（4）其他风险。除上述各种风险外，泥沙淤积还可能导致诸多其他风险，如水库回水末端泥沙淤积可使航运发生困难，码头淤坏，航道淤浅或淤堵，甚至造成翻船事故；坝前泥沙淤积对枢纽建筑物及水轮机的磨损，会在一定程度上影响枢纽的安全运行；水库下泄清水对下游河道冲刷和变形的影响；水库末端淤积上延，增加上游淹没损失；附着在泥沙上的污染物对水库水质的影响等。

4. 库水水温风险

在国外，美国和苏联在 20 世纪 30 年代即开始了对库水水温的监测分析工作，并在水温数学模型的建立和应用方面一直处于世界前列。苏联在水温现场试验方面做了大量深入细致的工作；日本在水库分层取水、水库低温水灌溉对水稻产量的影响等方面进行了很多研究。到 70 年代，国外对水库水温的研究一直比较活跃。

在我国，20 世纪 50 年代中期开始水库水温的监测与研究；60 年代水库水温监测在大中型水库逐渐展开；70 年代中期以来，研究人员提出了不少预测水库水温的经验类比方法；80 年代我国引进了一些国外的数学模型，并对它们进行了扩充和修改，提出了"湖温一号"湖泊、水库和深冷却池水温预报通用数学模型；后来，我国学者不断对库水水温的一维数学模型进行了修改和补充完善。到 90 年代，有研究人员进行了水库二维水温计算。

综观国内外有关水库水温的拟合与预测分析方法，主要有经验法和数学模型法。前者简单实用，但精度欠佳；而数学模型法在理论上较严密，根据其包含的变量空间分布，可分为零维、一维、二维和三维模型法，其中二维数学模型又分为两种，即沿深度平均的平面二维模型和沿宽度平均的立面二维模型。

对于水深较大的水库，水体垂直密度分层明显，容易产生温差异重流。对这种情况，"先解流速场，再将流速值代入水温方程进行求解"的常规处理方法便不再适用，这是因为常规方法并没有考虑水流和水温之间的耦合作用。为此，国

内学者将浮力的 k-ε 双方程模式引入水库水流运动的描述中，并将水动力方程与水温水质方程进行耦合建模，以求解水流、水温沿纵向和垂向的分布变化。

库水水温变化引起的风险如下。

（1）水生生物风险。水温是水生生态系统最为重要的因素之一，它对水生生物的生存、新陈代谢、繁殖行为以及种群的结构和分布都有不同程度的影响，并最终影响水生生态系统的物质循环和能量流动过程、结构及功能。水库下游河道的水温受到下泄水流水温的支配影响，而水库下泄水流水温往往是夏季比天然河流低，冬季比天然河流高。水库下游河道水温的变化，相应地改变了水生生物的生存条件，导致生物群落的变异。由于大坝阻隔河道，将原本连续的河流生态系统分割为坝上和坝下多个孤立的系统，截断水生生物的自然通道，使河道下泄水流的流速、水深、浑浊度和悬浮物质等水流系统发生变化，水生生物生境面积、生境规模及适宜生境等突变并产生累积效应，影响水生生物多样化，对水生生态系统造成危害。北美一项研究表明，全球估算濒于灭绝的淡水鱼已达到已知种类的 30%，大坝建设是淡水物种灭绝的主要原因之一。大坝的建成隔断鱼类的洄游通道，阻断鱼类的迁徙，造成鱼类生境的片段化，阻断鱼类种群间的基因交流，最终导致区域洄游鱼类的绝迹。

（2）农田灌溉风险。农作物的产量直接受到灌溉水水温的影响，尤其是喜温喜湿农作物，对灌溉水温很敏感。农作物最适宜在 23℃以上的温度生长，灌溉引水的水温过高或过低都会对农作物产量产生明显影响。

（3）水库水质风险。水温对水的物理和化学性质的影响比较大。水中溶解氧的含量是确定水质好坏的重要指标之一，在天然河流中水体一般含有足够的溶解氧。水库蓄水后，表面温水层内的浮游植物在光合作用下释放出氧气，使该层内的溶解氧浓度基本保持在近饱和状态。斜温层之下，很少发生掺混，溶解氧不能传递下来，光合作用所需的阳光也不能到达，而死亡的水生动植物沉积下来，在分解中将深水层中的氧气消耗殆尽。当水体中溶解氧含量达不到水生生物的需要时，水生生物将大量死亡，使水质严重恶化。

水温分层会引起深水层水质恶化。深水层温度低，溶解氧含量低，同时二氧化碳浓度增加，形成还原环境，引起底部沉积物分解出锰和铁，还常含有高浓度的磷酸盐、硅及二价钙盐、碳酸盐，同时水体内有机物质产生厌氧分解，释放出甲烷、硫化氢及氨等物质。此外，水库的温度分层、化学分层使水库从不同高程出流的水质有很大的差别。从分层水库表层下泄的水体，其溶解氧高，水温较高，水质较好，但营养贫乏。而从深水层下泄的水，则多为含有大量离子成分、溶解氧低的低温水，使下游水质变坏，过多的营养物质将导致下游富营养化。

（4）城市供水风险。水温对城市供水的影响不容忽视。不同的水温下水质处理的效果差异极大，因此自来水厂处理天然来水时，对水温的要求十分严格。

（5）工业用水风险。工业用水是工矿企业在生产过程中用于制造、加工、冷却、空调、净化、锅炉、洗涤、产品及其他工业生产中的用水总称。在全国城市用水中，工业用水约占 70%，不仅所占比重大，而且用水集中，用水保证率要求高。在工业生产过程中，冷却水可以带走生产设备运转所产生的热量，保证正常生产。在纺织、电子仪表、精密机械行业，水被广泛用于生产工艺过程中。因此，工业用水要求供水水源稳定可靠，尤其是对水温的要求较为严格。一旦供水水源的水温发生变化，必将对相关的工业生产与加工产生严重影响，带来不可估量的损失。

第3章　库区防护风险与库岸失稳防治

3.1　水库蓄水风险及库区防护措施

水库建成蓄水后，就可能面临库区淹没、水库渗漏、库岸浸没、坡地盐碱化、库岸坍塌和泥沙淤积等风险，必须采取相应的防护措施，规避或消除因水库蓄水而带来的诸多库区防护相关风险。

为了减小因水库蓄水而造成的库区淹没，消除或减轻因水库渗漏和地下水位抬高而引起的浸没，防止因库水位升高而引起的库岸坍塌，改善库区的环境，最大限度地利用水土资源，而采取相应的工程措施，称为水库库区的防护工程。

水库库区的防护措施，视防护区的具体情况而定，常用防护措施如下。

（1）为了保护居民点、耕地、厂矿企业、文物古迹和其他有价值的目标，不致因水库蓄水而淹没，应修建防护堤。如果存在因水库渗水或地下水位抬高而浸没的问题，还需修建截流防渗和排水防涝等工程设施。

（2）为了改善低洼地区居民的居住条件和卫生条件，防止蚊蝇孳生和疟疾的传播，以及农田的浸没和盐碱化，需要采取截流排水和挖高填低等工程措施。

（3）为了防止库岸的失稳和坍塌，需修建防浪堤和岸坡加固等护岸设施。

（4）为了保持水土，改善生态环境，减少水库淤积，需要在山坡上植树种草，修建梯田，或者在水库上游的支流上修建拦沙库和在支沟上修建淤地坝及谷坊。

（5）为了防止水库的渗漏损失，需要修建防渗截流工程。

（6）为了防止库水通过库区库岸低凹处溢出库外，需要在凹口处修建副坝。

（7）为了发展水库的航运，应在适当地点修建码头和停船点；为了改善库区周围的交通条件和便于水库的检修，需要修建围绕库区的环形公路。

综上所述，库区常用的防护措施可概括为修建防护堤、防洪墙、抽水站、排水沟渠和减压沟井，采取挖高填低的工程措施，修建防浪堤、护岸、岸坡加固和副坝等工程。

水库库区防护设施的类型是多种多样的，同一种防护设施也因其用途、规模和地点的不同而各有差别，为了正确地选择和修建水库库区的防护设施，必须对水库库区进行必要的社会经济、自然地理、地形地质和水文气象等方面的综合调查，在此基础上拟定防护方案，并通过技术、经济比较确定防护措施。

3.2　水库的淹没风险及防控措施

修建水库必然会淹没部分土地，以及这些土地上的设施、厂矿企业、森林和房屋等，同时生活在这些土地上的居民必须迁移，重新安排他们的生活。因此，水库的淹没损失和补偿费用有时可能占兴修水库总投资费用很大的比例，如富春江水库占 22%，陈村水库占 26.5%，新安江水库占 55%；三峡工程的移民费用达 856.53 亿元，占工程决算动态总投资 2485.37 亿元的 34.5%。因此，在水库建设中充分预估水库淹没风险、减小水库淹没损失是非常重要的。

3.2.1　水库的淹没防控措施

减少水库淹没损失的措施可归纳如下。

1）优化梯级开发方案、慎重选择坝址

在拟定河流的梯级开发方案时，应对干、支流全面规划，适当布置梯级，注意在耕地和人口稀少的河流上游或支流上修建高坝，而在人口和耕地较多、工业密集的河流中下游修建低坝，并适当选择坝址和坝高，既能调节径流，又能减少淹没损失（李树新，2012）。

2）采取措施降低水库防洪水位

（1）降低汛前限制水位。在不影响水库兴利效益的前提下，合理制定汛前限制水位，使洪水到来前腾空一部分库容，以便在取得同样防洪效果的情况下降低水库的设计洪水位和校核洪水位。

（2）增强水库的泄洪能力。在不超过下游安全泄量的前提下，采取增设泄洪隧洞、底孔等措施，加强水库的泄洪能力，以降低水库的防洪水位。

（3）在溢洪道（或溢流堰顶）上设置闸门。汛前将闸门开启，使水库水位降至汛前限制水位，汛后将闸门关闭，蓄水至正常蓄水位，如此，在正常蓄水位和汛前限制水位之间有一共用库容，这一库容在汛期为防洪库容的一部分，在汛后为兴利库容的一部分，如图 3.1 所示，这样可相应地降低防洪水位。

（4）利用库岸天然凹口向相邻水系泄洪。在不加大相邻水系防洪负担的情况下，利用库岸天然凹口向该水系宣泄部分洪水，以加大水库的总泄洪流量，达到降低水库防洪水位的目的。

3）采取梯级水库防洪联合调度

合理分配梯级水库的防洪库容，采取联合调度的运用方式，有计划地利用水库有限的库容来拦蓄和宣泄洪水，起到错峰和削减洪峰流量的作用，以达到减少库区和坝下游淹没的目的。

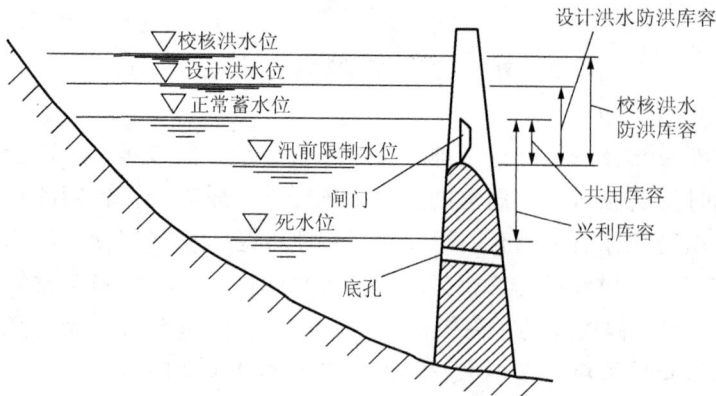

图 3.1　水库的特征水位和库容

4）合理利用水库涨落区的土地

各类水库随其调节性能和兴利目标的不同，从土地征用线至死水位之间的土地，都有一定时段出露在水库水位以上，可对此加以合理利用，库水位涨落区土地的利用方式随水库的运用方式、水位的变化情况和土地出露时段的长短而定。图 3.2 所示为古田水库 1960 年冬至 1961 年春，水库水位涨落区 3170 亩（1 亩= $666.67m^2$）土地的使用情况。

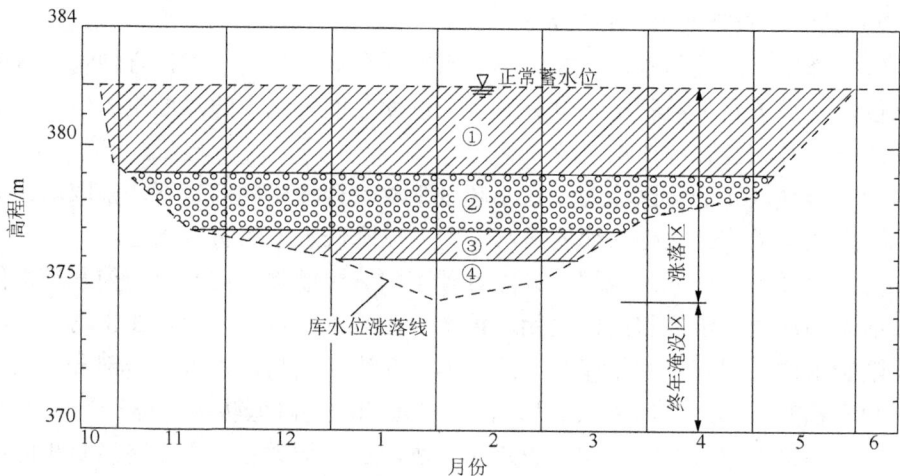

图 3.2　古田水库 1960 年冬至 1961 年春水库水位涨落区土地的使用情况
①出露 6 个月以上的土地，播种小麦和谷物；②出露 4 个月以上的土地，播种薯类；
③出露 2 个月以上的土地，播种蔬菜；④出露 2 个月以下的土地，不利用

5）引洪放淤，抬高地面

在多沙河流上，水库临时淹没区的土地可以采用引洪放淤的方法，有计划地

逐步抬高地面的高程，减轻淹没的影响。同时也可漫地造田，减轻水库的淤积。

6）修建防护工程

在经济合理和技术可行的情况下，对水库的浅水区和临时淹没区采取修建防护工程的方法来减少水库的淹没，是采用较广的一种方法，特别是对位于平原区的水库，更是一种行之有效的方法。

3.2.2　防护工程

1. 防护工程的设计标准

（1）防洪标准。防护工程的防洪标准取决于防护对象的规模及其重要性，根据《防洪标准》（GB 50201—2014）的规定，城镇的防洪标准如表 3.1 所示。

表 3.1　城镇的防洪标准

城镇	重现期/年
特别重要的城市	≥200
重要的城市	100～200
中等城市	50～100
一般城市	20～50

（2）防涝标准。防涝的要求是保护人民的居住和卫生条件，改良土壤，以促进农业的稳产和高产。防涝的设计标准一般以涝区发生重现期为 5～10 年的暴雨不产生涝灾为基准，条件较好的地区和大城市郊区可适当提高标准。

（3）防浸没标准。防浸没是以地下水位达到某容许最小埋深为条件的，根据气候、土壤、结构物埋置深度、农作物品种及其生长期和农业措施等因素来确定。一般取城镇的地下水埋深为 1.2～2.0m，南方地区取小值，北方地区取大值。农作物要求的最小地下水深度为：小麦 0.5～0.7m，棉花 1.0～1.4m，玉米 0.5～0.6m，绿肥 0.6～0.8m，蔬菜 0.8～1.0m，高粱 0.3～0.4m，大豆 0.4～0.5m，甘薯 0.5～0.6m。

2. 防护工程的布置

水库库区的防护工程按其防护的任务有：①修筑防护堤；②修建排水沟渠和排水井；③修建抽水站；④修筑护岸工程；⑤河流改道和节流堵口工程。

防护工程的布置与防护对象的性质及重要性、防护标准和所要达到的目的有关，常按防护区的不同特点采取不同的防护布置。

当防护区无河流通过，防护对象为城镇、农田、工矿企业或重要文物时，防护工程通常有下列三种布置方式。

（1）沿水库边岸正常蓄水位高程以上和防洪水位以下的地区修建防护堤，沿防护堤内侧开挖排水沟渠，以汇集地面雨水，然后通过抽水站将其抽出堤外，如图 3.3（a）所示。

（2）如果水库水位涨落幅度较大，岸边滩地宽阔平坦，为了使滩地仅在特大洪水年份才被淹没，而其他年份仍可加以利用，可沿水库边岸修筑第一道大围堤（长而较低的围堤），以防御一般洪水；而对于重要的防护对象和经济用地，修建第二道小围堤（较高的围堤），以防御较大洪水。此时两层围堤的内侧均需修建排水沟渠和抽水站，内层围堤内排水沟中的积水通过内层围堤内的抽水站抽到外层围堤内的汇水沟中，汇水沟与外层围堤内的排水沟渠相连，并通过布置在外层围堤内的抽水站将沟内积水抽入水库，如图 3.3（b）所示。

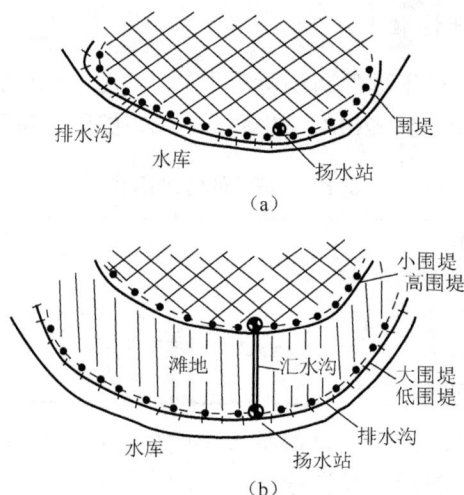

图 3.3　防护工程的布置

（3）如果防护区为一坡地或高低不平的场地，此时可从坡地一侧地形较高处挖土将低处填高（挖高填低），使所保护的场地地面高于水库的防洪高程，如图 3.4 所示。

当防护区内有天然河流或河沟通过时，可根据河流及其水量的大小，采取下列防护措施：

（1）当通过防护区进入水库的河流较大时，可采取分片筑堤防护的方法，如图 3.5（a）所示。

（2）当通过防护区流入水库的河流流量不大时，可采取将原河道筑坝堵塞，而在防护区的一侧另修人工河道将河水引入水库，而防护区则修筑围堤进行整片防护，如图 3.5（b）所示。

（3）如果通过防护区的河流不大，流量较小，则可修建大围堤将防护区整片围护，并将河流截断，在围堤内侧设排水沟渠，将防护区内的地表水汇集到河沟内，利用设在围堤内侧河沟端点处的抽水站将河水和排水沟内的水抽入水库，如图 3.5（c）所示。

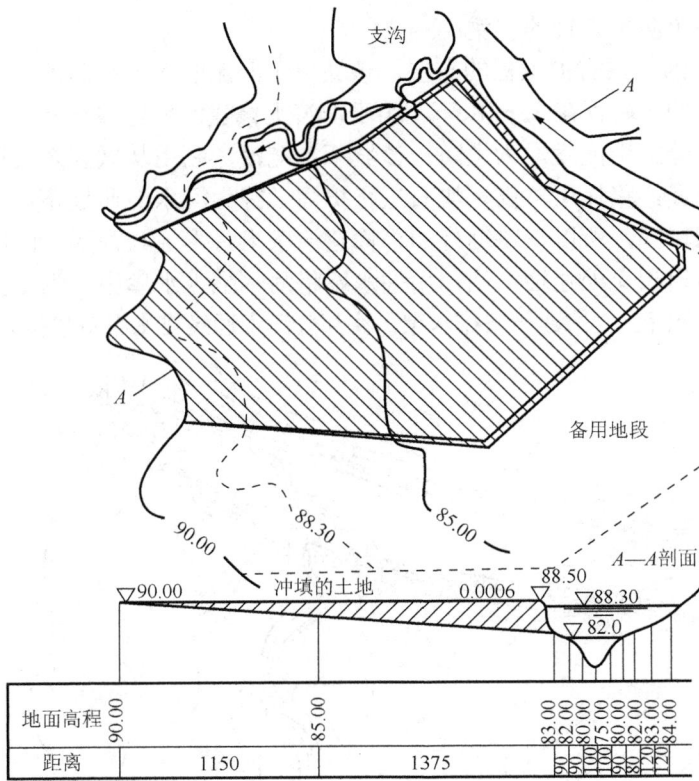

图 3.4 防护区挖高填低布置（单位：m）

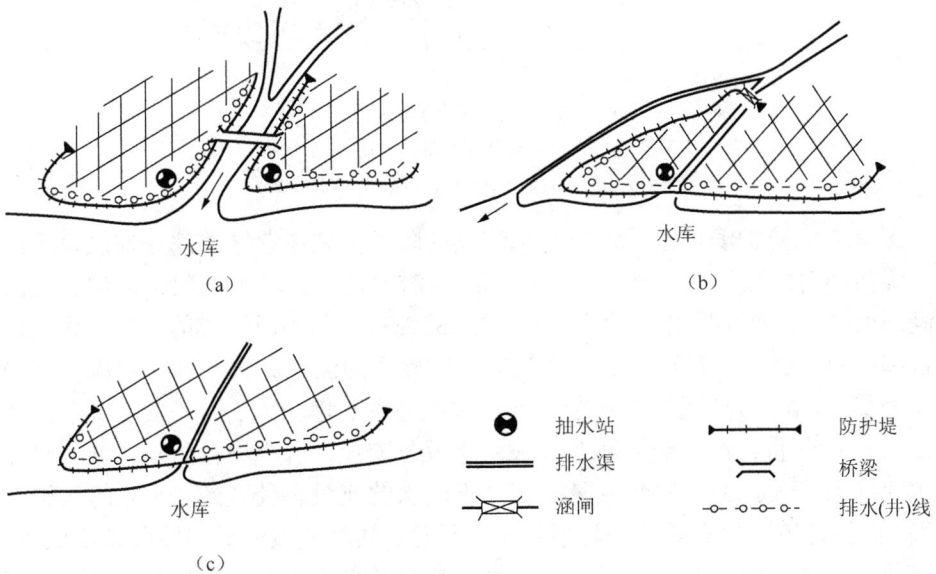

图 3.5 分片筑堤防护措施

下面介绍几个防护工程的实例。

图 3.6 所示为某城防护工程的布置，该城位于河流的第一级河滩台地上，此河滩从北向南延伸，高程在 32m 以下，由于河流上修建水库造成壅水，洪水时期将使该城的大部分土地淹没。为了防护该城不被淹没，利用从城区东边通过的公路路堤作为防护堤，路堤用草皮和块石进行护面。因为河水能通过路堤下的钢筋混凝土桥孔进入城区，所以在路堤外面再修建一条半月形（马蹄形）的防护堤，在该防护堤与河道相交处建抽水站，用抽水站将河水抽入水库中。为了减小抽水站的排水量，在河流上游修建一条排水渠，将部分河水通过排水渠直接排入水库内。

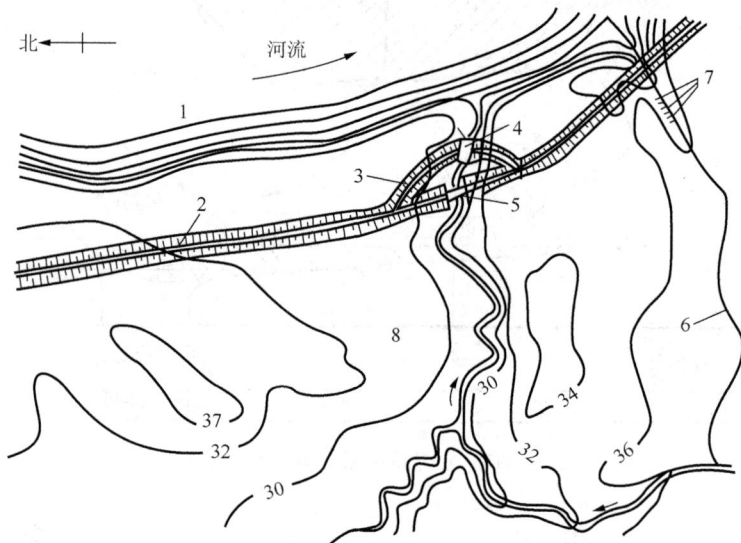

图 3.6　某城防护工程的布置

1-河岸；2-公路路堤；3-半月形防护堤；4-抽水站；
5-桥；6-排水渠；7-集水井、池；8-城市用地

图 3.7 为防护滨城不受水库回水淹没的防护措施，该城大部分地区位于河流第一级河滩台地上，一小部分位于第二级河滩台地上，城市被数条河沟、古河道和湖泊所分割。滩地是由厚度为 10~12m 的细粒冲积砂所组成的，其下为类似的细粒和中粒石英砂，在这一层下面为夹有细砂层的黏土。大部分古河床及湖泊的表面为壤土，其下为砂层。枯水期地下水位距地表的埋深为 5m，在低凹地段为 2~5m。在一般年份，第一级河滩台地被洪水反复淹没，若不进行防护，滨城总面积的 12%将被淹没，34%将产生浸没。由于洪水的淹没将使宽约 100m 的河岸产生崩塌，而该地段上建有重要的房屋和工业设施；同时城市的低凹地段将形成沼泽，从而使城市的环境卫生情况恶化。为此，滨城采取的防护措施有：为了防护城市不被洪水淹没，修建了长达 15km 的围堤，从三面将城市包围；为了排除城市的

地表水，修建了由明沟和暗沟组成的排水沟网，并通过总排水沟将雨水和融雪水汇集到三个抽水站，然后将其抽出堤外；为了防止低洼地段产生浸没，采用联合排水的方式来降低地下水位，即除了用水泵抽水外，还沿低地的西侧修建了一系列垂直排水井，自流排水，最后通过排水沟汇集到抽水站，抽出堤外；古河槽和湖泊的周围也设置排水沟网，以维持其水位不超过一定高程。

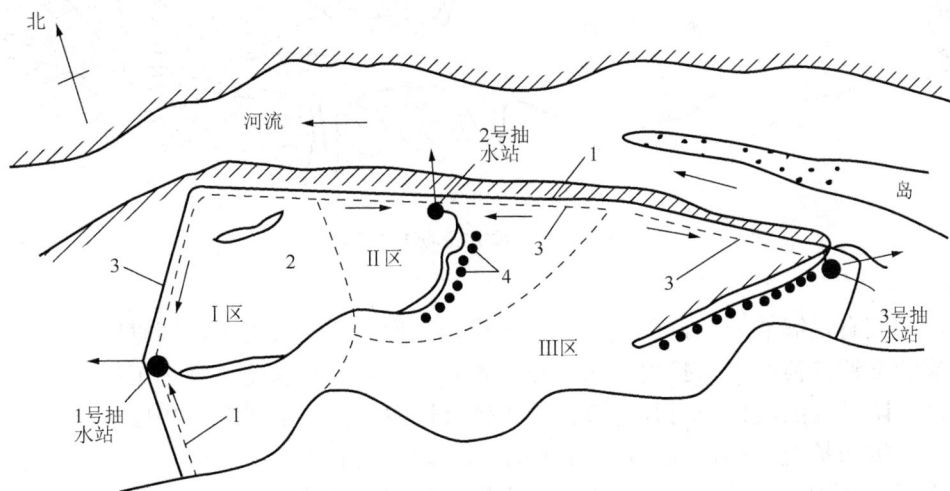

图 3.7　滨城的防护措施
1-防护堤；2-湖泊；3-排水沟网；4-垂直排水井

　　于桥水库位于天津市蓟县，为平原型水库，库区地势平坦。水库的正常蓄水位 21.16m，总库容 15.59 亿 m³，是一座以防洪、城市供水和灌溉为主，兼顾发电的水库，库区淹没耕地 16.6 万亩，移民 8.92 万人。在水库正常蓄水位上、下有大片农田，库区人口稠密，人均耕地为 0.30～0.54 亩。为了防护 19.0～24.0m 高程间浅水区和临时淹没区约 5 万亩的农田，修建了长度超过 50km 的防护堤，建成了 10 个防护片，如图 3.8 所示。防护堤堤身高 2～6m，土方量 270 万 m³，工程投资 2200 余万元。采取上述防护措施后，库区人均耕地增加至 1 亩，人民生活水平得到改善。防护工程建成后，经过数年运用，19.0m 高程上、下的围区内，渍水不易排干，效益较差；而 22.0m 高程以上的大片农田，使用效果较好，经济效益显著。

3. 防护堤

　　防护堤应布置在土质均匀而坚实的地基上，避免过多地压占农田和拆迁民房，并避免将防护堤设置在可能受水流冲刷和易失稳的库岸上。防护堤的线路应顺水流方向布置，避免迎流顶冲，并应保证河道有足够的行洪断面。防护堤与河道、

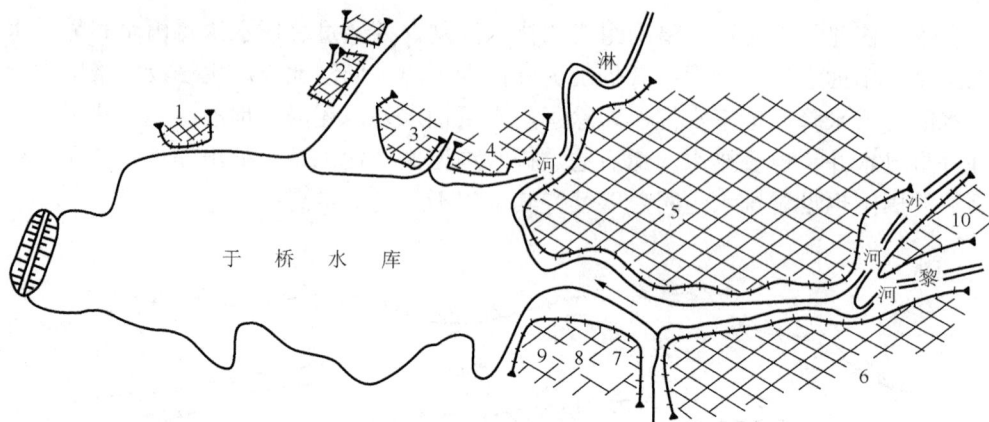

图 3.8　于桥水库防护措施

1～10 为防护片

城区均应有足够的距离，以便布置排水设施和便于施工及管理，同时应注意城市发展和交通的需要。防护堤的线路应尽量顺直，以缩短长度，减小工程量。在地震区，防护堤的线路应避开易液化的粉砂及淤泥地段（李树新，2012）。

根据防护堤的构造和筑堤材料的不同，防护堤有下列几种形式：①黏土心墙式土堤；②均质土堤；③水泥土护坡土堤；④灰土护坡土堤。

3.3　防护区的排洪措施

当防护区修建防护堤后，防护堤以内的天然水系的出口即被堵塞，为了防止由此而引起的内涝和淹没，必须另外规划和修建排水渠道，将地表水和河水排入水库。

3.3.1　排洪渠渠线的布置

排洪渠的渠线应根据防护区内的地形情况由高处向低处布置，力求顺直，以缩短长度和少占农田，并应尽量绕过防护区内的城镇，以免拆迁民房和工业企业。渠线应该避开地形变化很大的地区，以免深挖方和高填方，在遇山受阻时应根据经济比较来决定是采用盘山渠道还是开挖隧洞。排洪渠应该修建在土质坚实、稳定性好和渗透性小的土壤中，避开陡峭的山坡和可能发生流沙及塌滑的地段，以保证渠道的安全。渠线应能最大限度地拦截山水，并能自流排泄。如果渠线能从地下水位较高的地段穿行，不仅可减少渠道的渗漏，还可起到排水疏干、降低地下水位的作用。在可能的情况下，应尽可能利用原有的沟、渠和水道，减少土方工程量，并应尽量将排洪、排涝、灌溉、航运和治理盐碱结合起来，以便一渠多用，充分发挥效益。当排洪渠不能自流排水时，应在渠线的末端和适当地点修建抽水站。

排洪渠的纵坡与沿线的地形和土质情况有关，一般应与地面坡度相适应，并保证渠道不致产生淤积和冲刷。通常当渠道所经过的地段为粉质土时，渠道纵坡坡度可采用为 1/6000，黏土时为 1/2000，腐殖土时为 1/1000，砂土时为 1/800，砾质土时为 1/250。

排洪渠的渠线应根据渠道的建设费、年维修费、渠线所占农田的年产值、农田和居民用水的水源年补偿费，以及抽水站的建造费和年运行费为最小，而渠道的经济效益为最大的原则来选定。

3.3.2　排洪渠道的断面

排洪渠道的断面形式应根据渠道所经地段的地形地质条件、地面建筑物情况、排水流量的大小和施工条件来确定。当渠道位于土质地基上时，断面多做成梯形；当渠道位于岩石地基上时，断面通常做成矩形或接近矩形。

3.4　防浸没的措施

防护区防浸没的措施一般可分为两类，即填高地面和排水措施。

3.4.1　填高地面

填高地面又可分为挖高填低和挖沟垫地两种，它是地势低洼、排水出路较差的地区防涝、防碱和防浸没的一种简单常用的措施。

挖高填低是将地面较高处的土挖出填入低洼处，以抬高地表面高程，相对降低地下水位，并使地面较平整，具有良好的地面排水条件。

挖沟垫地是有计划地开挖排水沟和垫高地面，以便地下水位距地面保持一定深度。在盐碱土地区这一深度应使土壤不致因毛细管作用而产生反碱现象，对于黏土，不致引起反碱现象的地下水临界深度为 1.2～1.4m，对于轻砂壤土为 1.8～2.0m。两排水沟之间的台地地面宽度应根据土壤盐碱化的程度，并考虑到机耕作业的需要而定，对于盐碱化轻的土壤，台地地面宽度可达 30～40m；对于盐碱化重的土壤，宽度一般为 8～16m。

3.4.2　排水措施

排水可分为深排和浅排两类，它的作用是排除地面水、降低和控制地下水位。深排可以有效地降低地下水位或地下水压力，防止土地盐碱化和沼泽化，这种排水方式的效果显著，占地少，但造价高，有时还需要抽排，因此管理费用较大。浅排可自流排水，管理费用少，但占地较多。浅排通常采用明沟和明渠排水，深排则采用由深沟、暗管和井所组成的排水系统。明沟排水设施比较简单，维修检查比较方便，排水量也比较大，可以自流排水，但常常需要修建桥涵，排水沟出口处的水位受排水承泄区水位的限制，而且深度较大的沟占地多，管理复杂，维修养护费用也较高。暗管排水占地很少，不影响农田的耕作，但造价较高，并需要大量管材。竖井排水通常用在地面坡度较小，无法采用明沟排水，或者是地下有较厚的承压含水层，需要降压和控制地下水位的情况。

排水的方式应根据防护区的地形、土质、水源和水质情况来选择。

地形条件是选择排水形式和进行排水布置的重要依据。坡地适宜采用明沟自流排水，开阔的平地适宜采用管式排水，阶地适宜采用截水沟排水（截水沟布置在阶地的台阶下面），封闭的盆地或洼地适宜采用抽水的井式排水或采用集中的抽水站（扬水站）排水。防护区内的湖泊、水池、洼地和古河槽等均可用作排水系统的承泄池，承泄池内的水可通过抽水站排出防护堤外。

地表土层的透水性和厚度以及含水层的埋藏深度和厚度是选择排水形式的又一重要因素。例如，在黏性土地区宜采用明沟排水，在极易产生涝碱的砂性土地区宜采用浅而密的暗管式排水，含水层埋深较浅时宜采用明沟排水，含水层较深或上部有较厚的弱透水层时宜采用井式排水。

此外，在布置排水系统时应注意使其与防护区内的灌溉渠系、水井、道路和林带等相配合。

1. 截水沟

截水沟通常设置在防护区边界处的高地上，也称高地排水沟，用以拦截和汇集雨水和来自已知水源的流水，防止其流入防护区。在防护区内，根据地形情况也可设置截水沟，用以排走地表雨水，因此也称雨水分水沟（分水沟），如图 3.9 所示。在防护堤内坡脚处，通常也设有截水沟（也称为堤内边沟），用以汇集和排走从堤坡上和防护堤附近地面流来的雨水。雨水分水道和堤内边沟中的水可通过汇水沟集中到抽水站，再抽出堤外。截水沟的尺寸应根据汇水面积的大小、降雨强度、截水沟的坡度等而定。

2. 排渗减压措施

排渗减压措施包括排渗沟和减压井，通常有以下几种类型，如图 3.10 所示。

（1）完整井（Ⅰ型）。减压井从地表面向下贯穿整个透水层，适用于不均一的多层深厚地层。

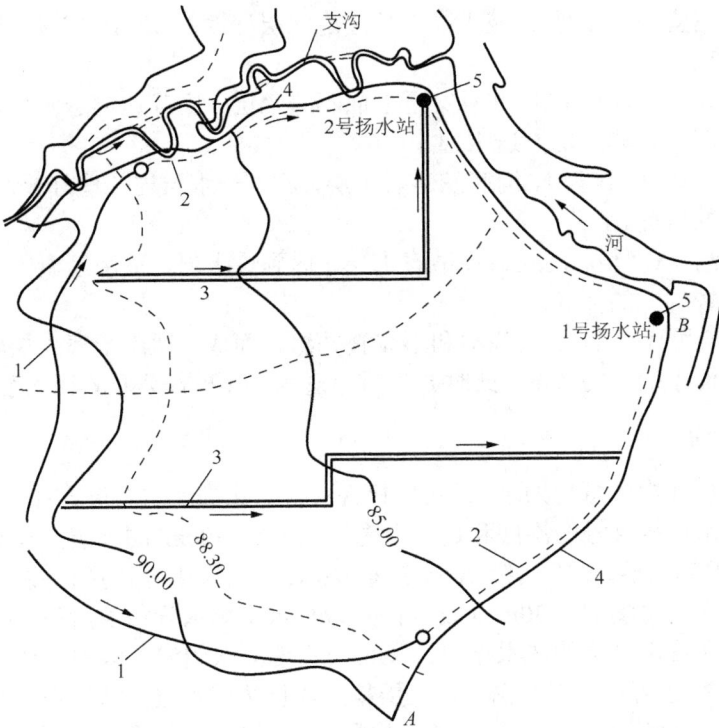

图 3.9　截水沟的布置

1-高地截水沟；2-堤内边沟；3-雨水分水沟；4-防护堤；5-抽水站

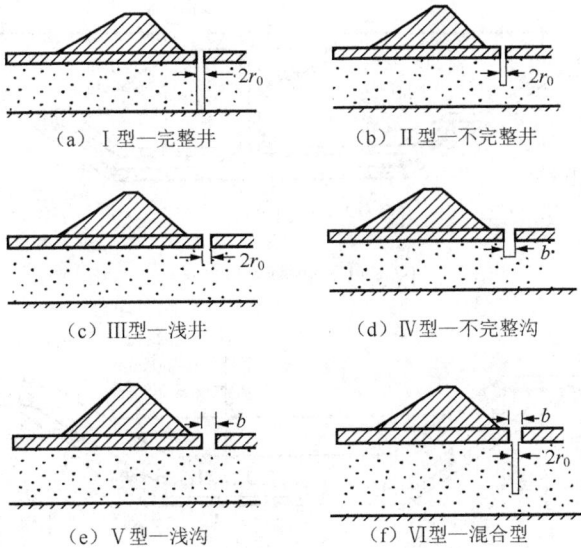

（a）Ⅰ型—完整井　　　　　（b）Ⅱ型—不完整井

（c）Ⅲ型—浅井　　　　　（d）Ⅳ型—不完整沟

（e）Ⅴ型—浅沟　　　　　（f）Ⅵ型—混合型

图 3.10　排渗减压措施的类型

（2）不完整井（Ⅱ型）。减压井只穿透透水层深度的 50%～75%，适用于较均一的透水地层。

（3）浅井（Ⅲ型）。减压井只穿透表面不透水层，底部达到透水层，适用于表土层不厚、下部较薄的均一透水层。

（4）不完整沟（Ⅳ型）。沟底挖穿表土层，深入透水层内，适用于表土层较薄、透水层不厚的情况。

（5）浅沟（Ⅴ型）。沟底只穿透表土层，达到透水层，适用于表土层较薄、透水层不厚而较均一的情况。

（6）混合型（Ⅵ型）。由浅沟和不完整井组合而成，适用于表土层较薄，其下透水层较深而不均一的情况，此时井身贯穿透水层中的隔水层，深入强透水层中。

3. 排渗沟

排渗沟按其构造可分为暗沟和明沟两种。暗沟式排渗沟的形式如图 3.11 所示，它是在与透水层相接触的沟底和边坡上先铺设厚约 30cm 的砂层，在砂层上再铺设厚 50cm 的砾石层，其上又铺 20cm 的砂层，在砾石层中埋设穿孔的水平集水管，并且沿沟长方向每隔 15～30m 安设一根升管与水平集水管相连，管顶设有逆止阀，以便使汇集在排水沟中的渗水排出，又可防止地面水倒灌入沟中。明沟式排渗沟的形式如图 3.12 所示，它是先将表土层挖除，直达透水层，然后在沟底和沟边铺 30cm 的砂层，砂层上又铺设约 40cm 的砾石层，然后再铺设一定厚度的大卵石或块石层，即成明沟式排渗沟。

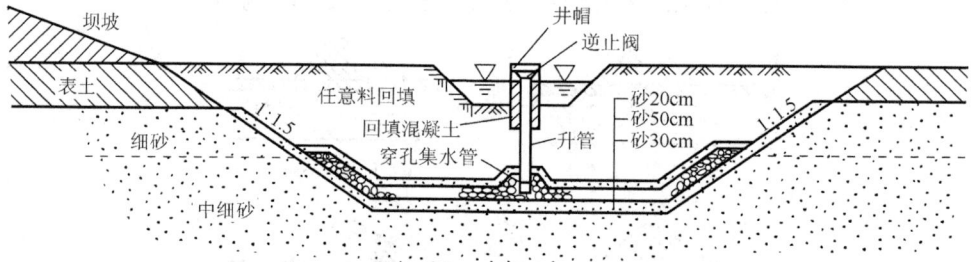

图 3.11　暗沟式排渗沟

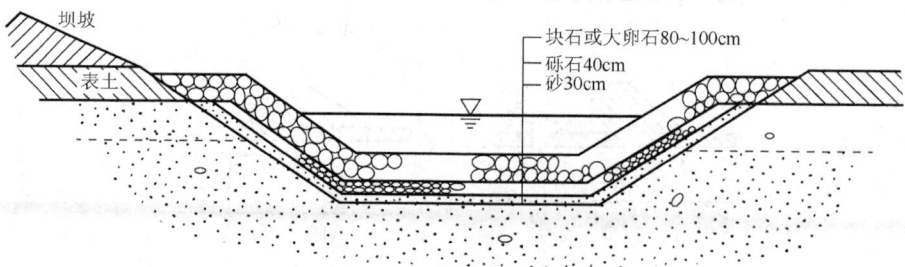

图 3.12　明沟式排渗沟

4. 减压井

减压井的布置取决于地形条件、透水层的厚度和埋深以及减压井的作用。如果为了防止堤坝下游产生流土，减压井应布置在靠近堤脚处；如果为防止下游产生沼泽化，则减压井可布置在距堤坝稍远处。通常减压井和排水沟联合使用，以起到排渗减压的作用。此时减压井可设置在距排水沟一定距离处，用明沟或暗管将井内涌水引入排水沟，如图 3.13 所示。也可将减压井布置在排水沟边坡上，以缩短引水暗管的长度，还可以将减压井布置在排水沟的沟底部，如图 3.14 所示。

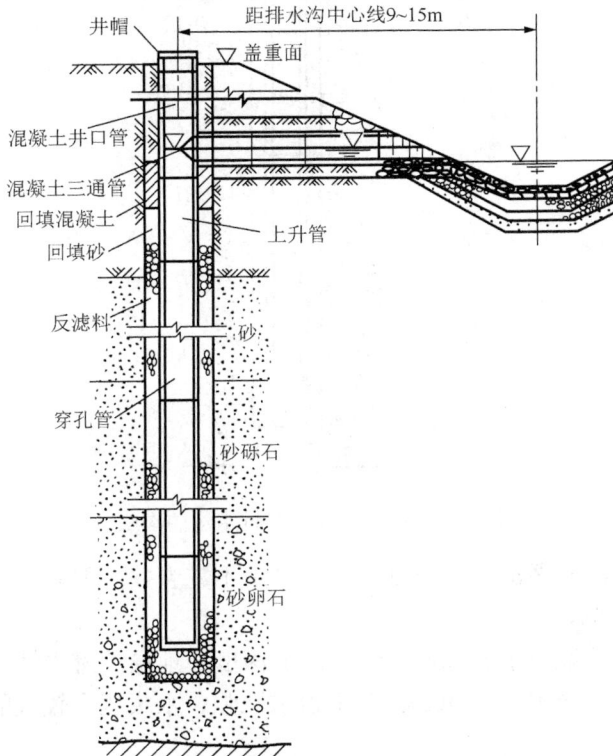

图 3.13　减压井布置在距排水沟一定距离处

减压井通常由井孔、井管（包括穿孔管、沉淀管、上升管）、反滤层、井口结构（包括井帽、横管和出水口）和排水沟等几个部分组成，如图 3.13 所示。井孔用冲击钻机造孔，直径 60～75cm。井管一般分为三个部分，上部为上升管，中下部为滤水管，下部为沉淀管，直径为 15～30cm，可用水泥混凝土管、透水混凝土管、钢管、塑料管、石棉水泥管、缸瓦管和木管，其中以石棉水泥管采用较多。滤水管是在井管上开孔，然后在管的外壁包棕皮或包两层铜丝网或塑料网，并在井管与井壁之间填反滤料，以防泥沙颗粒随渗水进入井内。减压井的滤水管一般应伸入强透水层，以提高排渗减压效果。当透水层厚度不大时应采用完整井，当

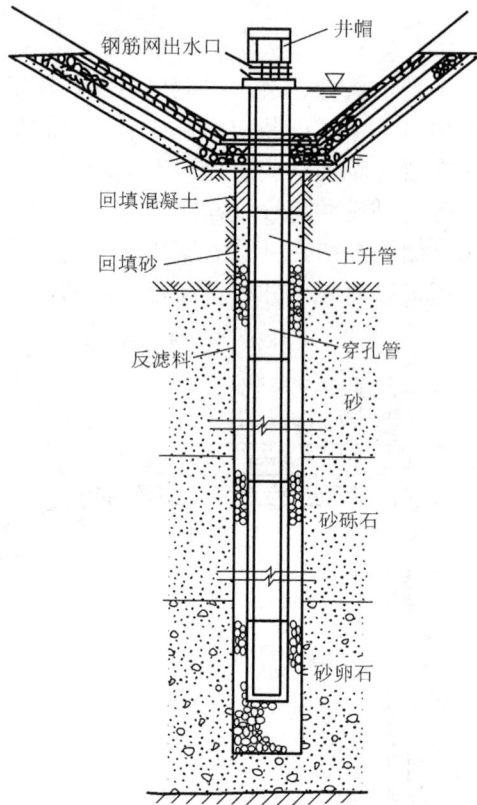

图 3.14　减压井布置在排水沟的沟底

透水层深度很大，开凿深井有困难时，可采用不完整井，但井的深度至少要伸入透水层厚度的 50%。

减压井的井距取决于井底伸入透水层的深度和地层的透水性，可根据渗流计算来确定，一般可采用 15～30m，对于透水性强、水头压力较大的地层，井距应小一些。

3.4.3　抽水站

抽水站是防护工程中一个重要部分，它的作用是将汇集在防护堤内侧的地表水和地下水抽出堤外，以免防护区产生淹没和浸没。

抽水站的布置通常有两种方式，一种是将抽水站布置在防护堤背水坡的坡脚处，如图 3.15（a）所示；另一种是将抽水站布置在防护堤的堤顶上，如图 3.15（b）所示。

抽水站通常由进水渠、前池、吸水管、抽水站机房、出水管和消力井（池）等几个部分组成，如图 3.16 所示。排水渠中的水通过进水渠流入前池，然后由水泵通过吸水管和出水管排出堤外。

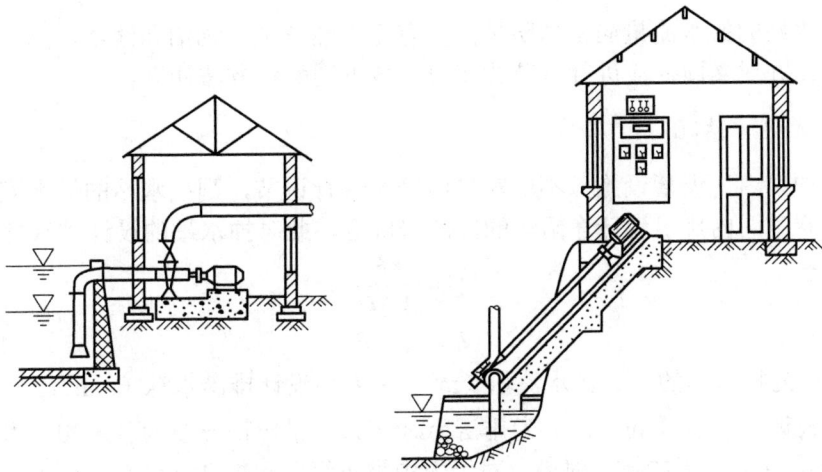

（a）抽水站设在防护堤背水坡的坡脚处　　　　　（b）抽水站设在防护堤的堤顶上

图 3.15　抽水站的布置

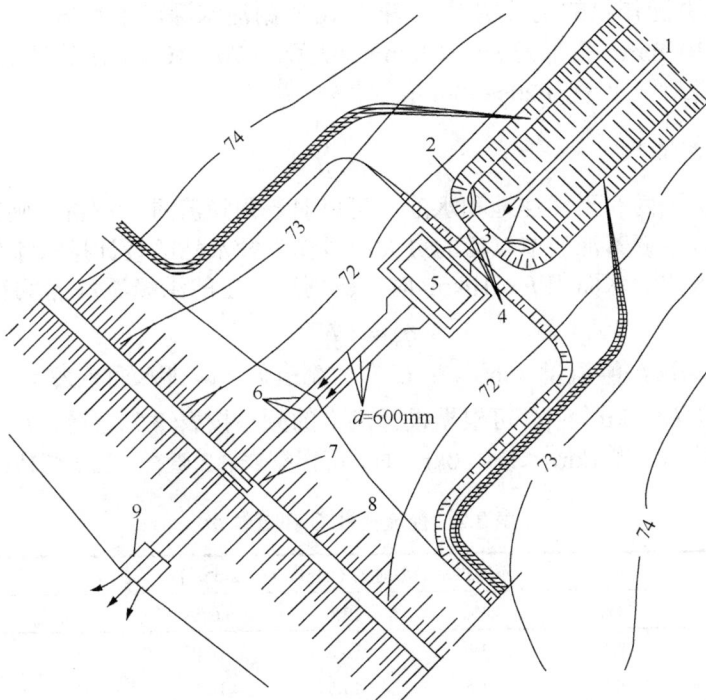

图 3.16　抽水站的组成

1-进水渠；2-边墩；3-前池；4-吸水管；5-抽水站机房；

6-出水管；7-有排气设备的井；8-防护堤；9-消力井

抽水站的排水流量应根据防护区内有无天然洼地、湖泊和池塘,能够临时容纳雨水,并对暴雨径流进行调节的情况,按下列两种方法计算。

1. 无调蓄情况

防护区内无调蓄设施,不能对暴雨径流进行调节,则抽水站的排水流量应根据在规定时间内排出设计净雨量的方法来确定,此时抽水站的设计排水量为

$$Q = \frac{hF}{3.6Tt} \tag{3.1}$$

$$h = h_T - \delta \tag{3.2}$$

式中,Q 为抽水站的设计排水流量（m³/s）；h 为设计排涝水深（mm）；h_T 为历时为 T 的设计净雨量（mm）；T 为排涝历时（d）,旱作物一般为 1～2d,水稻一般为 3～5d；t 为每天的排水时数,对于大中型机组每天按 24h 计算,对于小型机组每天按 22h 计算；F 为抽水站承担的排水面积（km²）；δ 为单位面积上的滞蓄水量（mm）,即作物允许的耐淹水深减去作物的适宜水深。作物的耐淹水深与淹水的天数有关,并随作物的生长期增大。淹水 1d 时耐淹水深对于水稻为 80～260mm；棉花为 50～100mm；玉米为 80～120mm；大豆为 70～100mm；高粱为 300mm 以下；适宜水深对于水稻为 20～50mm。

2. 有调蓄情况

如果防护区内有天然洼地和水池,可以对暴雨径流进行调蓄,则应根据暴雨所产生的洪水经调蓄池调节以后的最大流量作为抽水站的设计排水流量。

当防护区的汇水面积 $F < 10\text{km}^2$ 时,暴雨所产生的洪峰流量 q_m 可确定为

$$q_m = CF^m \tag{3.3}$$

式中,q_m 为暴雨洪峰流量（m³/s）；C 为径流模数,即排水面积为 1km² 时的暴雨洪水流量[m³/（s·km²）],可根据设计洪水的频率按表 3.2 查得；F 为汇水面积（km²）；m 为指数,当 $1\text{km}^2 < F < 10\text{km}^2$ 时,可根据表 3.2 查得,当 $F \leqslant 1\text{km}^2$ 时,$m = 1$。

表 3.2　径流模数 C 和指数 m

地区	不同洪水频率时的 C/[m³/（s·km²）]					m
	50%	20%	10%	6.67%	4%	
华北	8.1	13.0	16.5	18.0	19.0	0.75
东北	8.0	11.5	13.5	14.6	15.8	0.85
东南沿海	11.0	15.0	18.0	19.5	22.0	0.75
西南	9.0	12.0	14.0	14.5	16.0	0.85
华中	10.0	14.0	17.0	18.0	19.6	0.75
黄土高原	5.5	6.0	7.5	7.7	8.5	0.80

暴雨洪水总量为

$$W_m = 1000 h_0 F \qquad (3.4)$$

式中，W_m 为暴雨洪水总量（m^3）；h_0 为设计暴雨净雨深（mm）；F 为流域面积（km^2）。

暴雨洪水的过程线通常可假定为一个三角形，如图 3.17 所示。洪水上涨历时为 t_b，洪水降落历时为 t_r，洪水过程的总历时为 T，故

$$t_r = T - t_b \qquad (3.5)$$

$$t_b = \frac{T}{1 + \beta} \qquad (3.6)$$

式中，β 为比例系数，即 t_r / t_b。一般 β 取 1.5~8.0，山区 β 大一些，丘陵地区小一些，平原地区则更小一些。

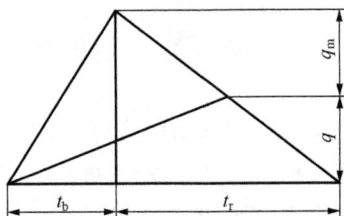

图 3.17　概化的三角形洪水过程

三角形洪水过程的总历时 T (h) 按式（3.7）计算

$$T = \frac{2W_m}{3600 q_m} \qquad (3.7)$$

式中，W_m 为暴雨洪水总量（m^3）；q_m 为暴雨洪峰流量（m^3/s）。

洪水经过调蓄池调节以后的最大排水流量 q 按式（3.8）计算

$$q = q_m \left(\frac{W_m - V}{W_m} \right) \qquad (3.8)$$

式中，q 为最大排水流量（m^3）；V 为调蓄池的调节容积（m^3）。

根据式（3.8）计算得到的最大排水流量 q 也就是抽水站的设计最大排水流量。抽水站的最大净扬程为

$$H_{max} = G_d - D_{min} \qquad (3.9)$$

式中，H_{max} 为抽水站的最大净扬程（m）；G_d 为防护堤外的设计水位（m）；D_{min} 为调蓄池的最低水位（m）。

抽水站的最小净扬程为

$$H_{min} = G_n - D_d \qquad (3.10)$$

式中，H_{min} 为抽水站的最小净扬程（m）；G_n 为水库正常蓄水位情况下防护堤外的水位（m）；D_d 为调蓄池的设计水位（m）。

抽水站管路系统的水头损失可估算为

$$h_f = (0.15 \sim 0.20) H_{max} \qquad (3.11)$$

式中，h_f 为抽水站管路系统的水头损失（m）。

抽水站的设计扬程为

$$H_{dmax} = H_{max} + h_f \qquad (3.12)$$

$$H_{dmin} = H_{min} + h_f \qquad (3.13)$$

式中，H_{dmax} 为抽水站的设计最大扬程（m）；H_{dmin} 为抽水站的设计最小扬程（m）。

根据抽水站的排水流量和设计扬程即可选择抽水站的水泵类型和水泵台数。通常，水泵的台数应尽量少，以节省工程费用，但不宜少于两台，其中一台发生故障时另一台还可继续运行，不致完全影响排水工作。

3.5　岩质库岸失稳的防治

水库蓄水后，库岸在自重和水的作用下常常会产生失稳，形成崩塌和滑坡，从而严重影响水库及其周围地区的安全。对于库区内的库岸崩坍和滑坡，可能造成的危害包括：堵塞水库放水和泄水建筑物的进水口，使水库水位抬高，造成洪水漫溢；减小水库容积，甚至使水库完全淤废，如意大利的瓦依昂水库；产生巨大涌浪，对大坝及建筑物形成极大冲击力并造成库水漫坝，对下游酿成巨大灾害。对于水库下游的河岸崩坍和滑坡，其危害包括：堵塞下游河道；抬高电站尾水，降低电站出力；淹没电站和附近城镇。

影响库岸稳定的因素很多，如库岸的坡度和高度、岸线的形状、库岸的地质构造和岩性、水流的淘刷、水的浸湿和渗透作用、水位的变化、风浪作用、冻融作用、浮冰的撞击、地震作用，以及人为的开挖、爆破等作用，均会造成库岸的失稳，因此在水库管理中应对造成库岸失稳的各种因素给予密切注视和重视。岩质库岸失稳的形式一般有崩塌、滑坡和蠕动三种类型。崩塌是指岸坡下部的外层岩体因其结构遭受破坏后脱落，使库岸上部岩体失去支撑，在重力或其他因素作用下坠落的现象。滑坡是指库岸岩体在重力或其他力作用下，沿一个或一组软弱面或软弱带进行整体滑动的现象。蠕动现象可分为两种：对于脆性岩层是指在重力或卸荷力作用下沿已有的滑动面或绕某点进行长期而缓慢地滑动或转动；对于塑性岩层（如夹层）是指岩层或岩块在荷载作用下沿滑动面或层面进行长期缓慢的塑性变形或流动。

最常见的岸坡失稳形式是滑坡，防治滑坡的方法有削坡、防漏排水、支护、改变土体性质、采用抗滑桩和锚固等措施。

1）削坡

当滑坡体范围较小时，可将不稳定岩体挖除；如果滑坡体范围较大，则可将滑坡体顶部挖除，并将开挖的石碴堆放在滑坡体下部及坡脚处，以增加其稳定性。

2）防漏排水

防漏排水是岸坡整治的一项有效措施，广泛用于工程实践中，具体措施为：在环绕滑坡体的四周设置水平和垂直排水管网，并在滑坡体边界的上方开挖排水沟，拦截并及时排走沿岸坡流向滑坡体的地表水和地下水；对滑坡体表面进行勾缝、水泥喷浆或种植草皮，阻止地表水漏入滑坡体内。

3）支护

支护措施通常可分为两种，即挡墙支护和支撑支护。当滑坡体是由松散土层或坡积层组成，或者是裂隙发育的岩层时，可在坡脚处修建浆砌石挡墙、混凝土挡墙或钢筋混凝土挡墙进行支护；如果滑坡体是整体性较好的不稳定岩层，也可采用钢筋混凝土框架进行支护，如意大利的庞特塞水库，即采用大型钢筋混凝土构架，以右岸岸坡为支撑点，顶住左岸滑坡体的坡脚处。

4）改变土体性质

改变土体性质是指采用电渗法、培烧法、灌浆法和等离子交换法改善松散土的物理力学性质，从而增强滑坡体稳定性的方法。由于这种方法价格昂贵，且工艺复杂，目前仅在国外的一些小型滑坡的整治中使用过。

5）抗滑桩法

当滑动体具有明确的滑动面时，可在垂直滑动面方向用钻机或人工开挖的方法造孔，在孔内设钢管，管中灌注混凝土，形成一排或多排抗滑桩，利用桩体的强度增加滑动面的抗剪强度，达到增强稳定性的目的。抗滑桩的截面有方形和圆形两种，其直径对于钻孔桩一般为 30～50cm，对于挖孔桩一般为 1.5～2.0m，桩深可达 20m。当滑动面上、下岩体完整时，也可采用平洞开挖的方法沿滑动面设置混凝土抗滑短桩或抗滑键槽，以增强滑动体的稳定性，也可取得良好效果。

6）锚固措施

锚固措施是用钻机钻孔穿过滑坡体岩层，直达下部稳定岩体一定深度，然后在孔中埋设预应力钢索或锚杆，以加强滑坡体稳定的方法。例如，安徽省梅山水库，就是采用这种方法来加固大坝下游右岸不稳定岩体的。

在许多情况下，滑坡的防治常常需要同时采取上述几种措施，进行综合整治。例如，黄坛口水库的左坝肩为一古滑坡体，如图 3.18 所示，其岩石极易破碎，范围自坝轴线下游伸入水库约 300m，面积 2000m^2，厚度 60～70m。采取的整治措施包括以下几点。

（1）削坡。将滑坡体的上部岩体挖除一部分，回填至坡脚。

（2）防渗措施。为防止库水渗入滑坡体内，在滑坡体的下部，沿边坡面修建了一道长 30.0m，顶部高程超过水库正常高水位的黏土心墙（铺盖），心墙底部与基础岩石连接，墙脚与坝头混凝土重力式翼墙相接，将整个滑坡体包裹封闭。

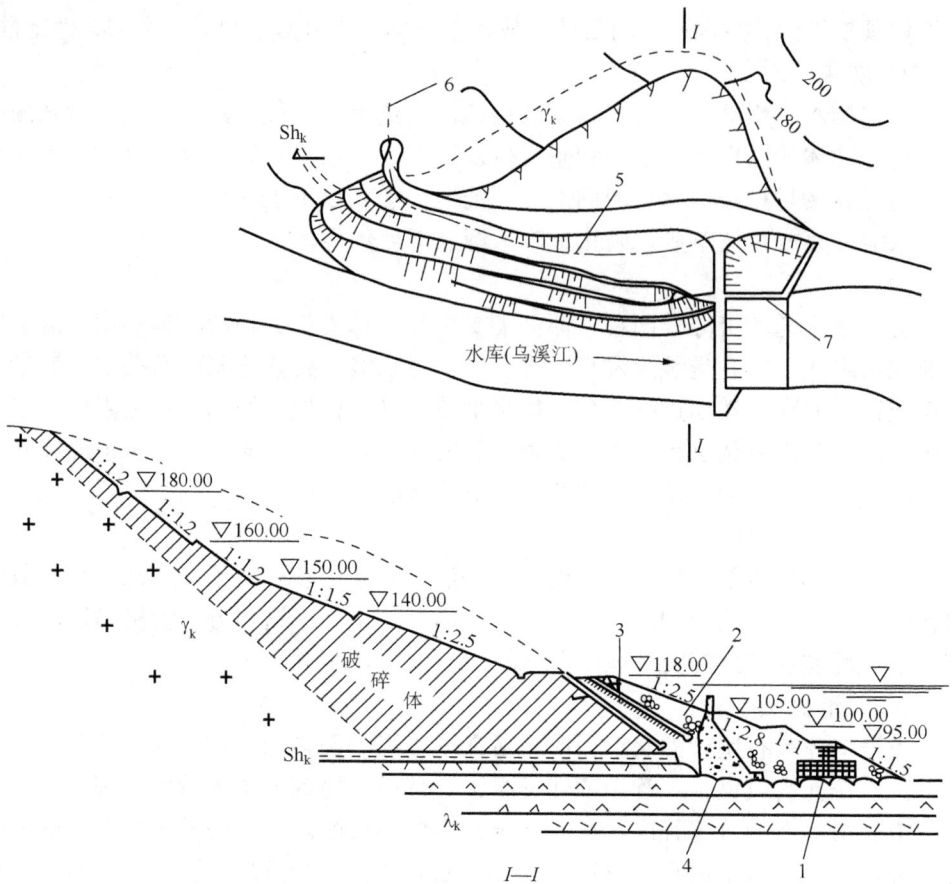

图 3.18　黄坛口水库西山滑坡整治图（单位：m）

1-围堰；2-堆石；3-黏土心墙；4-反滤层；5-排水管；6-阻水隧洞；

7-翼墙；λ_k-花岗斑岩；Sh_k-紫色页岩；γ_k-凝灰岩

（3）排水措施。沿滑坡体边界上方开挖排水沟，将顺坡流向滑坡体的地表水拦截排走；同时在滑坡体坡脚处设置一排排水管，将通过黏土心墙渗入的库水排至水库下游。

（4）防漏措施。对滑裂体表面裂隙用黏土进行勾缝，防止雨水渗入滑坡体。

（5）监测工作。为掌握滑坡体的动态，沿滑坡体的滑动方向布置了观测断面，监测滑坡体的位移及其水文地质情况。

3.6　非岩质库岸失稳的防治

防治非岩质库岸破坏和失稳的措施：对于冲淘刷所引起的塌岸，常采用抛石护岸、护坡、护脚、护岸墙和防波墙等。若水下部分受主流顶冲冲刷强烈，可采用石笼或柳石枕护脚；对于受风浪淘刷而引起的塌岸，可采用干砌石、浆砌石、混凝土和土水泥等材料进行护坡；当库岸较高，上部受风浪冲刷，下部受主流顶冲时，则可做成阶梯式的防护结构，上部采用护坡，下部采用抛石、石笼固脚，如图 3.19 所示，对于库水位变化较大，风浪冲刷强烈的库岸，可采用护岸墙的防护方式；对于库岸较陡，在水的浸湿和风浪作用下有塌岸危险时，则可采用削坡的方法进行防护，当库岸较高时也可采取上部削坡，下部回填，然后进行护坡的防护方法。

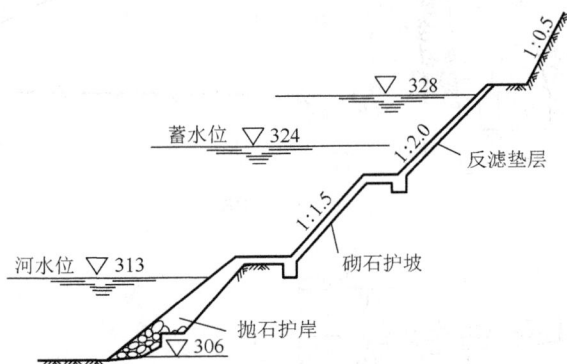

图 3.19　阶梯式护岸

抛石护岸具有一定的抗冲能力，能适应地基的变形，适用于有石料来源和运输方便的情况。石料一般宜采用质地坚硬，直径 20～40cm，质量为 30～120kg 的石块，抛石厚度约为石块直径的 4 倍，一般不小于 0.8。抛石护坡表面的坡度，对于水流顶冲不严重的情况，一般不陡于 1∶1.5；对于水流顶冲严重的情况，一般不陡于 1∶1.8。

干砌块石护岸是常用的一种护岸形式，其顶部应高于水库的最高水位，其底部应伸入水库最低水位以下，并能保护库岸不受主流顶冲。干砌块石层的厚度一般为 0.3～0.6m，下面铺设 15～20cm 的碎砾石垫层。

浆砌块石护岸较干砌石护岸坚固，能抵抗较大的风浪淘刷和水流顶冲，一般分为单层砌石和双层砌石两种，浆砌石层下面设排水垫层，浆砌石层上面设排水孔。

石笼护岸是用铅丝、竹篾、荆条等材料编织成网状的六面体或圆柱体，内填块石和卵石，将其叠放或抛投在防护地段，做成护岸。石笼的直径 0.6～1.0m，长度 2.5～3.0m，体积 1.0～2.0m³。石笼护岸的优点是可以利用较小的石块，抛入水中后位移较小，抗冲能力较强，且具有一定的柔性，能适应地基的变形。

护岸墙适用于岸坡较陡，风浪冲击和水流淘刷强烈的地段。护岸墙可做成干砌石护岸墙[图 3.20（a）]、浆砌石护岸墙[图 3.20（b）]、混凝土墙和钢筋混凝土墙。护岸墙的底部应伸入基土内，墙前用砌石或抛石做成护脚，以防墙基淘刷。必要情况下，可在墙底设置桩承台，以保证护岸墙的稳定。

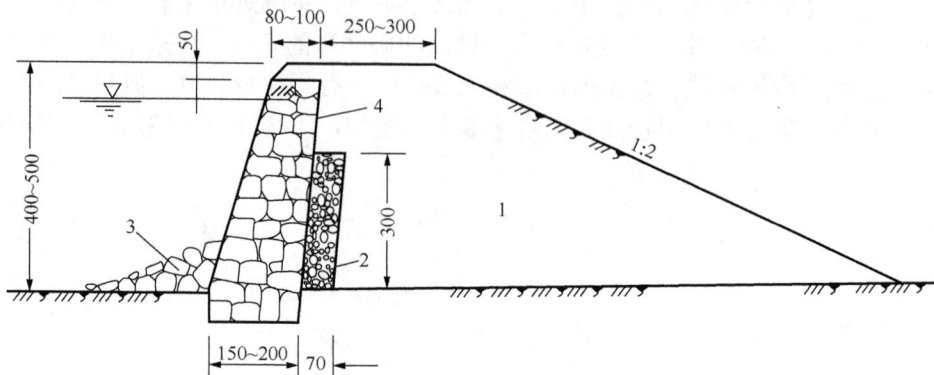

（a）干砌石护岸墙

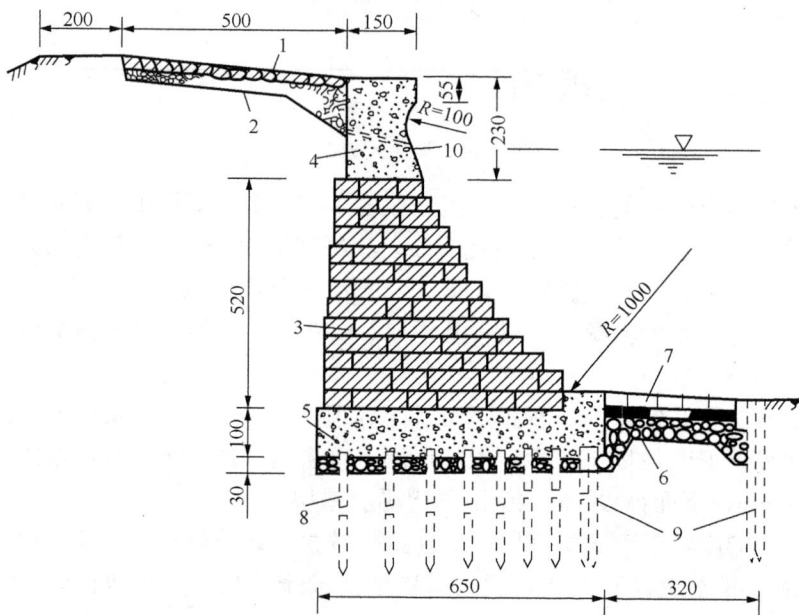

（b）浆砌石护岸墙

图 3.20　护岸墙（单位：cm）

（a）干砌石护岸墙：1-土；2-砾石层；3-堆石护脚；4-干砌石护岸墙

（b）浆砌石护岸墙：1-砌石护面；2-砾石垫层；3-浆砌石墙体；4-混凝土墙顶；5-混凝土墙基；6-抛石；7-砌石护脚；8-桩基；9-防冲板桩；10-排水孔

　　防护林护岸是选择库岸滩地的适当地段植树造林，做成防护林带，以抵御水库高水位时的风浪冲刷。防护林护岸的消浪能力与林带的宽度、株行的间距、枝叶的疏密和树冠的高矮等因素有关，其防护效果也与库岸的坡度、土壤的性质、风浪的大小和树木的品种有关，一般林带的宽度采用 30～50m，从库岸坡脚 3～5m 处开始种植，行距 3m，株距 2m，布置成梅花形。树种以柳树为好，也可采用芦竹。

3.7　库岸失稳的预测

为了防止由于库岸塌滑破坏而造成重大损失，需要对库岸塌滑的可能性及其后果进行预测，以便采取适当的防护和整治措施。

3.7.1　库岸失稳预测方法

库岸失稳的预测方法是根据现场勘查的结果，通过对库岸的稳定性分析来判断库岸失稳的可能性，以及是否需要采取防护措施。

库岸稳定分析的方法很多，但基本上可以分为平面问题和空间问题两类，下面仅介绍平面问题中的推力传递法。

计算时首先应根据库岸的地质勘查资料，确定一组可能的滑动面，滑动面以上部分为滑坡体，滑动面以下部分为稳定的岸坡体。根据滑动面的情况，可以将滑坡体划分为几个滑动块，如图 3.21 所示。

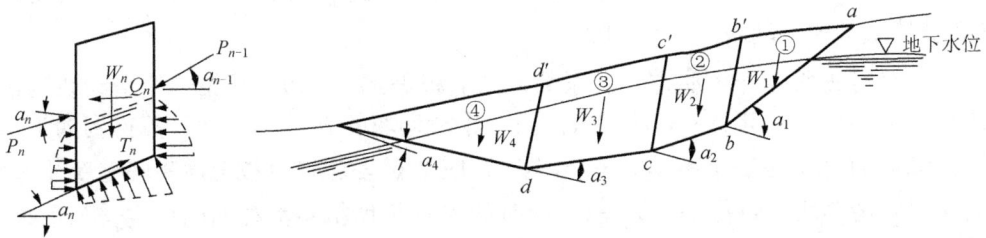

图 3.21　库岸稳定分析图

假定滑坡体的破坏是由顶部开始，逐渐扩展到底部，上部块体在失稳下滑时，要克服滑动面上的阻力，同时受到下部块体的支撑作用，因此上部块体传给下部块体的推力为

$$P_n = S_n - T_n \tag{3.14}$$

式中，P_n 为上部块体传给下部块体的推力，也就等于下部块体对上部块体的支撑力（N）；S_n 为下滑块体滑动面上的剪力（N）；T_n 为下滑块体滑动面上的抗剪力（N）。

滑坡体的稳定安全系数 K 等于各块体滑动面上实际的抗剪能力与利用的抗剪

能力之比，即

$$K = \frac{N_n \tan \phi_n + C_n}{T_n} \tag{3.15}$$

$$T_n = \frac{1}{K}\left(N_n \tan \phi_n + C_n\right) \tag{3.16}$$

式中，C_n、ϕ_n 为滑动面上的黏结力（N）和内摩擦角（°）；N_n 为作用在滑动面上的有效法向力（N）。

根据计算块体上作用力的平衡条件可得

$$S_n = W_n \sin a_n + Q_n \cos a_n + P_{n-1} \cos(a_{n-1} - a_n) \tag{3.17}$$

$$N_n = W_n \sin a_n - Q_n \sin a_n + P_{n-1} \sin(a_{n-1} - a_n) - u_n \tag{3.18}$$

式中，W_n 为计算块体的重量（N）；Q_n 为作用在计算块体上的水平力，包括作用在滑动块两侧面上的地下水压力之差和地震水平惯性力（N）；P_{n-1} 为上一滑动块对计算滑动块的推力（N）；u_n 为作用在计算滑动块滑动面上的扬压力或孔隙水压力（N）；a_{n-1} 为上一滑动块的滑动面倾角（°）；a_n 为计算滑动块的滑动面倾角（°）。

将式（3.16）～式（3.18）代入式（3.14），则得

$$P_n = W_n \sin a_n - Q_n \sin a_n + P_{n-1} \sin(a_{n-1} - a_n)$$

$$- \frac{1}{K}\left\{C_n + \left[W_n \sin a_n - Q_n \sin a_n + P_{n-1} \sin(a_{n-1} - a_n) - u_n\right] \tan \phi_n\right\} \tag{3.19}$$

对于第一个滑动块（滑坡体顶部的滑动块），$P_{n-1} = 0$，对于最末一个滑动块（滑坡体底部的滑动块），$P_n = 0$。

计算时先假定一个稳定安全系数，然后根据式（3.19）从第一个滑动块到最末一个滑动块依次计算 P，此时假定第一个滑动块的 $P_{n-1} = 0$，而计算得到的第末个滑动块的 P_n 也应等于零，若不等于零，则应重新假定 K 再按上述步骤重新计算，直至最末滑动块计算得到的 $P_n = 0$，此时的 K 即为所拟定滑动面的稳定安全系数。对于所拟定的若干个可能滑动面按上述方法计算得到的安全系数中的最小值，即代表库岸稳定性的安全系数值，此值若大于有关规范中规定的数值，则表示库岸是稳定的，否则是不稳定的。

3.7.2　滑坡引起的涌浪

当库岸失稳而形成滑坡时，滑坡体以极大的速度滑入水库，将会在水库中产生巨大的涌浪。这种涌浪对水库建筑物，甚至对下游的工矿企业和居民区的安全会构成严重威胁，因此需要预先估计滑坡涌浪到达建筑物前时所具有的浪高，以判断涌浪对建筑物所造成的危害。

库岸滑坡时所产生的涌浪高度及其在水库中的传播，与滑坡体的形状和大小、滑坡体的滑落速度、入水后的运动情况、水库的地形以及波浪在水库中的能量消减情况等因素有关，而其中许多因素都不易确定，因此要比较精确地计算涌浪的高度及其在水库中的传播是十分困难的，目前还只能进行近似估算，必要时再通过水工模型试验进行验证。

在计算中假定库岸失稳时滑坡体以水平速度 v 向水库方向推进，或假定以垂直速度 v' 向水库中坠落。当滑坡体以水平速度 v 滑向水库时，在水库中所激起的初始涌浪高度为

$$S_0 = 1.17H \frac{v}{\sqrt{gH}} \tag{3.20}$$

式中，S_0 为初始涌浪高度（m）；H 为库水深度（m）；v 为滑坡体的水平运动速度（m/s）。

当滑坡体以铅垂速度 v' 向水库坠落时，在水库中激起的初始涌浪高度 S_0 可由图 3.22 中查得，图中 d 为滑坡体的厚度。

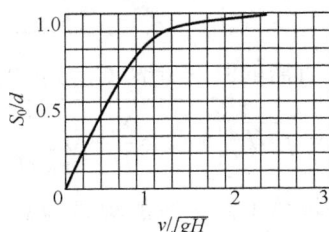

图 3.22　滑坡体垂直坠落时水库中初始涌浪计算图

在计算涌浪在水库中的传播时，为了简便起见，忽略涌浪在传播中的能量损耗和边界条件的非线性，假定涌浪是由一系列源点所产生的弧立波的叠加，传播速度 C 和涌浪在库岸的反射系数 K 均为常数，库岸岸边为直立和平行的两条直线，如图 3.23 所示，此时在对岸 A 点处涌浪的最大高度为

$$S_A = \frac{S_0}{\pi}(1+k)\sum_{n=1,3,5,\cdots}^{n}\left(k^{2(n-1)}\ln\left\{\frac{l}{(2n-1)B}+\sqrt{1+\left[\frac{1}{(2n-1)B}\right]^2}\right\}\right) \tag{3.21}$$

式中，S_A 为对岸 A 点处的涌浪最大高度（m）；S_0 为初始涌浪高度（m）；k 为波浪的反射系数，一般为 0.9～1.0；l 为滑坡体长度的一半，即滑坡体长度 $L=2l$（m）；B 为水库库面宽度（m）；n 为级数的项数，取决于滑坡历时 T 与涌浪从本岸传播到对岸所需时间 t 的比值，当滑坡体长度 L 与水库库面宽度 B 的比值 L/B 不大时，级数的项数可按表 3.3 选用。

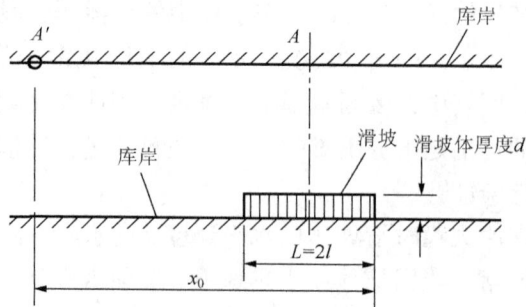

图 3.23　涌浪传播高度的计算图

表 3.3　式（3.21）中级数项数 n 的取值表

n	T/t
1	1～3
2	3～5
3	5～7
4	7～9

涌浪从本岸传播到对岸所需的时间 $t=B/C$，其中波速 C 可用下式计算

$$C = \sqrt{gH}\sqrt{\left(1+1.5\frac{S_0}{H}+0.5\frac{S_0^2}{H^2}\right)} \tag{3.22}$$

当初始涌浪传播到距滑坡体上游边缘的距离为 x_0 的断面上时，对岸 A' 处的涌浪高度 S_A 可计算为

$$S_A = \frac{S_0(1+k)}{\pi}\sum_{n=1,3,5,\cdots}^{n}\left(k^{n-1}\ln\left\{\frac{\sqrt{1+\left(\frac{nB}{x_0-L}\right)^2}-1}{\frac{x_0}{x_0-L}\left[\sqrt{1+\left(\frac{nB}{x_0}\right)^2}-1\right]}\right\}\right) \tag{3.23}$$

式中，x_0 为计算 A' 点距滑坡体上游边缘的距离（m）；L 为滑坡体的长度（m）。

式（3.23）中的级数项数 n 取决于 T/t 和 $(x_0-L)/B$，可根据图 3.24 来确定。即在图 3.24 上先根据 $(x_0-L)/B$ 在横坐标上定出 a 点，由此点向上作垂直线交（-0）波曲线于 a' 点，从 a' 点沿垂直线向上量取 T/t 距离得 b 点，然后检查 $a'b$ 线段内包括几个负波数[即截过几个负波曲线，其中包括（-0）波]。这个数就是级数的项数 n，如图 3.24 所示，$a'b$ 包括-0、-2、-4 三个负波，故式（3.23）中的级数取 3 项，即 $n=3$。

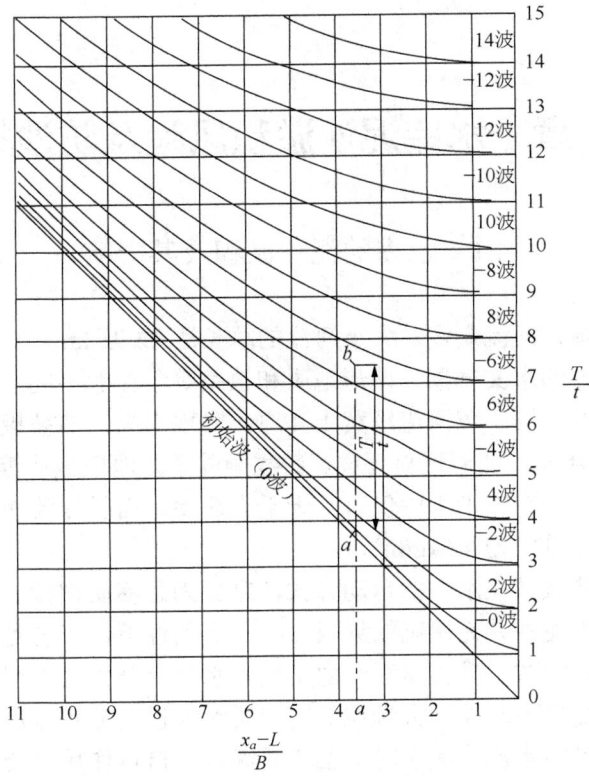

图 3.24 式（3.23）中级数项数 n 的计算图

第 4 章　水库泥沙淤积风险及防沙措施

4.1　水库的泥沙淤积及其影响

我国幅员辽阔，河流众多，大小河流的总长达 42 万 km，分布在全国各地。由于各河流流域内的水文气象、地形地质和植被等条件的不同，河水中泥沙的含量及其组成也各不相同。黄河流经黄土高原，降雨集中，植被极差，含沙量高达 375kg/m³；近 20 年来，随着退耕还林、禁牧圈养、淤地坝截沙等综合治理，黄河含沙量急剧降低，每立方米水中仅有几十千克泥沙。而长江流域雨量较多，植被和土质较好，含沙量仅为 4.6kg/m³。

河流中的泥沙按其在水中的运动方式，常分为悬移质泥沙、推移质泥沙和河床质泥沙，这三种泥沙并无明确的界限，在一定条件下，三者是互相转变的。例如，当河水流速增大时，推移质泥沙由于受到水流上升力的作用而悬浮流动，变为悬移质泥沙；在洪水时期，大颗粒的河床质泥沙也会随水流沿河床下移，变为推移质泥沙；而当河水流速减小时，推移质泥沙在自重作用下会下沉河底，变成河床质泥沙，悬移质泥沙也会转变为推移质泥沙。由于悬移质泥沙是河流泥沙中的主要成分，目前已有一套成熟的观测方法，因此现时河流泥沙的观测数据主要是指悬移质泥沙。

河流上修建水库以后，泥沙随水流进入水库，在库内沉积，形成水库淤积。泥沙在水库淤积的速度与河水中的含沙量、水库的运用方式、水库的形态等因素有关。通常位于水土流失区的水库淤积都比较严重，如苏联锡尔河上的法尔哈德水库，库容为 2.5 亿 m³，经过 12 年的运用，库容已淤积 87%。我国水库的淤积情况随地区而不同，由于北方河流的含沙量较南方河流高，水库淤积相对比较严重，特别是位于黄土地区的一些水库。例如，青铜峡水库根据 1960～1976 年共计 17 年的运用情况统计，泥沙淤积占总库容的 86.9%；旧城水库 1961～1971 年经过 11 年的运用，水库已全部淤满；而柘溪水库经过 12 年的运用，泥沙淤积占总库容的 2.83%；新安江水库经过 16 年的运用，泥沙淤积仅占总库容的 0.11%，这些水库间的淤积相差极大。

泥沙淤积不仅会影响水库自身的综合效益，而且会对水库上下游地区的安全造成威胁。泥沙淤积风险及其不良影响主要表现在以下几方面。

（1）由于水库淤积，库容减小，水库的调节能力也随之减小，从而降低和丧

失防洪能力，这不仅加重下游河道的防洪负担，而且在洪水时期有漫坝和溃坝的
危险。

（2）加大了水库的淹没和浸没。由于水库淤积，特别是库尾的淤积，水库的
回水上延，加大了水库的淹没面积。同时水库的淤积也抬高了库区周围的地下水
位，扩大了沼泽化和盐碱化的面积。

（3）降低水库的综合效益。水库淤积使水库的库容减小，这不仅影响水库的
防洪能力，而且影响水库在灌溉、发电、供水和养殖等方面综合效益的发挥。水
库的淤积，特别是库尾的淤积，会使河道的水深变浅，影响通航。水库淤积后，
水库的泥沙会沿引水道进入水轮机，使水轮机磨损，降低出力，并增加水轮机的
维修费用。

（4）由于泥沙在水库淤积，水库下泄水流中的含沙量减小，会引起下游河床
冲刷，河道水位下降，影响下游河道两岸的引水，并使下游河道的堤防出现险情。
埃及阿斯旺水库自 1964 年蓄水以来，由于河床冲刷，坝下游 500km 范围内的河
道水位下降 0.4～0.8m，造成两岸引水困难。

（5）水库蓄水后，上游未经处理的工业废水也随河水进入水库，水流中挟带
的铜、锌、铅、镉、汞、砷和铬等元素随泥沙在水库淤积和积累，造成库区水质
恶化。

4.2　水库泥沙的淤积和冲刷

4.2.1　水库泥沙的淤积类型

库区内的水流流态通常分为两类，即壅水流态和均匀流态。当挡水建筑物产
生壅水而形成回水时，从回水末端到建筑物前水深沿程增大，而流速沿程减小，
这种水流流态称为壅水流态。当挡水建筑物不起或基本不起壅水作用，库区内的
水面曲线和天然河道的水面曲线接近时，这种水流流态称为均匀流态。均匀流态
下水流的输沙状态与天然河道相同，称为均匀明流输沙流态，此时所挟带的泥沙
数量是饱和含沙量，当含沙量超过这一饱和含沙量时，就会沿程产生淤积；而当
含沙量低于这一饱和含沙量时，就会沿程产生冲刷。壅水流态下的输沙状态可分
为两种，即壅水明流输沙流态和异重流输沙流态。如果含沙浑水进入壅水段后，
泥沙扩散到水流的整个断面，这种输沙状态称为壅水明流输沙流态。但由于在壅
水状态下水流的流速是沿程递减的，因此水流的挟沙能力也是沿程递减的，一部
分泥沙则沿程淤积，称为壅水淤积。如果含沙浑水的浓度较高，细颗粒较多，进
入壅水段后不与壅水段的清水混掺扩散，而是潜入清水下面，沿库底继续向前运
动，有的甚至一直流动到坝前，这种水流称为异重流，此时的输沙流态称为异重
流输沙流态。异重流在流动过程中要克服阻力，损失能量，因此沿程有部分泥沙

落淤，称为异重流淤积。当异重流行至坝前而不能排出库外时，则浑水将滞蓄在坝前清水下，形成一个浑水水库。在壅水明流输沙流态中，如果水库的下泄量小于来水量，则水库将继续壅水，流速将继续减小，逐渐接近静水状态，此时未排出库外的浑水在坝前滞蓄，也将形成浑水水库。在这两种浑水水库中，泥沙的淤积接近静水沉降，称为浑水水库淤积。

综上所述，水库的输沙流态和泥沙淤积可分为四类，即均匀明流输沙流态产生沿程淤积，壅水明流输沙流态产生壅水淤积，异重流输沙流态产生异重流淤积，浑水水库输沙流态产生浑水水库淤积（水利部西北水利科学研究所等，1983）。

实际上水库泥沙的淤积问题包括泥沙的淤积数量、淤积部位和淤积形态三个方面，而泥沙的淤积部位和淤积形态又统称为淤积分布。

4.2.2　壅水淤积形态

泥沙的淤积形态，即泥沙淤积体的形状，可以用泥沙在纵剖面、横剖面和平面上的淤积形状来描述。

1. 纵向淤积形态

水库泥沙的纵向淤积形态基本上分为三种，即三角洲淤积、带状淤积和锥体淤积。

（1）三角洲淤积。泥沙淤积体的纵剖面呈三角形的淤积形态，称为三角洲淤积。对于水位比较稳定，经常处于高水位下运行的大型水库，特别是湖泊型水库，库区的淤积多为三角洲淤积，如官厅水库1972年汛后的淤积体纵剖面，即为典型的三角洲淤积，如图4.1所示。对于三角洲淤积，按其淤积特征可分为四个区段：三角洲尾部段、三角洲顶坡段、三角洲前坡段和坝前淤积段。

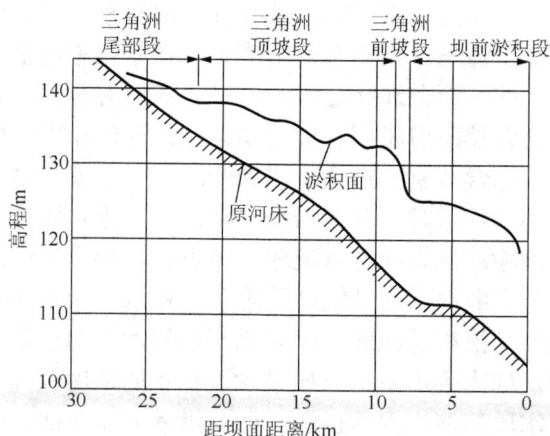

图4.1　三角洲淤积

　　三角洲尾部段位于回水末端，此处水流挟沙处于饱和状态，泥沙的分选非常明显，推移质和悬移质中的粗颗粒首先在这一区段落淤。淤积使回水抬高，回水末端上延，反过来又促使淤积尾部继续向上游发展。例如，官厅水库在 1956～1958 年的 3 年，淤积末端每年向上游增加 2.6km。

　　三角洲顶坡段位于尾部段的下游侧，入库浑水经过尾部段落淤以后，在顶坡段上已接近饱和状态，因此没有大量的淤积，淤积物的组成在沿程也变化不大。顶坡段的横断面形态为有槽有滩，槽底线与水面线接近平行，故水流接近均匀流，随着来水来沙的变化，槽底比降在淤积过程中也不断调整变化，但只是在某一个平均值的上下摆动。

　　三角洲前坡段位于顶坡段的下游侧，在这一段上，水深迅速增大，流速急剧减小，水流挟沙能力也因此而骤减，大量泥沙则随之落淤。由于不断淤积，三角洲也不断向前推进。在前坡段上，淤积面的比降较顶坡段大，淤积组成的沿程变化也较大，有明显的分选现象。在异重流情况下，由于前坡段是由泥沙颗粒自由沉降形成的，因此其比降接近泥沙颗粒在水下的休止角。

　　坝前淤积段位于前坡段以下直至坝前，其特点是淤积物组成较细，淤积面较平。坝前淤积段一般是由异重流淤积和浑水水库淤积形成的。

　　（2）带状淤积。当水库水位呈周期性变化，变幅较大，而水库来沙不多，颗粒较细，水流流速又较高时，水库的淤积多呈带状淤积，如图 4.2 所示，这种淤积的特点是淤积物均匀地分布在库区回水段上。带状淤积一般可分为回水变动段、常年回水行水段与常年回水静水段。

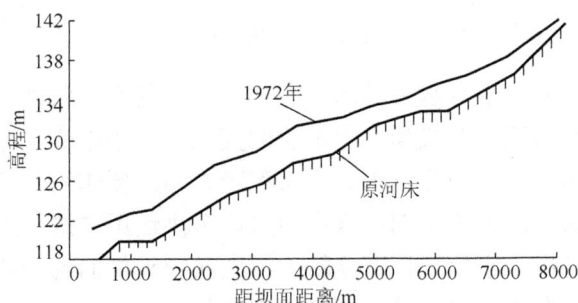

图 4.2　带状淤积

　　回水变动段是指最高库水位时和最低库水位时回水长度相差的这一库段。在高水位时，颗粒较粗的泥沙在回水末端淤积；而在低水位时，上述淤积段是在回水线的上游，由于流速变大，原来淤积的泥沙被冲到低水位时的回水线末端淤积，随着水库水位周期性变化，淤积的泥沙不断进行搬移，从而均匀地分布在这一库段上。

　　常年回水行水段是指最低水位时的回水段，在这一段上淤积物以悬移质为主，推移质很少，随着库水位及其相应流速的周期性变化，淤积物则均匀地分布在这一段上。

　　常年回水静水段是指流速很小的坝前段，这一段上的淤积物是悬移质中颗粒较小的成分，由于颗粒较小，库水又接近静水，因此淤积物能均匀地分布在这一段上。

　　（3）锥体淤积。当水库水位不高，壅水段较短，底坡较大，水流流速较高时，大量泥沙在一次洪水中即可达到坝前，淤积物厚度沿程增大，淤积面接近一条直线，淤积体形成一个锥体，如图 4.3 所示。锥体淤积的淤积面比降取决于回水的长度和淤积量的大小，并随淤积的发展而不断变缓。

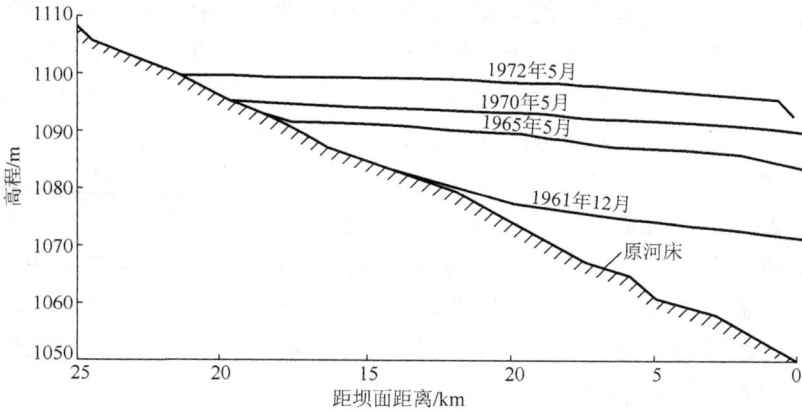

图 4.3　锥体淤积

　　影响淤积形态的因素有水库的运用方式，库区的地形条件和干、支流入库的水沙情况等。水库的运用方式和水库水位的变化，直接影响水库的库容、回水的长度和出库泄量的大小，因此对水库的淤积形态起主要作用。若水库采取蓄水运用方式，则淤积纵剖面为三角洲；若水库采取滞洪运用方式，则淤积纵剖面为锥体；若水库运用过程中水位变化幅度较大，则淤积纵剖面为带状。水库的地形条件影响库区流速的变化，也就是影响库区水流的挟沙能力，因此也就影响淤积的形态。通常宽阔的湖泊型水库，易于形成三角洲淤积；狭长的河谷型水库，则易于形成锥体淤积或带状淤积。

　　水库淤积的纵向形态也可按以下两种经验公式进行初步判别。

$$a = \frac{V}{W} \qquad\qquad (4.1)$$

式中，a 为淤积形态的判别系数，当 $a<0.3$ 时为锥体淤积，当 $a>0.3$ 时为三角洲淤积；V 为水库库容（m^3），对于一次洪水，为该次洪水中的最大库容，对于长期运用情况，为汛期平均库水位相应的库容；W 为入库水量（m^3），对于一次洪水，为该次洪水的总量，对于长期运用情况，为汛期平均来水量。

$$\beta_0 = \frac{V\rho_s}{Q} \tag{4.2}$$

式中，β_0 为淤积形态判别系数，当 $\beta_0 > 10$，$\frac{\Delta H}{H} < 1$（其中 ΔH 为汛期库水位的变幅，H 为同期坝前平均水深）时为三角洲淤积，$2.5 < \beta_0 < 10$，$0.1 < \frac{\Delta H}{H} < 1$ 时为带状淤积；ρ_s 为年平均含沙量（kN/m^3）；V 为运用水位下的库容（m^3）；$\overline{Q}$ 为年平均流量（m^3/s）。

2. 横向淤积形态

横向淤积形态是指泥沙在横断面上的淤积分布，它与库区的壅水情况、断面所处的位置和淤积量的多少有关，大致可分为以下三类。

（1）全断面水平淤积。当水库拦洪蓄水运用，壅水严重，水深较大，滩面与主槽的水流条件相似，淤积量又较大时，常会形成全断面水平淤高，如图 4.4 所示。在锥体淤积的坝前段，三角洲淤积的顶坡段和前坡段，常出现这种淤积情况。

（2）主槽淤积。当水库壅水不高，水深不大，水流主要集中在主槽，滩面无水或水深不大时，常形成主槽淤积，如图 4.5 所示。水库拦洪蓄水运用时回水末端附近的断面和水库蓄清排浑运用时的各断面均将形成主槽淤积。

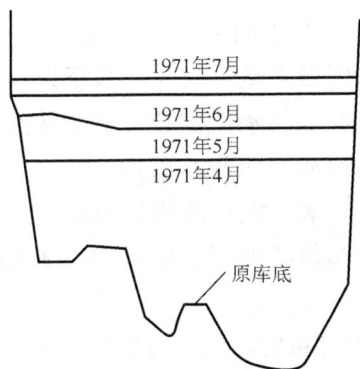

图 4.4　全断面水平淤积

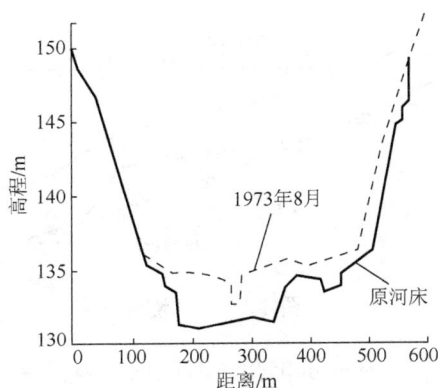

图 4.5　主槽淤积

（3）沿湿周均匀淤积。当断面水深较大，泥沙颗粒较细，淤积量不大时，淤积常沿断面湿周均匀分布，如图 4.6 所示。在少沙河流上，产生带状淤积的水库，其横断面上的淤积常出现这种形态。

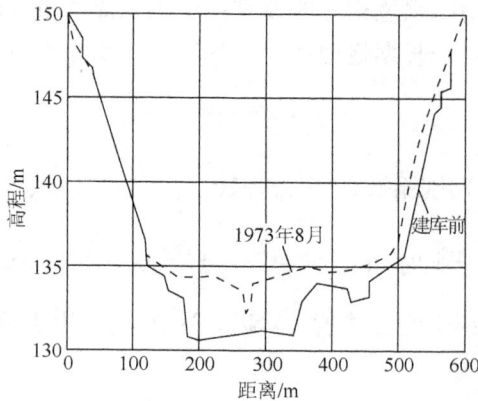

图 4.6　沿湿周均匀淤积

4.2.3　水库的冲刷

水库的冲刷可分为溯源冲刷、沿程冲刷和壅水冲刷三种情况。

1. 溯源冲刷

当水库形成三角洲淤积形态之后，若水位降至三角洲顶点以下，则三角洲顶点处将形成降水曲线，水面比降变陡，流速加快，水流挟沙能力增大，因此三角洲顶点处将发生冲刷，如图 4.7 所示。由于这种冲刷是自下游向上游逐渐发展的，

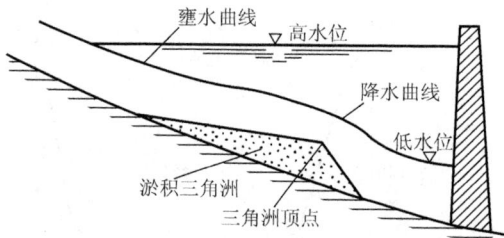

图 4.7　水库溯源冲刷

称为溯源冲刷。随着冲刷向上游发展，冲刷范围增长，水面比降减缓，冲刷强度逐渐减弱，直至来水和来沙条件与水流的挟沙能力相适应，溯源冲刷即告结束。

水库溯源冲刷的形态有三种，即辐射状冲刷、层状冲刷和跌落状冲刷。

当水库水位在短时间内下降到某一高程后保持稳定，或者是当放空水库时，溯源冲刷表现为以某一冲刷基点为准向上游方向的辐射状冲刷，如图 4.8（a）所示。如果在冲刷过程中水库水位不断下降，历时较长，则出现层状冲刷，如图 4.8（b）所示。如果在水库前期淤积中有较密实的抗冲性较强的黏土层，则水库库底面常出现局部跌落，形成跌落状冲刷，如图 4.8（c）所示，对于排洪蓄清，并存在空库运用的水库，常出现此种冲刷形态。

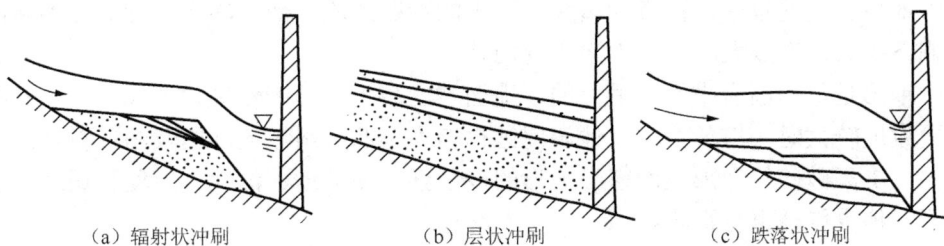

（a）辐射状冲刷　　　　　（b）层状冲刷　　　　　（c）跌落状冲刷

图 4.8　水库溯源冲刷的形态

2. 沿程冲刷

在水库水位不变的情况下，一定的河床形态及其颗粒组成与一定的来水来沙条件相适应，如果来水来沙条件改变，则河床必定要发生冲刷和淤积，以适应改变了的来水来沙条件；同样，一定的水流挟沙能力，适应于一定的河床形态及其组成。例如，若来水中的含沙量高于水流的挟沙能力，则将产生淤积，如果低于水流的挟沙能力，则将产生冲刷。在不受水库水位变化影响的情况下，由于来水来沙条件改变而引起的河床冲刷，称为沿程冲刷。沿程冲刷与溯源冲刷不同，其冲刷是从上游向下游发展的，而且冲刷强度也较低。

3. 壅水冲刷

在水库水位较高的情况下开启底孔闸门泄水，则底孔进口前面四周的水即将流向底孔，如果此时水流的流速足以使底孔附近淤积的泥沙起动，随同水流一起通过底孔排出库外，则底孔前面将逐渐形成一个冲刷漏斗，而随着冲刷漏斗的扩大，冲刷强度将逐渐减弱，直到冲刷停止，这种冲刷称为壅水冲刷。壅水冲刷的范围仅局限在底孔前有限的范围内，而且受淤积物固结程度的影响，对于已固结的老淤积物，冲刷漏斗较小，而对于未固结的新淤积物，冲刷漏斗则较大。

4.3　水库来沙量的估算

水库来沙量的估算主要包括悬移质沙量和推移质沙量的估算，以及沙量在一年内的变化和年际的变化。

4.3.1　影响水库泥沙来量的因素

影响水库泥沙来量的因素包括自然因素和人为因素，其中自然因素主要是暴雨、风、气温和湿度等气候因素以及地形、土壤、植被等地面因素。

气候因素中暴雨是产生土壤侵蚀的主要因素，而气温和风则促使表土层的风化，加剧地表的侵蚀。暴雨形成地表径流，冲刷地面表层土壤，即为层状侵蚀；

随着地表径流的集中，流量的增大，地表的冲刷加剧，形成冲沟，细沟在不断的冲刷下扩大，变成大沟，即为沟状侵蚀。

地形是地面因素中影响最大的，地面坡度越大，地表侵蚀量也越大，而且在地面坡度较大时，坡长增加，地表侵蚀也增大。凸形斜坡的冲刷较凹形斜坡的冲刷强，支离破碎的地形较沟壑形地形的侵蚀强，而壕地、洼地、地埂和塌地等小地形对地表侵蚀也有影响。

地面植被可以截留雨水，避免雨滴对地面的直接冲击，可以固结土壤，滞阻地表水流，增加入渗，减小径流，减弱水土的流失。降雨量越大，植被对减小侵蚀的影响也越强。植被的好坏和种类对地表侵蚀的影响也不同，一般农田比牧草地的侵蚀要强。

土壤的物理力学性质对地表的侵蚀及其发展也起重要作用，透水性强、分散度大的土壤抗侵蚀能力弱，反之则抗侵蚀能力强。

4.3.2　入库悬移质年沙量的估算

1. 利用实测资料估计来沙量

当坝址附近有水文站，并有较长系列实测流量和含沙量资料时，可利用这些实测资料估算含沙量，其方法如下。

（1）根据实测资料建立不同时段（年、汛期、月、旬、日等）流量和输沙率的相关关系，如图 4.9 所示，然后利用这一关系根据实测流量推算输沙率。此法的优点是比较简便，但未考虑流域特性和降雨特性对输沙率的影响。

（2）根据实测资料建立年径流量和年输沙量的相关关系，通过年径流量来推算年输沙量。此法计算简便，而且可以利用流域内系列较长的降雨资料，根据降雨与径流关系延长径流系列，从而延长输沙量资料。但此法未考虑到暴雨强度、地面植被等因素对年输沙量的影响。对于北方的一些暴雨型多沙河流，利用汛期径流量与年输沙量的相关关系来推求年输沙量，常可取得较满意的结果。

（3）若实测资料较短，仅有一两年水沙资料，难以建立相关关系，可根据多年平均汛期径流量 $\overline{W_c}$ 推求多年平均年输沙量 $\overline{W_s}$，即

$$\overline{W_s} = \frac{W_s}{W_c}\overline{W_c} \tag{4.3}$$

式中，W_c、W_s 分别为有实测资料的同一年份的汛期径流量和年输沙量。也可根据多年平均年径流量 $\overline{W}$ 推求多年平均年输沙量 $\overline{W_s}$，即

$$\overline{W_s} = \frac{W_s}{W}\overline{W} \tag{4.4}$$

式中，W、W_s 分别为有实测资料的同一年份的年径流量和年输沙量。

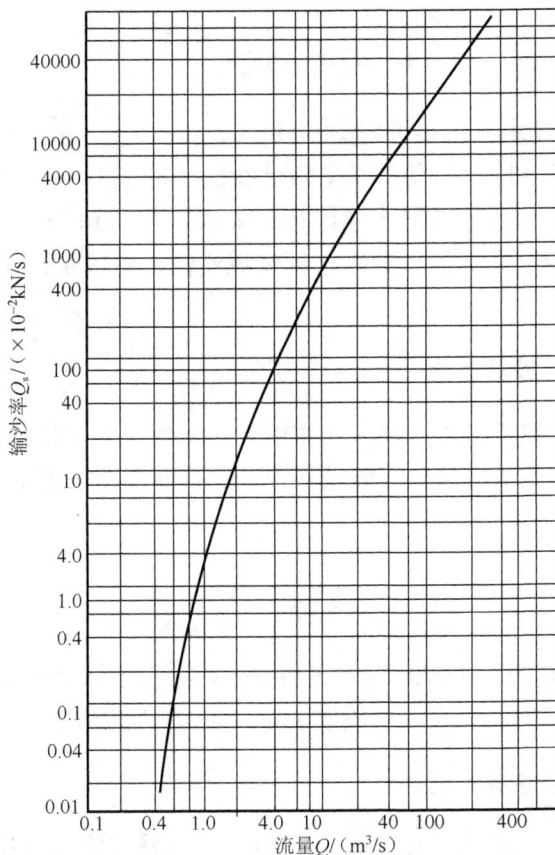

图 4.9　流量和输沙率的相关关系

2. 无实测资料情况下来沙量的估算

在无实测资料的情况下可用下列方法估算水库来沙量。

（1）根据流域土壤侵蚀模数等值线图。流域土壤侵蚀模数是指流域内单位面积上每年的总产沙量[kg/（km²·a）]，将流域内土壤侵蚀模数相同的地点连成曲线，即为流域土壤侵蚀模数等值线图。根据水库所控制的流域面积，在流域土壤侵蚀模数图上分区求得不同侵蚀模数所对应的分区面积，将各分区面积 F_i(km²) 与相应的侵蚀模数 M_i[kg/（km²·a）]相乘后再叠加，即得流域内年平均来沙量，即

$$\overline{W}_s = \sum \left(M_i \cdot F_i \right) \tag{4.5}$$

式中，$\overline{W}_s$ 为流域内年平均输沙量（kg/a）。

（2）根据相关塘、库的淤积测量资料。如果在所计算水库的附近有已建成的、并有实测资料的塘、库，这些塘、库在水文、气象、地貌、土壤和植被等方面与所计算水库的情况相近，而且系列较长，则可利用这些实测资料来估算来沙量，即

$$\overline{W_{s2}} = \left(\overline{W_{s1}} + \overline{W_{s1}'}\right)\left(\frac{F_1}{F_2}\right)^{n-1} \tag{4.6}$$

式中，$\overline{W_{s2}}$ 为所计算水库的年平均输沙量（kg/a）；$\overline{W_{s1}}$、$\overline{W_{s1}'}$ 分别为已建水库实测的多年平均淤积量（kg/a）和多年平均排沙量（kg/a）；F_1 为相关水库所控制的流域面积（km^2）；F_2 为所计算水库控制的流域面积（km^2）；n 为考虑水库流域面积大小对水库来沙量影响的指数，根据流域实测资料确定，对于中小型水库，n 值可取为 0.229。

4.3.3　推移质输沙量的估算

对于河道比降较大，水土流失严重的山区水库，确定推移质输沙量是非常重要的。但由于推移质输沙量的实测资料很少，目前主要采用下列经验方法。

1. 经验公式法

$$q_b = 5.77 \frac{v^4}{g^{3/2} D^{1/3} h^{2/3}} \tag{4.7}$$

式中，q_b 为单宽推移质输沙率 [kg/(m·s)]；v 为河道平均流速（m/s）；h 为河槽水深（m）；g 为重力加速度，一般取 9.8m/s^2；D 为床沙的平均粒径（mm）。

2. 推移质占悬移质比例法

在一定地区和一定的河道水文地理条件下，推移质输沙量 $\overline{W_b}$ 和悬移质输沙量 $\overline{W_s}$ 之间存在一定的比例关系，可表示为

$$\overline{W_b} = \beta \overline{W_s} \tag{4.8}$$

式中，β 为推移质输沙量 $\overline{W_b}$ 占悬移质输沙量 $\overline{W_s}$ 的百分数，与流域的水文地理特征有关。对于平原河流，β 取 0.01～0.05；对于丘陵区河流，β 取 0.05～0.15；对于山区河流，β 取 0.15～0.30。

3. 根据已建水库的实测资料估算推移质输沙量法

如果有水库的实测淤积量，可以从淤积量中将推移质区分出来，一般是在悬移质级配曲线中将大于 99% 的粒径作为推移质的下限，在南方地区则以直径为 0.5mm 的粒径作为划分悬移质和推移质的界限。按此标准，沿各淤积断面按粒径将悬移质和推移质区分开，并在级配曲线上定出推移质所占的质量百分比 P，将 P 乘相邻两淤积断面之间的淤积量，得该淤积段上推移质的淤积量，然后将各淤积段上推移质淤积量累加，即得水库年平均推移质淤积量 W_b 为

$$W_{\mathrm{b}} = \frac{\sum \gamma_i P_i V_i}{t_i} \left(\frac{F_1}{F_2} \right)^{n-1} \tag{4.9}$$

式中，W_{b} 为水库年平均推移质淤积量（kg/a）；γ_i 为相邻两淤积断面之间推移质淤积物的容重（kg/m^3）；V_i 为相邻两淤积断面之间推移质的淤积体积（m^3）；P_i 为相邻两淤积断面之间淤积物级配曲线上大于推移质下限粒径的泥沙所占的百分数；F_1 为有实测资料的相关水库的流域面积（km^2）；F_2 为所计算水库的流域面积（km^2）；t_i 为有实测资料的相关水库的淤积年限（a）；n 为指数，一般 n 可取 0.229。

4.4　水库淤积计算

为了合理地确定水库的运用方式，减小水库的淤积，延长水库的使用年限，充分发挥水库的效益，必须了解和预测水库可能产生的淤积、淤积速率和淤积特征。此外，有的水库因为上游有重要城镇、工厂矿山、铁路或农田，需要知道水库经若干年运用后回水末端的淤积情况，以估计水库淤积对上游城镇等的影响，此时也需要预先估算水库的淤积量、淤积部位和淤积比降。

由于水库淤积是水库处于一定的运用条件（即拦洪蓄水运用方式或滞洪泄水运用方式）下产生的，所以在计算水库淤积时必须预先知道水库运用条件下的水位和水深，即水库的回水曲线。

4.4.1　水库回水曲线的计算

1. 河床糙率的确定

河床糙率与河床的几何形态和河床的组成物质有关，是影响水库回水曲线的重要因素。对于清水河流或山区河流，河床冲淤变化不大，可认为河床糙率是不变的，称为定床糙率，可根据实测资料确定，因此根据实测水面线反推河床糙率。对于冲积河流，由于河床情况随时间变化，河床糙率是变化的，称为动床糙率。确定动床糙率目前尚无成熟的方法，主要依靠经验来确定。

河床糙率 n 由断面糙率和河段形态糙率组成，其中断面糙率又包括岸壁糙率 n_{w} 和床面糙率 n_{b}。河段形态糙率是指河段在平面上不规则的形态所形成的糙率，如河段弯曲、宽度沿程变化、支沟入汇和人工建筑物等的影响所引起的糙率。对于河宽变化不大的平直河段，可近似地取河道糙率等于断面糙率。

岸壁糙率 n_{w} 可参照表 4.1 确定。

表 4.1　岸壁糙率 n_w 值

岸壁情况	岸壁糙率 n_w	
	变化范围	一般值
水泥灰浆抹面	0.011~0.015	0.0150
水泥浆砌块石面	0.017~0.030	0.0250
干砌石面	0.025~0.035	0.0350
平整的岸壁	0.017~0.025	0.0225
长有杂草的黄土岸壁	0.027~0.035	0.0300
砂质河岸	0.020~0.030	0.0270
砾石河岸	0.025~0.030	0.0300

床面糙率由沙粒阻力（河床组成物对水流的阻力）和沙浪阻力所产生，对于山区河流，由于坡降陡，河床组成物较粗，沙粒阻力的影响是主要的，此时床面糙率 n_b 可确定为

$$n_b = \frac{D_{50}^{1/8}}{a_n} \tag{4.10}$$

式中，D_{50} 为河床质的中值粒径（m）；a_n 为系数，对于黄河 $a_n=19$，对于其他河流 $a_n=24$。

根据分析，当水面宽度 B 与水力半径尺的比值 $B/R<8$ 时，n_w 约为 n_b 的 2.5 倍；当 $B/R>30$ 时，n_w 约为 n_b 的 1/2。因此，在上述两种情况下确定河道糙率 n 时可忽略 n_w 的影响。当 $8<B/R<30$ 时河道糙率为

$$n = \left(\frac{n_w^{3/2} \chi_w + n_b^{3/2} \chi_b}{\chi_w + \chi_b} \right)^{3/2} \tag{4.11}$$

式中，χ_w、χ_b 分别为岸壁的湿周和河底的湿周。

2. 计算河段的划分

在回水曲线计算中，计算河段的划分主要取决于河道断面的变化、水库的长度和计算所要求的精度。一般要求在所划分的河段内各水力因素的变化不大，因此当河道平直、断面形状变化不大时，计算河段可划分得长一些，反之则划分得短一些。对于坝前河段，由于水面线比较平缓，因此计算河段可以划分得长一些；库尾河段水面线变化较大，故计算河段应划分得短一些。通常，计算河段两断面间的水面差以 1~3m 为宜。

3. 绘制河道纵横剖面

河段划分完毕后，应绘制河道的纵横剖面。横剖面应根据实测资料或根据大

比例尺的地形图绘制，纵剖面则为各横剖面河底点的连线，绘制时应注意相邻断面间局部地形的变化（如深坑、局部突起等），使所绘制的纵剖面大致平顺。

根据所绘制的横断面图绘制各断面的水位-面积和水位-水力半径曲线，如图 4.10 所示。

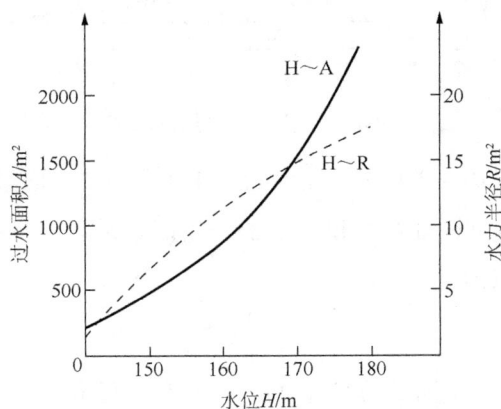

图 4.10　各断面的水位-面积和水位-水力半径曲线

4. 回水曲线的计算

确定某一洪水时的坝前水位，在此基础上通常应进行两种情况下的回水曲线计算，即坝前水位为最高及相应于此水位时的入库流量；入库流量最大及相应于此流量时的坝前水位。

回水曲线按明渠恒定非均匀流自坝前向上游逐段推算，对于其中的任一河段（图 4.11），根据伯努利方程可得

$$Z_2 + \frac{\alpha V_2^2}{2g} = Z_1 + \frac{\alpha V_1^2}{2g} + h_f + h_e \tag{4.12}$$

式中，Z_1、Z_2 分别为计算断面 1-1 和 2-2 的水面至比较平面 0-0 的高度（m）；V_1、V_2 分别为计算断面 1-1 和 2-2 的平均流速（m/s）；α 为流速不均匀系数，一般 α 取 1.0；g 为重力加速度（m/s^2）；h_f 为沿程摩阻水头损失，其值可表示为

$$h_f = i_f \cdot \Delta l = \frac{\overline{V}^2}{C^2 \overline{R}} \Delta l = \frac{Q}{C^2 \overline{R} \, \overline{A}^2} \Delta l \tag{4.13}$$

式中，Q 为入库流量（m^3/s）；i_f 为沿程摩阻水力比降；Δl 为计算河段长度（m）；$\overline{V}$ 为断面 1-1 和 2-2 的平均流速，即 $\overline{V} = (V_1 + V_2)/2$；$\overline{R}$ 为断面 1-1 和 2-2 的平

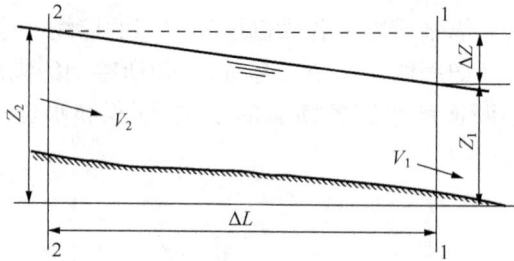

图 4.11 计算河段纵剖面图

均水力半径，即 $\overline{R} = (R_1 + R_2)/2$；$\overline{A}$ 为断面 1-1 和 2-2 的平均过水断面面积，即 $\overline{A} = (A_1 + A_2)/2$；$\overline{C}$ 为断面 1-1 和 2-2 的平均谢才系数，即 $\overline{C} = (C_1 + C_2)/2$。谢才系数按式（4.14）计算：

$$C = \frac{1}{n} R^{1/8} \tag{4.14}$$

式中，n 为河道糙率；R 为水力半径（m）；h_e 为河段局部水头损失，即

$$h_e = \zeta \left(\frac{V_2^2}{2g} - \frac{V_1^2}{2g} \right) \tag{4.15}$$

式中，ζ 为局部水头损失系数，当河道突然扩散（扩散角 $2\theta > 40° \sim 60°$）时，$0.5 < \zeta < 1.0$；当河道逐渐扩散（$2\theta < 40°$）时，$\zeta = 0.3 \sim 0.5$（长河段逐渐扩散时取下限值）；当河道逐渐收缩时，$\zeta = -0.1$（长河段逐渐收缩时，$-0.06 < \zeta < 0.005$）；当河道突然收缩时，$-0.1 < \zeta < 0.3$。将式（4.13）和式（4.15）代入式（4.12），则可得回水曲线的基本计算公式如下：

$$Z_2 = \frac{Q^2}{\overline{C}^2 \overline{A}^2 \overline{R}} \Delta l + (1 - \zeta) \left(\frac{V_1^2 + V_2^2}{2g} \right) + Z_1$$

$$= Z_1 + h_f + (1 - \xi) \frac{\Delta V^2}{2g} \tag{4.16}$$

式中，$\Delta V^2 = V_1^2 - V_2^2$，其中脚标 1、2 是指断面 1-1、2-2。

回水曲线按式（4.16）用列表法进行计算，计算表格如表 4.2 所示。计算时首先从坝前断面开始，依次向上游推算各断面的水位。第 1 断面的水位（即坝前水位）是已知的，这是根据调洪计算确定的，此值填于第（2）栏第 1 行中。根据 Z_1 值由 Z-A 关系曲线和 Z-R 关系曲线可查得相应的断面积 A_1 和水力半径 R_1，分别填于第（3）栏和第（4）栏的第 1 行。根据 A_1 和洪水流量 Q 可计算断面平均流速 V_1，填于第（6）栏第 1 行。根据 V_1 可计算流速水头 $V_1^2/(2g)$，填于第（7）栏第 1 行。根据 $C = R^{1/6}/n$ 可计算 C_1，填于第（8）栏第 1 行。然后假定第 2 断面的水位 Z_2（比 Z_1 略高），填于第（2）栏第 2 行内。同样，按照计算第 1 断面时的方法，根据 Z_2

表 4.2　回水曲线计算表

断面编号	断面水位	断面面积	水力半径	流量	断面流速	流速水头	谢才系数	平均值			断面间距	摩阻水头损失	局部水头损失系数	流速水头差	—	计算水位
C·S	Z_1 /m	A /m²	R /m	Q /m³	V /(m/s)	$\dfrac{V^2}{2g}$ /m	C	$\bar{C}$	$\bar{A}$ /m²	$\bar{R}$ /m	Δl /m	h_f /m	ζ	$\dfrac{\Delta V^2}{2g}$	$\dfrac{(1-\zeta)\Delta V^2}{2g}$	Z_2 /m
(1)	(2)	(3)	(4)	(5)	(6)	(7)	(8)	(9)	(10)	(11)	(12)	(13)	(14)	(15)	(16)	(17)
1																
2																
3																
4																
⋮																

分别计算 A_2、R_2、V_2、$V_2^2/(2g)$、C_2 等，填于第 2 行的第（3）、（4）、（6）、（7）、（8）栏内。根据第 1 和第 2 断面的 C、A、R 值可计算得两断面的平均值 $\overline{C}$、$\overline{A}$、$\overline{R}$，分别填于第（9）、（10）、（11）栏的第 1 行内。将两断面间的水平距 Δl 填于第（12）栏的第 1 行中。根据两断面间的 Q、$\overline{C}$、$\overline{A}$、$\overline{R}$、Δl 值，按式（4.13）计算两断面间的摩阻水头损失，填于第（13）栏第 1 行中。将两断面间的局部损失系数 ζ 填于第（14）栏的第 1 行中。根据表中第（7）栏内所列第 1 和第 2 断面的流速水头值，计算两断面的流速水头差 $\Delta V^2/(2g)$，填于第（15）栏第 1 行内。然后根据第（14）栏和第（15）栏中第 1 行中所列的 ζ 和 $\Delta V^2/(2g)$ 值计算 $(1-\zeta)\Delta V^2/(2g)$，填于第（16）栏第 1 行中。最后根据第（2）、（13）、（16）栏第 1 行所列的各值计算第 2 断面的水位 Z_2，填于第（17）栏第 1 行中。如果计算得到的 Z_2 值与原先假定的 Z_2 值[即第（2）栏第 2 行中值]相等或接近，则表示原先假定的 Z_2 值是正确的，可作为第 2 断面的水位值，否则应重新假定 Z_2 值，按上述方法再计算 Z_2 值，直至 Z_2 的假定值与计算值相等或接近。这时第 1 河段的回水计算即告结束，随后再按上述方法计算第 2 河段的回水，此时第 2 断面即相当于第 1 断面，第 3 断面即相当于第 2 断面。

按上述方法依次进行，直到回水末端断面。

4.4.2　水库壅水淤积计算的有限差分法

对于河谷型水库且入库水流的含沙量不饱和的情况，水库的淤积计算可采用有限差分法。此法的基本假定：入库的洪水过程可划分为几个计算时段，在每一计算时段内入库水流是恒定流，即流量保持不变；挟沙水流的运动符合清水水流的恒定非均匀流运动；水库在淤积和冲刷过程中水位是不变的；不考虑水流中含沙量随时间变化。

根据上述假定，计算河段上、下两断面含沙量的变化等于河段上淤积量的变化，即

$$\frac{\partial S}{\partial \chi} = \gamma_{\mathrm{d}} \frac{\partial G}{\partial t} \qquad (4.17)$$

式中，S 为断面平均输沙率（kg/s）；γ_{d} 为床沙的干容重（kg/m³）；G 为计算河段的河底高程（m）；t 为时间（s）；χ 为水平坐标（m）。

式（4.17）可写成下列差分形式：

$$(S_1 - S_2)\Delta t = \gamma_{\mathrm{d}} \cdot \Delta \chi \cdot B \cdot \Delta G \qquad (4.18)$$

式中，S_1、S_2 分别为计算河段上、下两断面的平均输沙率（kg/s）；Δt 为计算时段（s）；$\Delta \chi$ 为计算河段的长度（m）；B 为计算河段的宽度（m）；ΔG 为计算河床的平均冲淤厚度（m），正值为淤，负值为冲。

根据式（4.18）计算水库淤积的步骤如下。

（1）将水库库区划分为若干计算河段，每一河段的上下断面即为河段的进出口断面。如果库面较宽，有明显的不流动的死水部分，则不应包括在计算断面内。

（2）绘制水库库区的纵横断面，绘制各断面的水位-河宽（Z-B）、水位-面积（Z-A）和水位-水力半径（Z-R）关系曲线。

（3）将洪水过程划分为若干计算时段，对每一计算时段，取流量的平均值作为计算流量值。

（4）根据水库调洪计算确定坝前水位，并将此水位作为回水计算的控制水位。

（5）按表 4.2 计算每一时段水库的回水曲线，确定各断面的水深和流速。

（6）以库区上游进口断面作为起始断面，通过对实测资料的分析确定进入该断面的悬移质含量和推移质输沙率。

（7）确定一个适合本河段的水流挟沙能力公式和单宽推移质输沙率公式，计算各断面的输沙率：

$$S = S_m + S_b = \rho_s Q + q_b B \tag{4.19}$$

式中，S 为断面输沙率（kg/s）；S_m 为悬移质输沙率（kg/s）；S_b 为推移质输沙率（kg/s）；ρ_s 为水流挟沙能力（kg/m³），对于入口断面即入库水流的含沙量（kg/m³）；Q 为计算流量（m³/s）；q_b 为单宽推移质输沙率[kg/(m·s)]；B 为河床宽度（m）。

（8）根据式（4.20）计算各河段的平均冲淤厚度：

$$\Delta G = \frac{(S_1 - S_2)\Delta t}{\gamma_d \Delta \chi \cdot B} \tag{4.20}$$

（9）根据冲淤后的河床床面绘制新的纵横剖面，然后根据新的河床纵横剖面按上述第（2）～（8）步骤计算第 2 时段河床的平均冲淤厚度。如此直到全部时段计算完毕，即可求得库区在整个洪水过程中各河段的冲淤厚度：

$$G = \Delta G_1 + \Delta G_2 + \cdots \tag{4.21}$$

式中，G 为在整个洪水过程中各河段的冲淤厚度（m）；ΔG_1，ΔG_2，$\cdots$ 为某一计算河段在各计算时段内的冲淤厚度（m）。

4.4.3　水库壅水淤积计算的三角洲法

对于入库泥沙以推移质为主的水库、湖泊型水库和入库水流的含沙量为超饱和的水库，库区淤积形态常呈三角洲形式，因此可按三角洲法进行水库的淤积计算（图 4.12）。此法是首先计算出时段的淤积量，其次确定三角洲顶坡比降 J 和控制水深 H_k 等淤积形态参数，最后将淤积量分配在三角洲上。计算步骤如下。

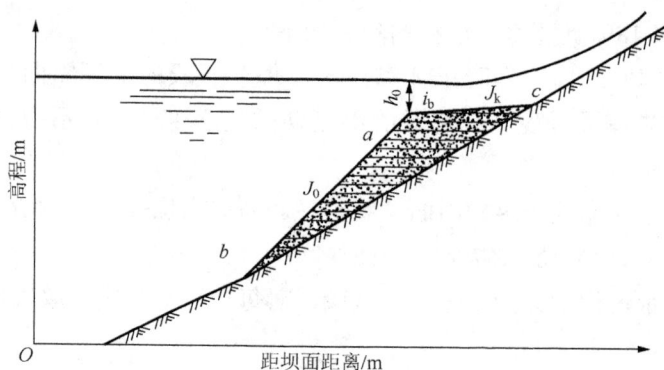

图 4.12　三角洲铺沙计算图

（1）将洪水过程划分为几个计算时段，以各时段的进库流量为计算流量 Q。

（2）通过对实测资料的分析确定入库悬移质含量 P 和推移质输沙率 q_b，计算时段 Δt 内入库的总沙量为

$$W_{\Delta t} = W_a + W_b = (\rho Q + q_b B)\Delta t \tag{4.22}$$

式中，W_a、W_b 分别为入库悬移质总量和推移质总量；B 为河宽（m）；Δt 为计算时段（s）。

（3）根据式（4.1）或式（4.2）判别淤积形态，检验水库是否为三角洲淤积。

（4）在淤积体为三角洲的水库中，三角洲的淤积量往往占总淤积量的大部分，而推移泥沙将全部淤积在三角洲上。如果计算时段是一年，则计算时段内三角洲的淤积量为

$$W_\Delta = (W_a - W_n)a_s + W_n + W_b \tag{4.23}$$

式中，W_Δ 为计算时段内三角洲的淤积量（m³）；W_a 为计算时段内入库悬移质总量（m³）；W_n 为非汛期入库总沙量（m³）；a_s 为汛期淤积在三角洲上的泥沙占汛期入库总沙量的百分数，其值可估算为

$$a_s = \frac{P_c - P_a}{P_c - P_b} \tag{4.24}$$

式中，P_a 为汛期入库泥沙中粒径 $d < 0.01\text{mm}$ 的泥沙所占的百分数；P_b 为在三角洲淤积的泥沙中粒径 $d < 0.01\text{mm}$ 的泥沙所占的百分数（为 6%～10%）；P_c 为异重流泥沙中粒径 $d < 0.01\text{mm}$ 的泥沙所占的百分数（约为 80%）。

当计算时段为汛期中的某一时段（如一个月）时，则三角洲的淤积量为

$$W_\Delta = W_a a_s + W_b \tag{4.25}$$

（5）对各时段进行回水计算，确定各断面的回水深度。

（6）根据式（4.26）确定三角洲的顶坡比降 J_k（图 4.12），即

$$J_k = \mu J_0 \tag{4.26}$$

式中，μ 为系数，对于河床为卵石的山区河流，悬移质与河床质组成相差很大的情况，μ =0.2～0.5；对于河床为沙质的丘陵区河流，μ =0.5～0.7；对于平原河流，悬移质与河床质组成相差不大的情况，μ =0.5～0.7；J_0 为原河道的比降。

（7）按式（4.27）和式（4.28）确定三角洲的前坡比降 J_b（图 4.12），即

$$J_b = （1.6～1.9）J_0 \tag{4.27}$$

$$J_b = 0.038\overline{Q}^{-0.54} \tag{4.28}$$

式中，$\overline{Q}$ 为洪峰平均流量（$\mathrm{m^3/s}$）。

（8）按式（4.29）计算三角洲顶坡上的控制水深 h_0（图 4.12），即

$$h_0 = \frac{Q^{0.6}n^{0.6}}{B^{0.6}J_k^{0.3}} \tag{4.29}$$

式中，Q 为计算时段的平均流量（$\mathrm{m^3/s}$）；n 为预坡段的平均糙率；B 为预坡段的平均河宽（m）；J_k 为三角洲的顶坡比降。

（9）进行三角洲的铺沙计算。首先假定三角洲顶点位于 a 点（图 4.12），该点水深等于 h_0 从 a 点分别向上、下游作直线 ac 和 ab，其坡降分别等于 J_k 和 J_b，然后计算 abc 的体积 ΔV，并检验其是否等于本时段三角洲淤积体的体积 V_s，如果两者不相等，即 $\Delta V \neq V_s$，则必须重新假定 a 点的位置，直至 $\Delta V = V_s$，此时淤积体的体积、形状和位置即已确定。

4.4.4　多年平均淤积量的估算

多年平均淤积量是指水库在多年运用中的平均淤积量。目前，估算多年淤积量的方法有拦沙率或排沙比法、水库淤损率法和淤积年限法，下面仅介绍水库淤损率法。

水库淤损率是指水库每年淤积损失的库容占水库库容的百分比，即

$$a_V = \frac{\Delta W_s}{V} = \frac{\Delta W_s}{W_s} \cdot \frac{W_s}{V} = \beta \frac{W_s}{V} \tag{4.30}$$

式中，a_V 为水库库容淤损率；ΔW_s 为一年内水库泥沙的淤积量（$\mathrm{m^3}$）；W_s 为一年内入库的泥沙量（$\mathrm{m^3}$）；V 为水库库容（$\mathrm{m^3}$）；β 为水库的拦沙率，根据实测资料的分析，水库的拦沙率可表示为

$$\beta = \frac{\dfrac{V}{W_\omega}}{0.012 + 0.0102\dfrac{V}{W_\omega}} \tag{4.31}$$

式中，W_ω 为水库的年来水量（$\mathrm{m^3}$）。

由式（4.30）可得水库多年平均年淤积量为

$$\Delta W = a_V \cdot V \tag{4.32}$$

在不考虑水库调节对拦沙影响的情况下，水库的淤损率可按式（4.33）计算：

$$a_V = 0.0017 M^{0.95} \left(\frac{V}{F} \right)^{-0.8} \tag{4.33}$$

式中，M 为流域平均侵蚀模数 $[\mathrm{kg/(km^2 \cdot a)}]$；$V$ 为水库库容（$\mathrm{m^3}$）；F 为流域面积（$\mathrm{m^2}$）。

4.4.5　水库淤积年限的计算

对于大型水库，在淤积计算时应考虑水库淤积量与淤积速度相互影响的因素。水库经 t 年运用后的拦沙率 β_t 可表示为

$$\beta_t = \beta_0 \left[1 - \frac{W_{st}}{W_0} \right]^{\lambda} \tag{4.34}$$

式中，β_0 为水库运用初期时的拦沙率（%）；W_{st} 为水库经 t 年运用后累积的淤积量（$\mathrm{m^3}$）；W_0 为水库允许的最大淤积量或最大可淤库容（$\mathrm{m^3}$）；λ 为拦沙率随库容减小的衰减指数，与水库的水沙条件和运用方式有关，对于排沙较多的水库，$\lambda = 0.90 \sim 0.95$；对于排沙情况一般的水库，$\lambda = 0.60 \sim 0.75$；对于排沙很少或基本不排沙的水库，$\lambda = 0 \sim 0.45$。

衰减指数 λ 也可按以下方法求得。将式（4.34）写成下列形式：

$$\lg \beta_t = \lambda \lg \beta_0 + \lambda \lg \left(\frac{W_0 - W_{st}}{W_0} \right) \tag{4.35}$$

由式（4.35）可见，$\lg \beta_t$ 与 $\lg \left(\dfrac{W_0 - W_{st}}{W_0} \right)$ 呈线性关系，因此若已知水库的年入库水量 W_s 和最大可淤库容 W_0，可根据式（4.31）计算水库初始拦沙率（此时令 $V = W_0$），然后给定不同的淤积量 W_{st}，则可得相应的调节库容 $V = W_0 - W_{st}$ 和调节系数 V / W_ω，并根据式（4.31）计算相应的拦沙率 β_t。以 β_t 为纵坐标，以 $\left(\dfrac{W_0 - W_{st}}{W_0} \right)$ 为横坐标，将各个值点绘于对数坐标纸上，则可得一条直线，该直线的斜率即为水库衰减指数 λ 值。

如令 $W_{st} = \xi W_0$，即 $\xi = W_{st} / W_0$，表示水库可淤库容淤满的程度，简称水库淤满度。水库达到某一淤满度 ξ 时的淤积年限可按式（4.36）计算：

$$T_s = \frac{1 - (1 - \xi)^{1-\lambda}}{(1 - \lambda) a_{V_0}} \tag{4.36}$$

式中，$a_{V_0} = \beta_0 W_s / W_0$，表示水库的起始淤损率。

4.5　防治水库淤积的措施

防治水库淤积的措施主要目标包括三个方面，即减少泥沙入库、减少泥沙在水库淤积和将淤积的泥沙清除。

4.5.1　减少泥沙入库的措施

水库泥沙的主要来源是流域内地表的侵蚀，减少水库泥沙淤积的根本措施是在流域内开展水土保持，控制水土流失，减少入库沙量。

水土保持措施通常包括生物措施、农业措施和工程措施三个方面，应视具体情况选择合理的措施，也可采用综合措施。

1. 生物措施

在土壤和气候条件适宜的情况下，种草种树，封山育林，这是保持水土的一个重要措施。根据中国科学院水利部水土保持研究所在北方地区的实验，$1km^2$ 的森林覆盖面积，每年可减少土壤侵蚀 39940kN；$1km^2$ 的草原，每年可减少土壤侵蚀 35000kN。种植的树木和草应符合以下条件：根系发达，生长快；适应当地气候条件，能耐干旱和土地瘠薄，抗病虫害能力强；树苗易于培养；经济效果好，收益大。

2. 农业措施

农业措施包括深耕、合理密植、合理轮作、等高耕作和山坡梯田化等，应根据当地的自然条件和经济情况合理选用。

3. 工程措施

工程措施通常包括修建鱼鳞坑、水平沟、谷坊等。

（1）鱼鳞坑。在地面坡度较陡和地形破碎的地方，可开挖一系列半圆形的坑，用坑中挖出的土堆筑成半圆形的土埂，埂高为 0.2～0.5m，形成如图 4.13 所示的鱼鳞坑，用以拦截地表水，防止水土流失。

（2）水平沟。在坡度较缓的山坡地上，沿等高线开挖小沟，沟底宽为 0.3～0.4m，沟的外坡用沟内开挖出来的土堆筑而成，即成水平沟，沟内种植树木。

（3）谷坊。在山区的沟谷内，沿沟的长度方向分级修建高度为 1～3m，最大可达 10m 的小坝，称为谷坊，也称淤地坝，如图 4.14 所示。谷坊横截小沟，形成沟塘，清水可溢出谷坊，泥沙则淤积在谷坊内，逐渐形成台地，台地上可以植树，也可种植农作物。

图 4.13　鱼鳞坑

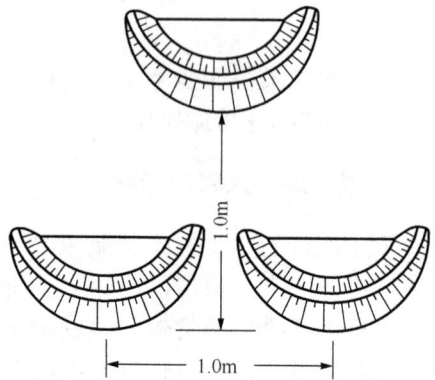

图 4.14　谷坊（淤地坝）

也可以在沟壑发育地区的支流上修建拦泥库或拦沙堰来拦截泥沙，减少干流水库的淤积。一般地，拦泥库用来拦截洪水所挟带的悬移质泥沙，拦沙堰用来拦截粗沙和卵石。

4.5.2　减少水库淤积的措施

1. 引洪放淤

引洪放淤一般有下列几种方式。

（1）引洪淤灌。在水库上游开展引洪淤灌，不仅可消纳一部分泥沙，减少水库淤积，而且可以增加灌区土壤肥力，提高农业产量。此外，引洪淤灌还具有冲洗盐碱、改良土壤的作用，根据镇子梁水库灌区的测定，一次淤灌可使土壤表层35cm 以内脱盐 30%～40%，目前灌区 12 万亩盐碱地通过放淤已基本得到改良。

（2）淤滩造地。将水库上下游两岸荒滩地筑埂围滩，引入洪水，放淤造地。内蒙古红领巾水库在下游乱石滩上引洪放淤，造出良田 3 万亩，亩产粮食 200～250kg。

（3）洼地放淤。将洪水引入水库上下游洼地或沼泽地，使泥沙淤积，抬高地面，变成耕地，我国河南、山东沿黄河两岸常用此法。

2. 蓄清排浑

（1）修建并联水库。在相邻的两个流域上，选择面积较小、植被较好、泥沙少的支流修建蓄水水库，而在另一条多沙的河道上修建滞洪水库，两水库之间以隧洞相通。在汛期，洪水经滞洪水库滞蓄后放入下游河道或引入下游农田淤灌，其余时候的清水则通过隧洞引入蓄水水库储蓄起来。

（2）修建串联水库。在同一河道上修建梯级水库，上级为滞洪水库，下级为蓄清水库，洪水经上级水库滞洪后通过渠道或隧洞引入农田淤灌，汛后清水引入下级水库储蓄起来。

（3）引清入库。在相邻河道的支沟上修建蓄水水库，并修建引水渠将河道与支沟连通，如图 4.15（a）所示，河道中的清水通过引水渠引入水库储蓄，洪水时的浑水则泄入下游河道。

在河道上游修建渗水坝，在下游适当地点修建蓄水水库，在渗水坝的上游修建排洪渠与蓄水水库下游河道相连，如图 4.15（b）所示，汛期洪水通过排洪渠导入下游河道，而汛后清水则通过渗水坝和坝基渗入蓄水水库。

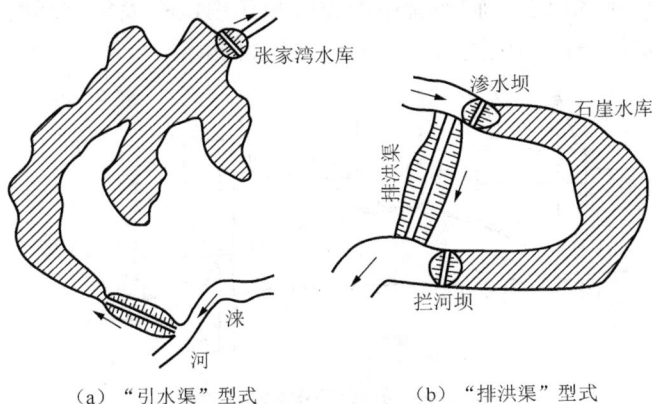

（a）"引水渠"型式　　　　　　　（b）"排洪渠"型式

图 4.15　引清入库

3．异重流排沙

当水库不可能泄空排沙或泄空排沙时间较短时，可在蓄水情况下利用异重流来排除洪水所挟带的泥沙。对于中小型水库，比较容易形成异重流，只要在异重流来到坝前时及时开启底孔闸门泄水，排沙效率一般比较高，可达 50%～60%，而且异重流排沙可以不需要泄空水库，应用比较普遍。

4.5.3　清除水库淤沙的措施

清除水库淤沙的方法有机械清淤法、虹吸清淤法和高渠泄水冲滩法三种。

1．机械清淤法

机械清淤法在国外采用较多，采用的设备有挖泥船和吸泥泵两种。阿尔及利亚曾采用大型链斗式挖泥船来清除水库淤沙，挖泥量约每年 400 万 m³，日本曾采用吸泥泵来清淤；我国盐锅峡水库也曾采用抓斗式挖泥船来清除坝前 50m 范围内淤沙，月挖泥量为 4736～7990 m³。机械清淤的费用较高，而且要寻找挖出的泥沙的堆放地点也成问题。

2. 虹吸清淤法

虹吸清淤又称水力吸泥，清淤设备由操作船、输沙管、吸头、浮筒和连接装置等所组成，如图 4.16 所示。输泥管的一端用连接装置与坝的放水设备相连接，另一端则安装吸头沉入水中，投放在淤泥面上，以便搅拌淤泥成悬浮状后，通过吸头将淤泥吸入输泥管中，并通过输泥管输送至水库下游或引入渠道进行淤灌。为了能够移动吸头，吸头用悬索吊在操作船上，由操作船进行控制。输泥管的中部则用悬索系在浮筒上，形成拱形，以便产生虹吸作用。当吸头沉入水下时，由于水库上下游存在水位差，输泥管中产生虹吸作用，将吸头搅起的泥浆吸入输泥管中，并排至水库下游，达到清除库内淤沙的目的。

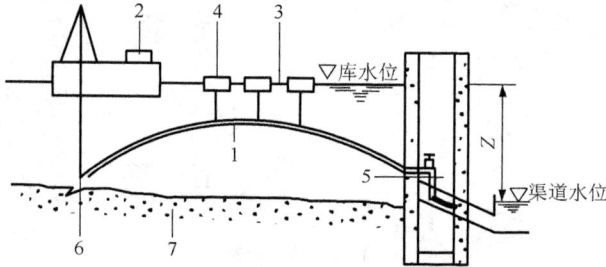

图 4.16　虹吸清淤装置示意图
1-输泥管；2-操作船；3-连接装置；4-浮筒；5-放水设备；6-铣头；7-淤泥面

3. 高渠泄水冲滩法

高渠泄水冲滩法是在水库上游河道上修建低坝或围堰，并沿库周修建高渠，沿高渠长度方向每隔一定距离在滩面上开设横向引槽，如图 4.17 所示，利用拦河坝或围堰将河水截住，引入沿库周布置的输水高渠，再从输水高渠中进入引槽，依靠渠水所具有的水头，居高临下，冲刷滩地淤泥进入主槽，然后通过泄水孔洞排出水库。高渠泄水冲滩法是利用引槽中的水，从滩面比降由缓变陡处一片片开始冲刷的，冲刷则由下向上溯源推进。因为淤泥是层状分布的，在每一层中淤泥颗粒从上向下由细变粗，层面处黏性较大，冲刷困难，所以滩地的冲刷呈分层切块式的冲刷，形成层状跌坎状。高渠泄水冲滩法一般是在水库泄空或低水位时利用河道基流来冲刷出露水面以上的滩地，因此所需的冲刷流量比较小。

根据运用经验，引槽的尺寸一般为 0.8m×0.8m，引槽的方向应大致与主槽方向正交，引槽的间距不宜过大，间距过大则引槽间的滩地冲刷不完，间距过小则水流的冲刷能力未被充分利用。通常，引槽的间距 L 应小于最大冲刷宽度 B_m，即

$$L < B_m \tag{4.37}$$

式中，B_m 为相应于最大冲刷深度时的冲刷宽度。

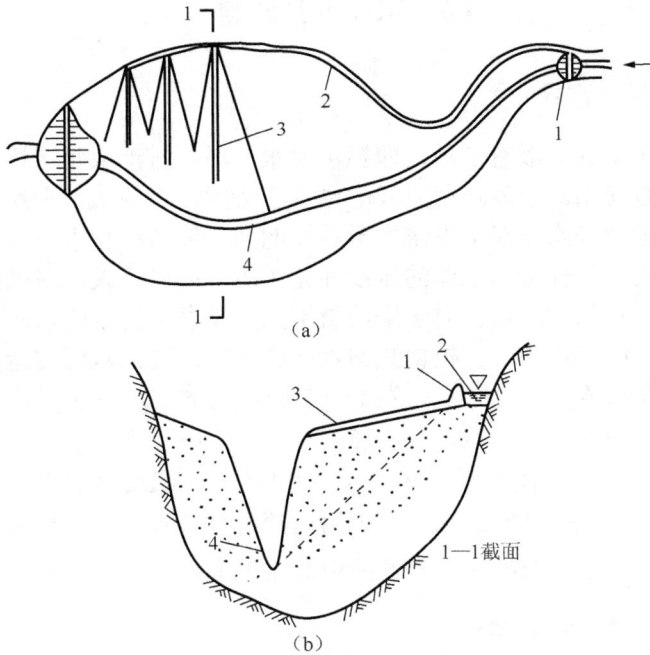

图 4.17　高渠泄水冲滩法的布置示意图
1-拦河坝；2-输水高渠；3-引槽；4-主槽

根据黑松林水库的实测结果，冲刷宽度 B 与冲刷深度 H 的关系大致为

$$B = 3H \tag{4.38}$$

在高渠泄水冲滩过程中，冲刷效果较高的时段称为最优冲刷历时，这是合理掌握冲滩时间的依据。在泄水冲滩时，冲刷是从比降较大的滩面开始，逐渐向上推进，因此开始时前坡比降较大，随后后坡比降变陡，前坡比降变缓，然后逐渐形成一个比降。经验表明，在形成统一比降之前，冲刷效果较好，形成统一比降后，冲刷效果逐渐降低，因此最优冲滩历时就是形成统一比降以前的冲滩时段，根据黑松林水库的运用经验，最优冲滩历时可表示为

$$t = \left(\frac{L^{2.64}}{Q^{0.73} H^{0.64}} \right)^{0.46} \tag{4.39}$$

式中，t 为最优冲滩历时（s）；L 为冲刷段长度（m）；Q 为平均冲滩流量（m³/s）；H 为槽高差（m）。

高渠泄水冲滩法施工比较简单，便于群众掌握，并可就地取材，造价较低。

4.6　水库的滞洪排沙

4.6.1　水库的运用方式

水库的运用方式一般有三种，即拦洪蓄水，滞洪排沙或蓄清排浑，拦洪蓄水与蓄清排浑交替使用。水库运用方式的选择应考虑水库的来水来沙特性、水库的任务、水库的地形和水库对上下游的影响。例如，以防洪和季节性灌溉为主的水库，由于水库的主要任务与水库的排沙并无矛盾，所以可采用滞洪排沙或蓄清排浑运用方式，如三门峡水库；对于来沙量不大、以发电为主的水库，可采用拦洪蓄水或蓄水排沙的运用方式。根据我国水库的运用经验，水库的运用方式可根据水库的容积沙量比 $K_s = V_0 / V_s$（V_0 为水库容积，V_s 为水库的年来沙量）和容积水量比 $K_w = V_0 / W$（W 为年来水量）来初步确定：当 $K_s > 50$，$K_w > 0.2$ 时，宜采用拦洪蓄水运用方式；当 $K_s < 20\sim30$，$K_w < 0.1$ 时，宜采用蓄清排浑运用方式；当 $30 < K_s < 50$，$0.1 < K_w < 0.2$ 时，可采用前期拦洪蓄水、后期蓄清排浑的运用方式，或采用拦洪蓄水与蓄清排浑交替使用的运用方式。

4.6.2　滞洪排沙泄量的选择

正确选择排沙泄量对滞洪排沙运用的效果有很大影响，排沙泄量过大，泄洪时间就短，对下游行洪放淤不利；排沙泄量过小，滞洪历时过长，则将造成水库大量淤积。

根据一些水库实测资料的分析，排沙泄量与峰前水量存在下列关系：

$$Q_{sw} = W_w \left(\frac{\eta_{so}}{4000} \right)^{1/0.37} \tag{4.40}$$

式中，η_{so} 为排沙效率；W_w 为入库洪水的峰前水量（$\times10^4 \mathrm{m}^3/\mathrm{s}$）；$Q_{sw}$ 为第一天平均排沙泄量（m^3/s）。

式（4.40）适用于单峰型洪水，涨峰历时不超过 12h 的情况。可根据式（4.41），选择欲达到的排沙效率 η_{so}，即可计算得到排沙泄量 Q_{sw}。

对于峰高量大的洪水，若滞洪历时过长，则漫滩淤积量就大，排沙效率就低。根据一些中小型水库实测资料的分析，排沙效率 η_{so} 与滞洪历时 $t(h)$ 之间存在下列关系：

$$\eta_{so} = 258 t^{-\frac{1}{3}} \tag{4.41}$$

4.6.3　滞洪排沙期间淤积量计算

在滞洪排沙期间，由于水库水位壅高，流速减小，来水中所挟带的一部分泥沙就将淤积在库底，另外，若在浑水尚未排完就关闸蓄水，则未排完的这部分浑水中的泥沙也将在水库中淤积，这两部分的淤积物为 ΔW_s，即

$$\Delta W_s = W_s - W_{so} \qquad (4.42)$$

式中，W_s 为一次洪水的入库沙量；W_{so} 为该次洪水的排沙量，即

$$W_{so} = \eta W_s \qquad (4.43)$$

式中，η 为排沙比，其等于出库沙量 W_{so} 与入库沙量之比，根据资料分析，排沙比 η 与排水比 η_w 之间存在下列关系

$$\eta = \eta_w^{1.5} \qquad (4.44)$$

式中，η_w 为排水比，即出库水量 W_o 与入库水量 W_w 之比。

4.6.4　浑水水库及其特点

当洪水进入蓄有清水的水库后，往往形成异重流继续向坝前推进，此时如果未能及时泄水，或者是泄水量小于来水量，则浑水将在坝前积聚，清浑水界面随之壅高，界面以上为清水，界面以下即为浑水水库。有时在空库迎汛的水库中，当洪水全部被拦蓄，或泄水量很小时，浑水在库内积聚，部分泥沙在水库沉积，表层澄出清水，下部仍为浑水，形成清浑界面，此时界面以下的浑水部分也称为浑水水库。对于采取滞洪排沙运用方式的水库，在遇大洪水时洪水刚进入水库的时候将会冲刷槽底，使出库水流含沙量很高，但这段时间一般较短，随着水库水位的升高，水库就逐渐转变为浑水水库排沙，因此大洪水时的滞洪排沙与浑水水库排沙的规律是相近的。

在浑水水库形成的过程中，泥沙就开始分选沉降，但沉降速度较在清水中要小。随着泥沙的沉淀，清浑水界面也逐渐下沉，下沉的沉速 ω' 可表示为

$$\omega' = 0.13\omega_0 \left(1 - \frac{\rho_v}{2\sqrt{d_{50}}} \right)^3 \qquad (4.45)$$

式中，ω' 为浑水水库清浑界面的沉速（m/s）；ω_0 为泥沙在清水中的沉速（m/s）；ρ_v 为以体积比表示的含沙量；d_{50} 为组合沙的中值粒径（m）。

泥沙在清水中的沉速 ω_0 可按下面方法进行计算。

（1）当 $Re < 0.5$（层流状态）时，有

$$\omega_0 = \frac{1}{8} \cdot \frac{\gamma_s - \gamma}{\gamma} \cdot \frac{gd^2}{\nu} \qquad (4.46)$$

式中，γ_s 为泥沙的容重（kg/m³）；γ 为水的容重（kg/m³）；g 为重力加速度，一般取 9.81kg/m²；d 为泥沙的粒径（m）；ν 为水的运动黏滞系数（m²/s），随水温而变化，可按表 4.3 取值。

表 4.3　不同水温时的运动黏滞系数 ν 值

水温 t/℃	ν/(cm²/s)	水温 t/℃	ν/(cm²/s)	水温 t/℃	ν/(cm²/s)	水温 t/℃	ν/(cm²/s)
0	0.01775	12	0.01239	24	0.00919	45	0.00603
2	0.01674	14	0.01176	26	0.00877	50	0.00556
4	0.01568	16	0.01118	28	0.00839	55	0.00515
6	0.01473	18	0.01062	30	0.00803	60	0.00478
8	0.01387	20	0.01010	35	0.00725	—	—
10	0.01310	22	0.00989	40	0.00659	—	—

（2）当 Re＞800（紊流状态），相当于 $d > 0.004\mathrm{m}$ 时，有

$$\omega_0 = 1.76\sqrt{\left(\frac{\gamma_s}{\gamma}-1\right)gd} \tag{4.47}$$

浑水水库内泥沙淤积的厚度与浑水水深成正比，坝前水深最大，淤积厚度也最大，所以浑水水库的淤积形态为锥体，并在泄水孔口附近形成冲刷漏斗。

浑水水库在泄流时，若清浑界面超出泄水孔口一定高度，清水就不会连同浑水一起被吸出库外，此时出库水流的含沙量与异重流浑水的含沙量相近，排沙效率显著；如果清浑界面未能超出泄水孔口一定高度，则清水将被吸出库外，降低水库排沙的效果。清水不致被吸出的最小浑水厚度，或者是清浑界面在淤积面以上的最小高度，称为清水吸出的极限高度 h_1，可按式（4.48）计算：

$$h_1 = \left(\frac{0.15q^2}{\dfrac{\Delta\gamma}{\gamma'}g}\right)^{1/5} \tag{4.48}$$

式中，h_1 为清水吸出的极限高度（m）；q 为泄水流量（m³/s）；γ' 为浑水的容重（kg/m³）；$\Delta\gamma$ 为浑水与清水的容重差（kg/m³），即 $\gamma'-\gamma$；g 为重力加速度，一般取 $9.81\mathrm{m/s}^2$。

式（4.48）也可近似地表示为

$$h_1 = 0.5798q^{0.4} \tag{4.49}$$

4.6.5　浑水水库滞洪排沙计算

如果将洪水过程划分为几个计算时段 Δt，在时段初和时段末的入库流量为 Q_1 和 Q_2，相应的出库流量为 q_1 和 q_2，在 Δt 时段内由于泥沙落淤和清浑界面下降所减少的浑水体积为 $K_1\Delta W$（图 4.18），其中有

$$K_1 = \frac{\gamma'}{\gamma'-\rho} \tag{4.50}$$

$$\Delta W = \Omega\omega'\Delta t \tag{4.51}$$

式中，ρ 为入库平均含沙量（kg/m^3）；Ω 为清浑界面的水平投影面积（m^2）；ω' 为清浑界面的沉速（m/s）；Δt 为计算时段（s）；ΔW 为 Δt 时间内泥沙淤积累（m^3）；K_1 为系数。

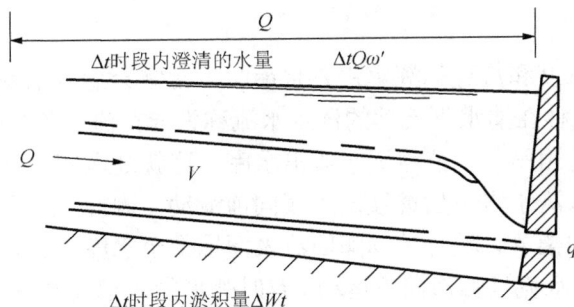

图 4.18　在 Δt 时段内由于泥沙落淤和清浑界面下降所减少的浑水体积

因此，在 Δt 时段末，浑水水面以下的浑水库容 V_2 为

$$V_2 = V_1 + \Delta V - K_1 \Delta W \qquad (4.52)$$

式中，V_1 为前一时段末水库的浑水库容（m^3）；ΔV 为计算时段内入库水量与出库水量之差（m^3），即

$$\Delta V = Q\Delta t - \frac{1}{2}(q_1 + q_2)\Delta t \qquad (4.53)$$

式中，Q 为 Δt 时段内平均入库流量，即 $Q = \frac{1}{2}(Q_1 + Q_2)$。

将式（4.53）代入式（4.52）得

$$V_2 + \frac{1}{2}q_2\Delta t = Q\Delta t + \left(V_1 + \frac{1}{2}q_1\Delta t\right) - q_1\Delta t - K_1\Delta W \qquad (4.54)$$

根据式（4.53）或式（4.54）即可进行浑水水库泄洪排沙计算，计算时应首先绘制下列辅助曲线。

（1）水库的水位 H-库容 V 关系曲线 $V = f(H)$。

（2）水库的水位 H-水面面积 Ω 关系曲线 $\Omega = f(H)$。

（3）水库的水位 H-泄水流量 q 关系曲线 $q = f(H)$。

（4）根据 $\Omega = f(H)$ 曲线计算不同水位高程时在 Δt 时段内由于泥沙落淤和清浑界面沉降而减少的浑水体积 $K_1\Delta W = K_1\Omega\omega'\Delta t$，然后结合曲线 $V = f(H)$ 绘制 $K_1\Delta W = f(V)_{\Delta t}$ 关系曲线。

（5）根据关系曲线 $V = f(H)$ 和 $q = f(H)$ 计算不同水位高程时的 $V + \frac{1}{2}q\Delta t$，然后绘制 $q = f\left(V + \frac{1}{2}q\Delta t\right)$ 关系曲线。

4.7　水库的异重流排沙

4.7.1　异重流现象

当具有足够浓度和流速的浑水进入水库时，常常会潜入清水水面以下，沿库底向坝前运动，这种在清水下流动的浑水水流称为异重流。当异重流来到坝前时，若及时开启泄水孔闸门，则能将浑水排出水库，这就是水库的异重流排沙。

由于浑水潜入清水水下后继续沿库底向前流动，因此上部清水产生回流，水库表面漂浮物，如柴草、秸秆等物随回流表面携带至水库上游，聚集在浑水潜入地点附近，潜入的水流呈弧形向前运动，有时弧形的首部还会在平面上左右摆动。异重流潜入清水下和在清水下沿河底向前流动时，必须将清水排开，为此需克服清浑水接触面上的阻力和库底的阻力，因此异重流的首部厚度较大，而且在清浑水交界面上将产生清水和浑水的掺混，特别是在浑水潜入处常有浑水水团冒出水面。由于水流的掺混作用，在浑水潜入处附近将产生大量的局部淤积，同时浑水在沿库底流动的沿程也将产生淤积（中国水利水电科学研究院，1959）。

当浑水沿库底行近坝前时，若不能及时将泄水孔闸门开启泄水，或泄水流量过小，大部分浑水将滞蓄水库，形成浑水水库。随着浑水在库内滞留，浑水中的部分泥沙将会落淤，清浑水界面也将会下沉，但由于浑水的含沙量浓度较高，泥沙颗粒较细，界面下沉速度较慢。当浑水沿库底行至坝前时，若及时将泄水孔闸门开启泄水，则可使水库在存蓄清水的同时排泄浑水，既能保持水库的效益，又能利用异重流排沙，减少水库的淤积。根据一些水库的实测资料分析，对于河道比降较陡，洪水陡涨陡落，历时较短，含沙量浓度较高的中小型水库，利用异重流排沙的效果都比较好，一次洪水的排沙比可达 90% 以上，多次洪水的平均排沙比也可达到 40%～50%。

异重流的形成是由于浑水中携带数量较多的细颗粒泥沙，其相对密度较清水的大，能在较长时间和较长距离内保持悬浮状态，并且具有一定的流速和单宽流量，即具有一定的能量，能克服库底和清浑水交界面上的阻力而向前流动。

在异重流潜入清水处，在潜入断面的上游为浑水明流，在潜入断面的下游，如果水库比较大，则水流呈潜没的均匀流。对于低含沙水流，潜入断面的水深 h_0 可表示为

$$h_0 = 0.381 \left[q_0^2 \left(1 + \frac{10000}{\rho_{s_i}} \right) \right]^3 \tag{4.55}$$

式中，h_0 为潜入断面的水深（m）；q_0 为潜入断面处的单宽流量（m³/s）；ρ_{s_i} 为入库水流的含沙量（kg/m³）。

对于高含沙水流，异重流潜入断面的水深 h_0 可计算为

$$h_0 = 180q_0 \left(\frac{\gamma_{sw} J_0}{g \tau_B} \right)^{1/2} \qquad (4.56)$$

式中，γ_{sw} 为浑水容重（N/m^3）；J_0 为河床比降；g 为重力加速度，一般取 9.81 m/s^2；τ_B 为极限切应力（N/cm^2），可按式（4.57）计算

$$\tau_B = 0.615 \times 10^{-6} \frac{\rho_{s_i}^{\,5}}{d_{50}^{\,3}} \qquad (4.57)$$

式中，d_{50} 为泥沙中值粒径（mm）。

由式（4.55）和式（4.56）可知，异重流潜入断面的水深与水流的单宽流量有关，q_0 越大，h_0 也越大，异重流潜入断面距坝就越近。水库的运用经验表明，异重流的潜入点常发生在下述断面：流速突然变小或水深突然变大的地方；回水末端河谷突然扩大处；水库淤积三角洲的顶点附近。

当浑水潜入库底形成异重流后，只有具备一定条件才能持续不断地向前运动，直达坝前，否则异重流就会很快停止，就地淤积消失。使异重流维持其运动的条件，称为异重流的持续条件。

异重流的持续条件很多，主要的条件是入库水沙数量的持续性和洪峰历时。如前所述，要使入库浑水形成异重流，并使其持续向前运动，就必须要有一定的单宽流量 q_0 和含沙量 ρ_{sw}，而且含沙量中应保持一定数量的细颗粒，否则异重流就不可能形成，或者即使形成，也不能使之持续运动。洪峰历时也是影响异重流持续性的一个重要因素，通常认为，异重流的持续时间等于洪峰的起止时间，只有洪峰历时大于异重流运行到坝前的时间，异重流才可能到达坝前，并从泄水孔排出库外。洪峰历时越长，异重流持续的时间也越长，如果洪峰历时较短，流量很快骤减，异重流就会中断。

除了入库水沙条件和洪峰历时，河谷的形状、库底的比降、沿程阻力的大小等因素也影响异重流的持续性。库底比降大，异重流的流速也大，故有利于异重流的持续运行；库底高低不平，障碍物多，沿程阻力就大，故影响异重流的运行。例如，三门峡水库，在运行初期由于库底高低不平，以及塌岸在库底形成潜坝，故沿程阻力加大，异重流很少能到达坝前，大多在沿程淤积消失；而后随着水库的淤积，库底变得平顺，沿程阻力减小，故水库的异重流排沙效果增大。对于平面上多弯道，转弯半径较小，或者断面突然收缩或放大，以及平而宽的河谷，都会增加沿程的局部阻力，使异重流的流速减小，因此不利于异重流的持续运行。

水利部西北水利科学研究所的研究表明，形成异重流排沙的条件主要取决于异重流所具有的能量及水库的运用状况，而水库的运用状况可以用回水的长度来表示。根据十几座利用异重流排沙的水库的资料分析，异重流的持续条件可用下列关系式说明

$$L \geqslant Q_s J_0 \quad \text{异重流中途消失} \tag{4.58}$$

$$L < Q_s J_0 \quad \text{形成异重流排沙} \tag{4.59}$$

式中，L 为水库的回水长度（km）；Q_s 为洪峰的平均输沙率（kg/s），可近似地根据洪峰流量来推求；J_0 为河床比降。

4.7.2　异重流的运动特点

由于洪水流量是随时间变化的，水库在同一断面上各个时刻和同一时刻在各个断面上水流的水力因素和泥沙情况也都是变化的，因此异重流是非恒定的，但是随着异重流向前运行，由于受到沿程阻力、局部阻力和河槽阻滞的作用，异重流的非恒定性质就逐渐减弱，对于大中型水库，异重流在运行一段距离之后基本上可以认为是恒定流，可以近似地按恒定均匀流来进行计算。

1. 异重流的运动速度和厚度

明槽恒定均匀流的流速通常表示为

$$v = C\sqrt{RJ_0} \tag{4.60}$$

$$C = \sqrt{\frac{8}{\lambda}g} \tag{4.61}$$

式中，C 为谢才系数；λ 为阻力系数；g 为重力加速度；R 为水力半径，对于宽阔的河槽 $R \approx h$，h 为水深；J_0 为河床比降。

如果将式（4.61）代入式（4.60），则得

$$v = \sqrt{\frac{8}{\lambda}ghJ_0} \tag{4.62}$$

在式（4.61）中，如果以 λ_t 代替 λ，以 g' 代替 g，则可得异重流的平均流速为

$$v = \sqrt{\frac{8}{\lambda_t}g'hJ_0} \tag{4.63}$$

式中，λ_t 为异重流阻力系数，它等于河床边界面和清浑水交界面的总阻力系数；g' 为异重流浑水的有效重力加速度，即 $g' = \eta_g \cdot g$，其中 g 为重力加速度，η_g 为重力修正系数，其值为

$$\eta_g = \frac{\Delta\gamma}{\gamma_{sw}} \tag{4.64}$$

式中，$\Delta\gamma$ 为浑水与清水的容重之差；γ_{sw} 为浑水的容重。

将 $g' = \eta_g \cdot g$ 和 $h_0 = q_0 / v$ 代入式（4.62），则得

$$v = \sqrt[3]{\frac{8}{\lambda_t}\eta_g g q_0 J_0} \tag{4.65}$$

式中，q_0 为异重流的单宽流量。

根据一些水库实测资料和模型试验资料的分析，λ_t =0.02～0.03，一般可取平均值 λ_t =0.025。当异重流通过弯道、扩大段或收缩段，以及地形突然变化的部位时，局部阻力系数可按明槽水流的相应值采用。

当异重流充满整个河底时，异重流的宽度 B 可取河底宽度。当异重流潜入点处水库平面突然扩大时，异重流也将按一定扩散角 β_t 扩散，此时异重流的宽度 B 应按扩散后所占河底的实际宽度计算。在无实测资料时，可根据异重流潜入点处的断面流速和该断面处地形的扩散角 α_t 利用图 4.19 查出异重流的扩散角 β_t。

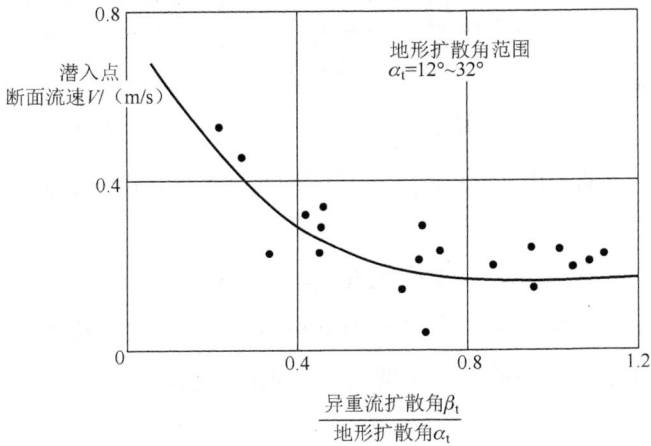

图 4.19　异重流扩散角 β_t 的计算图

2. 异重流的挟沙能力和沿程淤积

异重流的挟沙能力和异重流所挟带泥沙的粒径与流速有关，根据三门峡、官厅和岗南等水库的实测资料，异重流的流速 v 与所挟带的泥沙粒径 d_{90} 的关系如图 4.20 所示，大致呈线性关系，图中实线为平均流速 v 与 d_{90} 的关系线，虚线为最大流速 v_{max} 与 d_{90} 的关系线。

假定异重流沿程只淤不冲，而且泥沙颗粒的淤积是按由粗到细的先后顺序进行的。因此，根据洪水资料确定各断面的平均流速以后，就可以根据图 4.20 求得各断面泥沙 d_{90}，根据所得的 d_{90} 再从入库泥沙的级配曲线上查得小于和等于 d_{90} 粒径的泥沙百分数 P，则各断面异重流的含沙量为

$$\rho_s = \rho_{so} \frac{P \times 100}{90} \tag{4.66}$$

式中，ρ_s 为计算断面的异重流含沙量（g/m³）；ρ_{so} 为异重流潜入断面的含沙量（g/m³）；P 为在泥沙级配曲线上小于和等于 d_{90} 粒径泥沙的百分比（%）。

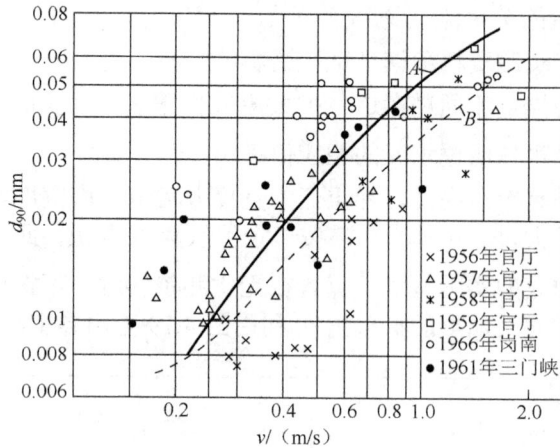

图 4.20　异重流流速 v 与泥沙粒径 d_{90} 的关系图

求得异重流各断面的含沙量 ρ_s 之后，即可按式（4.67）计算各河段沿程淤积 ΔW_s，即

$$\Delta W_s = Q\left(\rho_{s_i} - \rho_{s_{i+1}}\right)\Delta t \tag{4.67}$$

式中，Q 为异重流流量（m^3/s）；ρ_{s_i} 为第 i 断面异重流的含沙量（g/m^3）；$\rho_{s_{i+1}}$ 为第 $i+1$ 断面（即第 i 断面的下一个断面）异重流的含沙量（g/m^3）；Δt 为计算时段（s）。

设形成异重流的洪峰历时为 t，洪峰平均流量为 Q_c，平均含沙量为 ρ_{sc}，潜入断面的含沙量为 ρ_{so}，则洪峰期形成异重流的全部沙量为

$$W_{sw} = Q_c\rho_{so}t \tag{4.68}$$

洪峰的总沙量为

$$W_s = Q_c\rho_{sc}t \tag{4.69}$$

异重流潜入断面以上水库的淤积量为

$$\Delta W_s = W_s - W_{sw} = Q_c(\rho_{sc} - \rho_{so})t \tag{4.70}$$

对于高含沙量异重流，当含沙量达到一定值以后，存在一个与含沙量相应的泥沙极限粒径 d_0，大于 d_0 的颗粒在浑水中分选沉降，小于 d_0 的颗粒则不沉降，而与水混合成一种均质的浆液，这种水流具有较高的输沙能力。极限粒径 d_0 可表示为

$$d_0 = \sqrt{\frac{18vvJ}{g(\gamma_s - \gamma)\left(1 - \dfrac{\rho_s}{2\sqrt{d_{50}}}\right)}} \tag{4.71}$$

式中，d_0 为泥沙极限粒径（mm）；v 为运动黏滞系数（cm^2/s）；γ 为水的容重

（g/m^3）；γ_s 为泥沙颗粒的容重（g/m^3）；v 为水流流速（m/s）；J 为水面比降；g 为重力加速度（m/s^2）；ρ_s 为水流的平均含沙量（体积比）；d_{50} 为泥沙的中值粒径（mm）。

4.7.3　异重流排沙计算

异重流的淤积和排沙计算有两种方法，一种是挟沙能力计算法，计算出异重流沿程各河段的计算流速和挟沙量，据此得出沿程的淤积量及其分布，异重流到达坝前的时间和在坝前持续的时间，以及可能排出的沙量；另一种是经验统计法，根据异重流的基本规律和实测资料，用统计方法建立异重流的传播时间、排沙时间和排沙比的经验关系，从而求得淤积量和排沙量。

1. 挟沙能力计算法

计算可列表进行，如表 4.4 所示，计算步骤如下。

（1）绘制洪峰入库流量 Q'_k（m^3/s）和含沙量 ρ'_s（N/m^3）的过程线，以及泥沙颗粒的级配曲线。

（2）将洪峰陡涨到流量与含沙量趋于平缓的时间作为本次洪峰所产生的异重流的持续时间 t（h），然后计算本次异重流持续时间内的入库平均流量 Q_k 和平均含沙量 ρ_s，并计算出异重流持续时间内的入库总沙量 $W_s = 36Q_k\rho_s t$（kg）。

（3）绘制水库发生异重流时河底纵剖面线，并求出当时的库水位（坝前）和沿程水面线。

（4）根据式（4.54）计算水深 h_0，在 $h = h_0$ 处确定异重流潜入断面的位置，并以此断面为起始断面，将此断面以下的水库划分为若干库段，确定计算断面间距 Δl_i，计算断面宽度 B_i，库底比降 J_0，阻力系数 λ_i，并分别填入表中第（2）、（3）、（5）、（6）栏中。在计算 B_i 时，若遇断面突然扩散，应按图 4.19 查出异重流的扩散角 β_t，确定异重流的实际有效宽度作为计算断面的宽度 B_i。

（5）确定各断面的计算单宽流量 $q_i = Q_i / B_i$，填入表中第（4）栏内。

（6）根据式（4.63）计算各库段的平均流速，填入表中第（7）栏内。

（7）根据各库段的平均流速查图 4.20，求得相应的 d_{90}，填入表中第（8）栏中。然后从入库泥沙级配曲线上查得相对于各库段 d_{90} 的百分数 P_i（%），填入表中第（9）栏中，并按 $C_i = P_i \times \dfrac{100}{90}$ 计算各库段出口断面含沙量占入库含沙量的百分数，第 1 断面的 $C_i = 100\%$，C_i 值填入表中第（10）栏内。

（8）根据入库含沙量 ρ_{so} 和各断面的 C_i 值，计算各断面的含沙量 $\rho_{s_i} = \rho_{so}C_i$，列入表中第（11）栏中。

表 4.4 异重流积淤排沙计算表

计算断面编号	计算断面间距 Δl_i /m	计算断面宽度 B_i /m	计算单宽流量 q_i /(m³/s)	库底比降 J_0‰	阻力系数 λ_i	平均流速 v /(m/s)	挟带极限粒径 d_{90} /mm	小于等于 d_{90} 粒径泥沙占入库沙量百分数 P /%	d_{90} 粒径泥沙占入库沙量百分数 C /%	平均含沙量 P_i /(kg/m³)	各库段异重流传播时间 Δt /min	各库段的沿程淤积量 ΔW_s /kg	各库段异重流平均厚度 H /m	各库段就地淤积量 $\Delta W_s'$ /kg	备注
(1)	(2)	(3)	(4)	(5)	(6)	(7)	(8)	(9)	(10)	(11)	(12)	(13)	(14)	(15)	(16)
Σ															

（9）根据各库段的长度 Δl_i 和异重流平均流速 v，计算各库段异重流传播（运行）时间 $\Delta t = \Delta L / v$，填入表中第（12）栏内。将各库段异重流传播时间 Δt 相加，即得异重流从潜入点断面传播到坝前的时间 $t_s = \sum \Delta t$。

（10）根据洪峰持续时间和异重流从潜入断面传播到坝前的时间，计算可能的异重流排沙时间 $t_0 = t - t_s$。

（11）如果当异重流运行至坝前时及时开启底孔闸门，而底孔的泄水流量与含沙量又恰好等于运行到坝前的异重流流量和含沙量，则排沙量等于可能的最大出库沙量 $W_{so} = Q_k \rho_{sn} t_0$，其中 ρ_{sn} 为坝址断面处的含沙量。

（12）根据各库段上下两断面含沙量（$\rho_{s_i} - \rho_{s_{i+1}}$），入库流量 Q_k 和计算断面异重流的持续时间（$t - \sum_{n=0}^{i} \Delta t_n$），利用式（4.72）计算各库段的沿程淤积量，填入表中第（13）栏。

$$\Delta W_s = \left(\rho_{s_i} - \rho_{s_{i+1}} \right) \times Q_k \times \left(t - \sum_{n=0}^{i} \Delta t_n \right) \tag{4.72}$$

式中，$\sum \Delta t_n$ 为从异重流潜入断面到计算断面 i 的异重流传播时间，t 为洪峰的持续时间。

（13）在洪峰持续时间内全水库异重流的沿程淤积总量为 $W_s = \sum \Delta W_s$。

（14）根据式（4.65）计算各库段异重流的平均厚度 H，填入表中第（14）栏内。

（15）当异重流停止发生时，正在各库段流动的异重流将就地淤积消失，而各库段的就地淤积量 $\Delta W_s'$ 等于该库段异重流的平均输沙率 $\frac{1}{2} \times \left(\rho_{s_i} + \rho_{s_{i+1}} \right) Q$ 乘以本库段异重流传播的时间 Δt，或者等于本库段异重流的体积 $\frac{1}{2} \left(B_i + B_{i+1} \right)$ $h_i \cdot \Delta l_{i \sim i+1}$ 乘以平均含沙量 $\frac{1}{2} \times \left(\rho_{s_i} + \rho_{s_{i+1}} \right)$，即 $\Delta W_s' = \frac{1}{2} \left(\rho_{s_i} + \rho_{s_{i+1}} \right) Q \Delta t$ 或 $\Delta W_s' = \frac{1}{4} \left(B_i + B_{i+1} \right) \left(\rho_{s_i} + \rho_{s_{i+1}} \right) h_i \Delta l_{i \sim i+1}$；计算结果填入表中第（15）栏内。

（16）异重流停止发生时，全水库异重流就地淤积的总量等于各库段就地淤积量之和，即 $W_s' = \sum \Delta W_s'$。

（17）计算本次洪水的总淤积量为 $W_{st} = W_s + W_s'$。

2. 经验统计法

在水库的运行管理中，应按实测资料建立的异重流传播时间、异重流排沙泄量和异重流排沙比的经验关系式来估算水库的异重流排沙情况，这是比较简便而迅速的方法，已被一些水库管理单位，特别是中小型水库管理单位所采用。

（1）异重流的传播时间。异重流的传播时间是指异重流从潜入断面运行至坝前的时间，能否准确地掌握这一时间关系到能否充分发挥异重流的排沙效果，是多沙水库管理中的一个重要问题。如果在异重流到达坝前的时刻能及时开闸泄水，则可将异重流挟带的大部分泥沙排出库外，若开闸过晚，则异重流到坝前受阻，泥沙将在库内落淤；而若开闸过早，则将使库内储存的清水泄出库外，形成浪费。

黑松林水库根据实测资料的分析，得出异重流传播时间 T_0 与洪峰流量 Q 和水库前期蓄水量 W_0 的关系如下

$$T_0 = 2.2 \left(\frac{W_0^{1/2}}{Q} \right)^{0.48} \tag{4.73}$$

式中，T_0 为从洪峰通过入库水文站到异重流运行至坝前的历时（h）；W_0 为水库前期蓄水量（$\times 10^4 \mathrm{m}^3$）；Q 为洪峰流量（m^3/s）。

山西省小河口水库根据实测资料的分析，得出异重流传播时间与水库回水长度、洪峰流量、洪峰含沙量和回水段库底比降的关系如下

$$T_0 = \frac{5L}{(10 Q \rho_{so} J_0)^{1/3}} \tag{4.74}$$

式中，T_0 为从洪峰通过入库水文站到异重流运行至坝前的时间（h）；L 为水库的回水长度（km）；Q 为入库洪峰流量（m^3/s）；ρ_{so} 为在入库水文站处洪峰起涨后的含沙量（$\mathrm{g/m}^3$）；J_0 为回水段的库底比降。

（2）异重流的排沙泄量。异重流排沙泄量的选择直接影响水库的排沙效果。根据我国几座水库异重流排沙的实测资料，在入库洪峰为单峰，泥沙中值粒径为 0.02～0.05mm 的情况下，异重流排沙泄量与入库洪水的峰前水量、水库的前期蓄水量和排沙比存在下列关系

$$q_0 = W_1 \left(\frac{\eta \mathrm{e}^{0.006 W_0}}{4000} \right)^{2.7} \tag{4.75}$$

式中，q_0 为异重流第一日的平均排沙泄量（m^3/s）；W_1 为入库洪水的峰前水量（$\times 10^4 \mathrm{m}^3$）；W_0 为排沙比（%），即水库排出的总沙量（m^3）与入库总沙量（m^3）之比的百分数。

红山水库根据 12 年异重流排沙资料的分析，认为异重流的排沙泄量 q_0 不应超过最大可能排沙比相应的泄量，即

$$q_0 \leqslant \frac{W_s \cdot \eta_{max}}{t \rho_0} \tag{4.76}$$

式中，W_s 为一次洪水的进库总沙量（kg）；η_{max} 为最大可能排沙比；t 为异重流排

沙历时（s）；ρ_0 为异重流出库平均含沙量（kg/m³）。

（3）异重流的排沙比。根据我国三门峡、刘家峡、官厅和黑松林四座水库，美国的米德湖和冈察斯两座水库，以及阿尔及利亚的艾达姆水库的实测资料，异重流的平均排沙比与河底比降存在下列关系

$$\eta = 6.4 J^{0.64} \tag{4.77}$$

式中，η 为异重流的平均排沙比；J 为原河底比降。

根据三门峡、刘家峡、官厅、黑松林和小河口等水库的实测资料，得出异重流排沙浓度比的经验公式如下

$$\eta_s = \frac{\rho_0}{\rho_c} = f\left(\frac{Q_s^{1/3} J^{4/3}}{HB^{4/3}} \right) \tag{4.78}$$

式中，η_s 为异重流排沙浓度比（%），即出库平均含沙量 ρ_0（g/m³）与入库平均含沙量 ρ_c（g/m³）之比；Q_s 为入库平均输沙率（10^4g/s）；J 为库底平均比降；B 为库区平均宽度（m）；H 为坝前最大水深（m）。

上述函数关系如图 4.21 所示。

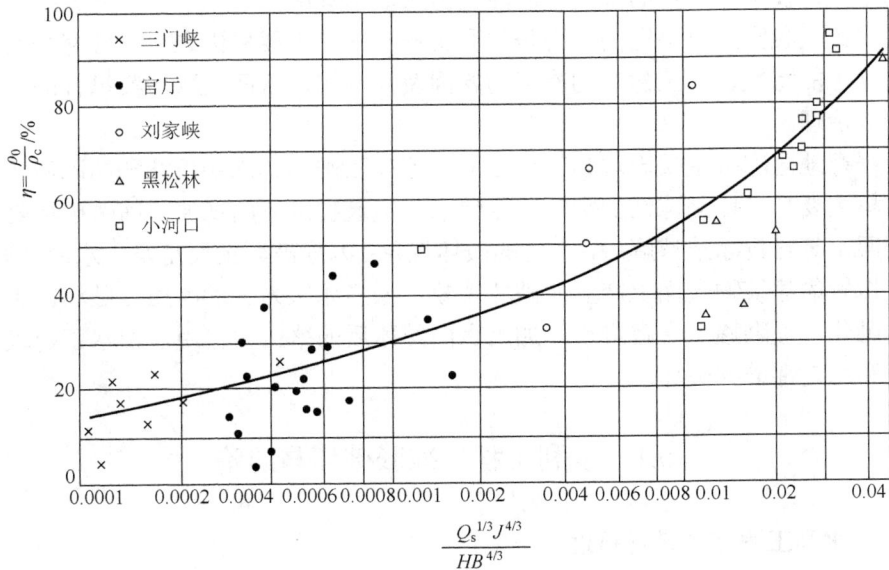

图 4.21　重流排沙浓度比 η_s 关系图

第5章　水利工程的冻害风险与防治

我国季节冻土区面积达 513.7 万 km²，占全国总面积的 53.5%，主要分布在东北、华北、西北和青藏高原地区。在季节冻土地区，由于冬季地表土壤冻结、水库水面结冰等，给水利工程的安全带来严重危害，寒冷地区的水利工程冻害破坏非常普遍和严重，尤其是中小型水利工程受冻害特别突出。例如，黑龙江省最大的自流灌区——查哈阳灌区，支渠以上的 112 座骨干工程，除了渠首泄洪闸加以维修扩建至今尚保持完好，有 93 座工程不同程度遭受冻害破坏，占 83%，保持基本完好的只有 19 座，仅占 17%；吉林省南部的梨树灌区，支渠以上的水工建筑物100 余座，遭受冻害破坏的占 80%～90%。冻害破坏给水利建设、工程施工、工程维修及工程管理等造成很大危害。20 多年来，查哈阳灌区多数水工建筑物更换了两三次，投入了大量的资金，但问题仍未根本解决。

因此，我国严寒地区的冻害是水利工程破坏的主要原因之一，应充分研究和掌握冻土的特性、水工建筑物冻害的原因及其规律，从而采取切实可行的有效措施加以治理。

严寒地区冻害主要表现为三个方面，即冻胀破坏、冻融破坏和冰冻破坏。冻胀破坏主要是土体因冻结而膨胀，导致水工建筑物破坏的现象；冻融破坏是土体或混凝土等材料冰结溶解后，产生的破坏现象；冰冻破坏主要是发生水面结冰后，与其接触的建筑物表面上产生的破坏现象，如静冰压力、动冰压力破坏。土层冻胀、融化、冻融逐年交替进行，加上水面结冰后的冰压力作用，使水工建筑物的强度和稳定性遭到破坏。

5.1　水利工程的冻胀破坏与防治

5.1.1　水利工程冻胀破坏机理

1. 冻土及冻胀的概念

当温度降低到 0℃及以下时，土中孔隙水便会冻结成冰，由于水的相变，其体积增大 9%，这种现象称为土的冻结。冻结土层自冻结前原地表面算起的冻结深度称为土的冻结深度（冻深）。把这种具有负温度并且含冰、冻结着松散固体颗粒的土称为冻土。

在冻结过程中，土中的水冻结成冰，其体积产生了膨胀，外观表现为地面不均匀的升高，这种现象称为土的冻胀。这种有冻胀的土称为冻胀土，冻而不胀的土称为非冻胀土。

2. 影响土冻胀的主要因素

造成冻胀破坏的原因比较复杂，一般认为与气候变化、地理地貌、地层分布、岩土结构、颗粒组成、物理力学性质、地下水埋深和毛细上升高度等因素有关，但是主要是受土质、水分和负气温三方面因素的影响。消除其中任何一个条件，就可以消除冻胀。

1）土质。土的颗粒是产生土层冻胀的重要因素。土石颗粒的大小对土体的冻胀性有显著影响。粉粒含量高的黏性土，冻胀量最大，这是由于这种土的孔隙微管尽管很细小，但还有足够的渗透性，不能阻止水从下层土进入冻结区；同时，毛细水头较高，当地下水位较高时，毛细水的移动，助长了水分积聚。黏性土的渗透性很小，水分很难积聚。粗粒土如砂土，由于它本身不存在薄膜水，没有水分转移的条件，并且毛细水头很低，在冻结过程中水分不能积聚。水分转移量的大小决定了冻胀量的大小。因此，按土质本身来说，碎石、砾石没有冻胀性；中砂和细砂稍有冻胀；粉砂和砂壤土冻胀性属于中等；粉土、粉质壤土和粉质黏土冻胀性最突出。

另外，土壤中矿物质成分决定土壤的离子交换能力，改变土壤中阳离子的组成情况，有可能显著减轻冻胀程度。而 Na^+、K^+ 减轻冻胀效果最强，因此在某些基础处理工程中采用 NaCl 和 KCl 进行土壤人工盐化处理以消除冻胀现象。

2）水分。水分多少是冻胀的内因。这里指的水分，包括土层含水量的多少和地下水位的高低。土中的含水量对于没有外来水分补给的封闭性冻胀主要取决于冻结前土壤持水数量，而对于有外来水分补给的开敞式冻胀，由于在冻结过程中冻结土的下卧土体内的水分不断向冻结面迁移补给，从而增加了土体含水量和冻胀性。即使土体初始含水量较小，由于水分迁移补给充分，冻胀也就强烈。可见在冻胀过程中，水分迁移运动起着主导作用。冻前地下水位越浅，补给条件就越充分，冻胀就越严重。因此，设法减少土体含水量和降低地下水位是防治建筑物冻害的重要措施之一。

3）负气温。负气温是造成冻胀的外因。负温总量（冬季日平均负温的总和）大，土层冻结深度就大，从而冻胀总量也大。负温总量是影响冻深的主要因素，但不是唯一因素，负气温随时间的变化不同，对冻深和冻胀发展过程的影响也不同。在气温缓慢下降且负温持续时间较长的条件下，未冻结区的水分不断向冻结区迁移积聚，能在土层中形成冰夹层，形成的土层冻结深度大，冻胀也较严重。如果气温骤降，冷却强度很大，表层冻结面迅速向下推移，毛细管道被冰晶体堵塞，不能迁移，冻胀也较小。因此，应采取保温及隔热措施，来阻止冷气的侵入，提高土体温度，减小冻深，减小地基土的冻胀性。

3. 冻土的融化

土中水分由固态冰转变为液态水，称为冻土的融化。冻土融化时，会使水工建筑物的强度和稳定性遭到破坏。一方面，由于冻土融化时土粒间冰的黏聚力消失，造成土结构的破坏和强度的急剧减弱；另一方面，由于融化水沿毛细管汇入地下水或停留在土体内，原冻胀土恢复冻胀前的原状将产生不均匀的沉陷变形，使水工建筑物的强度和稳定性遭到破坏。

5.1.2　水利工程冻胀破坏现象

由于水工建筑物的结构形式不同，而且种类繁多，因此在基土的基底法向力、基侧水平冻胀力和切向冻胀力单独或组合作用下，建筑物产生的破坏形式也不尽相同。常见的破坏形式有以下几种。

1. 渠道衬砌的破坏

渠系水工建筑物因线长、面广、工程数量多，冻害造成的危害比较普遍。渠道的破坏形式通常有以下四种。

（1）鼓胀及裂缝。渠道衬砌的冻胀裂缝多出现在尺寸较大的现浇混凝土的顺水流方向，缝位一般在渠坡坡脚以上 1/4～3/4 坡长范围内和渠底中部，裂缝方向大多平行于渠道走向，裂缝宽度、长度大小不等，小的仅几毫米、几厘米，大的可达数十米。

（2）隆起架空。在地下水位较高的渠段，渠床基土距地下水位近，冻胀量大，而渠顶冻胀量小，造成混凝土衬砌大幅度隆起、架空。这种现象一般出现在坡脚或水面以上 0.5～1.5m 坡长处和渠底中部，有时也顺坡向上形成数个台阶状。

（3）滑塌。渠道衬砌的冻融滑塌主要有两种形式：一种是由于冻胀隆起、架空，使坡脚支承受到破坏，衬砌板垫层失去稳定平衡，因此在基土融化时，上部板块顺坡向下滑移、错位、互相重叠；另一种是渠道边坡基土融化，大面积滑动，导致坡脚混凝土被推开，上部衬砌板塌落下滑。也有一些小型混凝土衬砌的 U 形渠槽在冻胀时整体上抬，但融沉时可能由于不均匀沉陷出现错位和塌陷。

（4）整体上抬。对于弱冻胀地区和衬砌整体性较好的渠道（如小型混凝土 U 形渠道），在冻胀力的作用下，可使混凝土衬砌整体上台。

2. 板式基础的破坏

板式基础主要指溢洪道、水闸等水工建筑物底板及其进出口底板基础。这类结构一般是受基土的基底法向冻胀力产生弯矩作用而破坏的。由于底板面积较大，自身强度低，在不均匀的冻胀或融沉下极易发生不规则裂缝，一般很难恢复原状。底板逐年受冻胀和融化沉陷作用，发生破坏，主要有以下三种。

（1）底板整体上抬。对于较小的工程或整体刚度较大的底板，如小型涵闸底板，受不均匀冻胀和融沉作用后，虽未发生裂缝，但不能完全复原，底板逐年上抬，使相邻部位错开或挤压，造成基础淘刷或工程失事。

（2）底板断裂。对于两侧约束能力强、中间板式基础刚度小的闸室，易产生中间纵向裂缝，如图 5.1（a）所示；对于底板横跨较大、刚度较小的情况，当边墙荷载较大，受冻胀影响时，底板与挡土墙的结合处易产生纵向剪断，如图 5.1（b）所示；具有齿墙底板的断裂和隆起，大部分发生在水闸、渡槽、涵洞等建筑物的进出口部位，如图 5.1（c）～（e）所示。

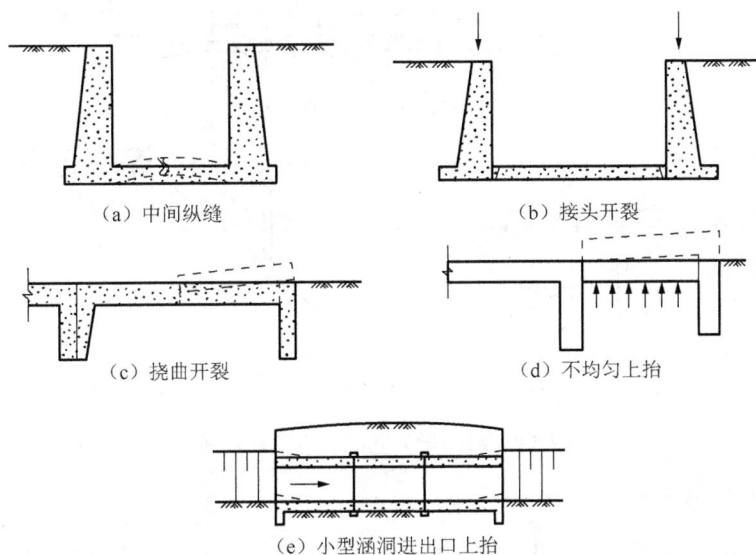

（a）中间纵缝　　　　　　　　　　　　（b）接头开裂

（c）挠曲开裂　　　　　　　　　　　　（d）不均匀上抬

（e）小型涵洞进出口上抬

图 5.1　板式基础断裂破坏形式

（3）底板分缝处挤断、错位。冻胀和融沉作用会使底板分缝处挤裂、错位或拉开，产生凹凸不平现象，影响过水。

3. 桩墩基础的破坏

桩墩基础主要是指桥梁、渡槽等建筑物的基础。对桩墩基础起作用的主要是切向冻胀力。当切向冻胀力大于桩墩荷载、自重和桩墩与基土之间的摩擦力时，产生上拔，即冻拔力，基础上拔后，夏季一般难以完全复原，冻拔量将逐年累加（有的一个冬季冻拔量达 20～30cm）。埋入基土的深度随冻拔量增加逐年减少，摩擦力随之减弱，冻拔量加大，形成恶性循环，直至破坏。其破坏形式主要有以下两种。

（1）上部结构呈波浪形或横向弯曲。这类变形主要是由冻拔量不均造成的，如桩墩切向冻拔量不等或背阳侧冻拔量大于向阳侧，严重时将影响工程继续使用，如图 5.2（a）、（b）所示。

（2）岸边上部结构挠曲断裂。由于基础冻融交替、冻胀力不等，在渡槽进出口处，常会出现结构挠曲断裂。轻者会使槽身与进出口连接止水破坏而影响使用，重者还会使桩柱变形，导致槽身断裂或落架，造成事故，如图 5.2（c）所示。

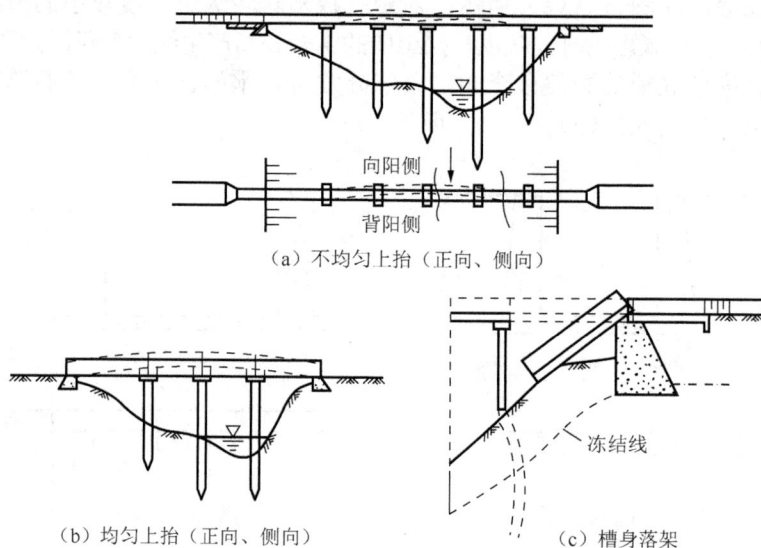

（a）不均匀上抬（正向、侧向）

（b）均匀上抬（正向、侧向）　　　　　　（c）槽身落架

图 5.2　桩（墩）基础冻害破坏形式

4. 支挡结构的破坏

支挡结构主要是指挡土墙、闸室边墩、上下游翼墙、陡坡边墙、渡槽进出口边墙等。这类结构冻胀破坏形式主要有以下四种。

（1）挡土墙倾斜。因挡土墙后填土多次冻融作用，相应地产生墙后水平冻胀力，使挡土墙前倾，如图 5.3（a）所示。挡土墙前倾变位过大，常使挡土墙永久缝间止水被扯断，进而导致侧向渗径短路，严重的前倾变位有时导致倾倒破坏。

（2）挡土墙剖面斜裂缝。在挡土墙后冻土水平冻胀力与墙前静冰压力共同作用下，当墙身强度不足时，使墙体受水平剪力而在剖面上产生近 45°的斜裂缝，如图 5.3（b）所示。

（3）挡土墙长度方向斜裂缝。当挡土墙基础埋深小于冰冻深度时，由于沿长度方向不均匀冻胀和融沉作用，挡土墙受剪而产生与水平方向成 45°的斜裂缝，如图 5.3（c）所示。

（4）拐角裂缝。在挡土墙拐角处往往受到来自地面及两个墙后回填土三向冻结影响，一般该处冻深大于其他部位，且约束大、冻胀力大，受弯、扭、剪等作用，使拐角处开裂，如图 5.3（d）所示。

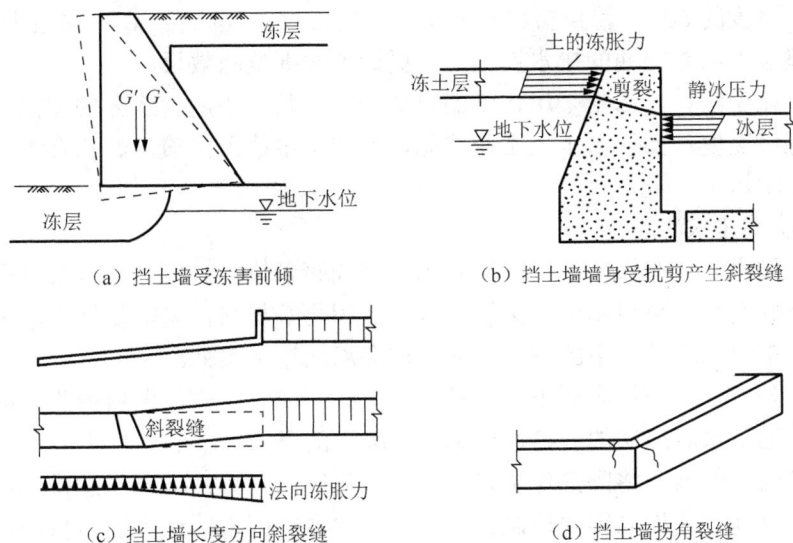

（a）挡土墙受冻害前倾

（b）挡土墙墙身受抗剪产生斜裂缝

（c）挡土墙长度方向斜裂缝

（d）挡土墙拐角裂缝

图 5.3　挡土墙冻害破坏形式

5.1.3　水利工程冻胀破坏防治

水利工程冻害防治，应在设计、施工和管理运用各方面采取措施。对于已建工程，除从结构方面考虑，主要应从削减产生冻胀的条件入手，从而抑制冻胀，达到防冻目的。

1. 渠道衬砌的冻害防治

防治渠道衬砌冻害，是寒冷地区渠系管理的一项重要工作。为减少冻害，渠系布置应尽量避开黏、粉质土壤和高地下水位地段，并使渠线行经砂砾石等排水性能良好的地带，还要远离灌水农田及其他水源。对于冬季不过水的渠道，运行中尽量在大冻前停止过水或提前冬灌，对渠道的裂缝及时维修，减少水的渗漏补给。对于冬季过水渠道应注意渠道水结冰、排冰，防止冰冻破坏，还可以定时改变渠道过水流量，造成渠道水流变化，防止渠道结冰等。此外，常见的防冻方法有下列几种。

1）渠床处理法

（1）压实法。对基土压实，可使土壤的干容重增加，孔隙率降低，透水性削弱，从而减少冻胀变形。压实法有原状土压实和翻松压实两种，前者压实深度小，后者压实深度大。对于疏松、多隙的强湿陷性黄土，还可以用先浸水使其逐渐湿陷后再进行夯实的方法。

（2）换填法。对于易吸收水分、冻胀性强的土质，可以采用换填法处理渠床，如在易冻胀区换填砂砾料，置换深度随土壤性质和地下水补给条件而异，一般应大于冻土深度的 60%。置换材料与原状土之间应设置反滤层，在冻深较大的地区，换填的垫层下应有畅通的排水设施，以更好地发挥抗冻效果。

（3）化学法。该法是采用化学的方法来降低基土中所含水分的冰点或控制水分子的迁移速度，如使基土人工盐渍化，或在土中掺入油渣砂、三合土等憎水物质改良土壤。

2）防渗排水法

（1）排水法。在渠床冻层下设置纵、横向暗管排水系统，排水管可采用带级配的反滤砂石料，也可用波纹塑料管或土工织物等材料，来降低地下水位和基土含水量，把渠床冻结层中的重力水或渠道旁渗水排出渠外。

（2）隔水法。在衬砌板下采用埋藏式隔膜（如土工膜、塑料薄膜、沥青油毡等）隔断地下水对冻层的补给，达到防治冻害的目的。

（3）隔热保温。将隔热保温材料铺设在衬砌体背后，同时注意排水，隔断下层土的水分补给，提高渠底地温，减轻或消除寒冷因素，达到抗冻目的。适用于保温的材料很多，如用聚苯乙烯泡沫、玻璃纤维等作为保温层；或用杂草、作物秸秆、炉灰渣、刨花、树皮、木屑等；也有用天然的冰雪堆积作为保温层；蓄水建筑物还可蓄水保温。其中，聚苯乙烯硬质泡沫塑料板是目前在隔热防冻措施中应用较多的一种土工合成材料。

3）优化结构形式

优化结构形式，可提高防渗抗冻能力。目前各地常用的形式有肋梁板型、板膜结合型、π形板和暗管型等。

（1）肋梁板型。在混凝土衬砌板下每隔 1m 左右，加一断面为矩形的肋梁，梁高 20cm，梁宽 10～20cm，构成由连续 T 形梁组成的肋梁板。这种板的刚度大，抗冻性好。

（2）π形板。这种板的四周都是肋梁，为预制混凝土装配结构。它的特点是可利用板下的空气起保温作用，同时也可利用空间消纳土基冻胀所产生的变形，因肋梁的约束作用，使其抵抗冻胀破坏能力大大增加。

（3）板膜结合型。在混凝土板下铺设隔水膜，如塑料薄膜、沥青或沥青油毡等材料，使板膜联合防渗，从而更有效地减轻冻害。为就地取材，可用干砌石、浆砌石或预制混凝土板等护面，下面铺隔水膜。

（4）暗管型。即将明渠改成管道，埋藏于地下。其特点是不占地，输水损失小，使用寿命长，防止水质污染，运行费用低等，由于置于冻土层以下，不受土层冻胀的影响，防冻效果好。例如，在甘肃省临泽县黑河流域节水改造工程中沙河干渠、红星二支渠等工程采用了这种设计，防冻效果明显。

2. 板式基础的冻害防治

板式基础的冻害防治常采用深埋基础、更换基土、倒置盒形基础、反拱式和分离式底板等几种方法。

（1）深埋基础。将基础底面深埋于冰冻层以下一定的深度，以避免冻土法向冻胀力的破坏。一般应埋入冰冻层以下 25cm，由于基础底面位于冻层以下，底面上无法向冻胀作用，仅有基础侧面的切向冻胀力，在自重和上部荷载作用下，足以抵抗切向冻胀影响。这种方法简单、效果较好。

（2）更换基土。把地基中易冻胀的土层挖除，更换排水性能好、不易冻胀的砂、碎石、砾石等材料，以削减或消除地基土的冻胀能力。这种方法多用于冻结深度较浅和地下水位不高的情况。例如，查哈阳灌区的引黄节制闸，用 2.5m 深的砂砾石置换黏土地基，运行多年效果很好。

（3）倒置盒形基础。这种基础的四周有框，盒底朝上，内部填砂为盒形，如图 5.4 所示。其特点是刚度大、整体性强、省材料且防冻性能较好，多用于小型工程。在有砂石料的地区，若地下水位低于边框底面高程，则可在盒基范围内将透水性差易冻结的土换成砂石等易透水料，以大大降低基底法向冻胀力的作用。对砂石较少的地区，可只在边框底部铺一层砂，以切断毛细管，断绝外部水源的补给，有效降低冻胀量，如图 5.5（a）所示。当地下水位高于边框高程时，可做成封闭盒形基础，如图 5.5（b）所示。

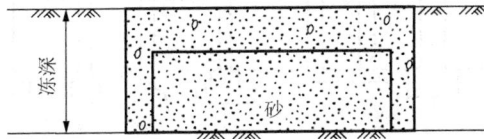

图 5.4　倒置盒形基础

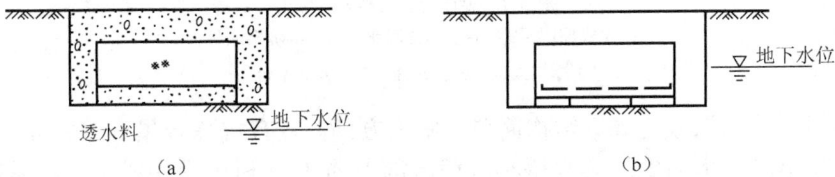

图 5.5　盒形基础断绝外水补给示意图

（4）反拱式和分离式底板。地基土质较好和地下水位不高时，闸底板可以利用反拱来抵抗冻胀力，如图 5.6（a）所示。有的小型水闸采用底板和闸墩、边墙分离，连接处用沉陷缝，并设止水，底板受下面冻胀反力作用时，允许有轻微上抬，不致破坏闸底，如图 5.6（b）所示。

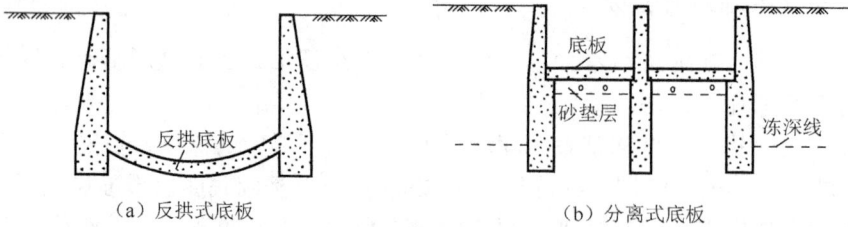

（a）反拱式底板　　　　　　　　（b）分离式底板

图 5.6　闸底板结构示意图

3. 桩墩基础的冻害防治

（1）深埋基础。通过增加桩墩的埋入深度，提高抗冻拔的能力，一般情况下，桩柱深度超过 7m 时，其稳定性较好。

（2）更换基土。把易冻胀的黏土换填成碎石、卵石，即使在饱水的情况下，冻结时也不会形成水分迁移的条件，不会形成冰夹层，发生冻胀。

（3）锚固型基础。在最大冻土层以下，把桩墩底部基础扩大，利用摩擦力和通过冻胀反力对基础的锚固作用，达到消除冻胀力、防治冻害的目的。常用的形式有扩大式桩、变径桩、锚固梁式桩、阶梯式桩、爆扩式桩、扩孔桩等，如图 5.7 所示，H_m 为当地最大冻深。

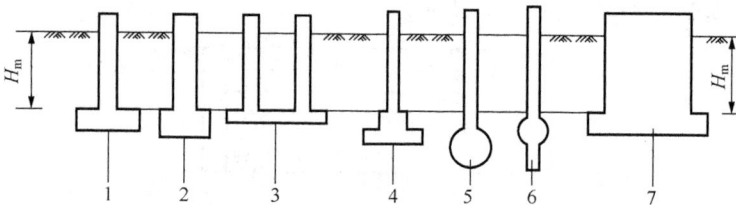

图 5.7　锚固型桩基示意图

1-扩大式桩；2-变径桩；3-锚固梁式桩；4-阶梯式桩；

5-爆扩式桩；6-扩孔桩；7-扩大式墩台

锚固型基础承载力高、结构简单、施工方便，具有抗冻效果好等特点。例如，黑龙江省垦区长水河农场丰收桥小区截流沟上的 3、4 桥即采用扩大式桩基础，运行 7 年来，未发生冻胀现象。值得注意的是，基础一定不能做在冻土层以内，以免增大冻土与基础的接触面，从而加大冻害危险。

（4）基础隔离法。用憎水材料或其他方法使基础侧表面不与冻胀土直接接触，不产生冻结力，进而消除切向冻胀力对基础的作用，从而达到抵御冻害的目的。例如，在桩墩基础接触冻层处涂抹沥青等憎水材料使桩基与冻土隔离，也有用类似油套管结构的方法来防止桩柱基础冻拔。油套管结构的防冻效果较好，但结构较复杂。

4. 支挡结构的冻害防治

（1）深埋基础法。把基础底面深埋于冻土层以下 25cm，以消除基底法向冻胀力作用，多用于冻深在 1.5m 内的地区，深埋基础尽管消除了基底法向冻胀力，但墙后切向冻胀力依然存在。因此，可采用重力式或半重力式结构，以提高抗冻效果，如图 5.8 所示。

（2）基础换砂法。对于埋深工程量过大的情况，可将一部分基础换砂，因冻融影响主要位于挡土墙前趾，在换砂时前趾应大于冻深，后趾可略浅于冻深，如图 5.9 所示。

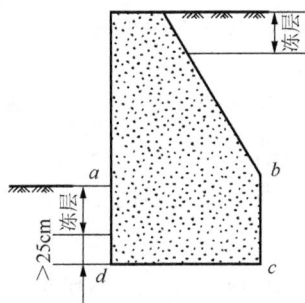

图 5.8　深埋基础挡土墙　　　　　　　图 5.9　挡土墙下的换砂基础

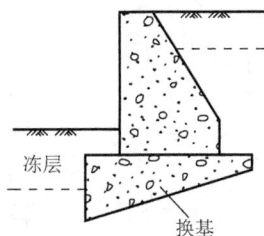

（3）墙后换填法。在保证侧向渗径长度的前提下，在墙后换填非冻胀土，以消除或削减水平冻胀力，这是减少冻胀力的常用方法。建议置换范围为图 5.10 所示的阴影部分（H_d 为最大冻深）。也可在墙与冻土之间设三角形减压槽，如图 5.11 所示。当墙后填土冻胀时，楔形土体将向上隆起，从而减小墙后冻胀力。

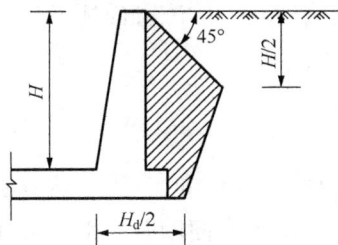

图 5.10　挡土墙换填范围　　　　　　图 5.11　减压槽换填土形式

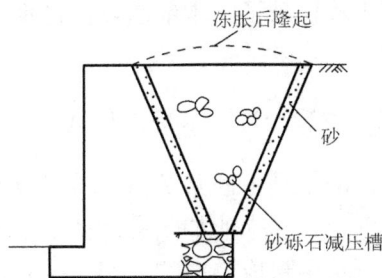

（4）空箱式挡土墙。利用空箱中的空气保温，减小冻深，从而减小冻胀力。新疆阿克苏地区近年来采用"日"字形预制混凝土空箱挡土墙，运行多年来没有发生冻胀现象。

（5）L 形挡土墙。L 形挡土墙的底板可以受到冻胀反力的作用，从而增加稳定性。

（6）隔水排水法。墙后一般要设排水设施，及时排除填土表层积水，减少地表入渗，降低土壤含水量，从而减轻土的冻胀作用。在水工建筑物中，挡土墙后排水设置应满足侧向防渗长度的要求，在满足侧向防渗要求的前提下，应尽量设置墙后排水。

（7）隔水封闭法。隔水封闭法是挡土墙防冻胀破坏既经济又有效的方法，这种方法可结合回填土一并进行。这种措施既可保证封闭土体含水量不增加，又可防止外水补给，会起到遏制冻胀的作用，隔水材料可采用土工防渗膜。

（8）自锚桩基础。这种方法一般适宜于冻层深度较大的地区，当地基为黏性土时，如图 5.12 所示。

（9）爆扩桩基础要求严格，多用于地下水位低、黏土层较厚的情况。对于地下水位较高且地基黏土层较薄或卵石层以及淤泥地基，可否采用爆扩桩需要进行现场试验决定。

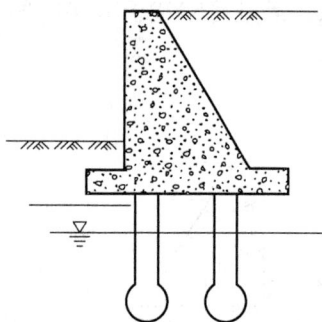

图 5.12　自锚桩基础

5.2　水利工程的冻融破坏与防治

冻融破坏是土体或混凝土等材料冰结溶解后，产生的破坏现象。土体融沉的危害是由土体的冻胀产生的，因此做好冻胀的防治，不发生冻害，土体融沉的危害就不攻自破了。本节重点探讨水利工程中混凝土建筑物的冻融破坏机理及防治措施。

5.2.1　混凝土冻融破坏的机理

混凝土是由砂浆及粗骨料组成的毛细孔多孔体，在拌制时，为了达到必要的和易性，拌和水的加入总是多于水泥水化的水，多余的水便以游离水的形式滞留于混凝土中形成连通的毛细孔，并占有一定的体积，这种自由活动水的存在，是导致混凝土遭受冻害的主要原因。由美国学者 Powerse 提出的膨胀压和渗透压理论，吸水饱和的混凝土在其冻融的过程中，遭受的破坏应力主要由两部分组成：其一是当混凝土中的毛细孔水在某负温下发生物态变化时，由水转变成冰，体积膨胀 9%，因受毛细孔壁约束形成膨胀压力，在孔周围的微观结构中产生拉应力；其二是当毛细孔水结成冰时，由凝胶孔中过冷水在混凝土微观结构中的迁移和重分布引起的渗管压力。

另外，凝胶不断增大，形成更大膨胀压力，当混凝土受冻时，这两种压力会损伤混凝土内部微观结构，只有当经过反复多次的冻融循环以后，损伤逐步积累不断扩大，发展成互相连通的裂缝，使混凝土的强度逐步降低，最后甚至完全丧失。从实际中不难看出，处在干燥条件的混凝土显然不存在冻融破坏的问题，因此饱水状态是混凝土发生冻融破坏的必要条件之一，另一必要条件是外界气温正负变化，使混凝土孔隙中的水反复发生冻融循环，这两个必要条件决定了混凝土冻融破坏是从混凝土表面开始的层层剥蚀破坏。

5.2.2　混凝土冻融破坏的特征

当混凝土开始破坏时，在其表面出现粒径 2～3mm 的小片剥落，随着服务年限的增加，剥落量及剥落粒径增大，由几毫米到几厘米，剥落由表及里。剥蚀一经开始，发展速度很快，根据环境温度、钢筋混凝土受力状态、保护层厚度、结构尺寸的不同，冻融破坏对结构安全的影响程度也大不相同。例如，吉林省丰满水电站，大坝某处水平施工缝张口宽达 1cm 以上；又如唐海县双九河嘴东挡潮闸始建于 1976 年，到 1986 年许多混凝土构件已产生很多裂缝，钢筋裸露。

5.2.3　影响混凝土抗冻性的主要因素

1. 水灰比

水灰比直接影响混凝土的孔隙率及孔结构。随着水灰比的增加，不仅饱和水的开孔总体积增加，而且平均孔径也增加，在冻融过程中产生的冰胀压力和渗透压力就大，因此混凝土的抗冻性必然降低。国内外的有关规范规定了用于不同环境条件下混凝土最大水灰比及最小水泥用量。

2. 含气量

含气量也是影响混凝土抗冻性的主要影响因素，特别是加入引气剂形成的微细孔对提高混凝土抗冻性尤为重要，这些互不连通的微细气孔在混凝土受冻初期能使毛细孔中的静水压力减少，即起到减压作用。在混凝土受冻结冰过程中，这些孔隙可以阻止或抑制水泥浆中微小冰体的形成。一般情况下，为充分防止混凝土受冻害，气孔的间距应为 0.25mm，最佳含气量为 5%～6%。混凝土中含气量及气孔分布的均匀性可用掺加引气剂或引气型减水剂、控制水灰比和骨料粒径等方法来控制。

3. 混凝土的保水状态

混凝土的冻害与其孔隙的保水程度紧密相关。一般认为，含水量小于孔隙总体积的 91.7%就不会产生冻结膨胀压力，该数值称为极限保水度。在混凝土完全保水状态下，其冻结膨胀压力最大。

4. 混凝土的受冻龄期

混凝土的抗冻性随其龄期的增长而提高。由于龄期越长水泥水化就越充分，混凝土强度越高，抵抗膨胀的能力就越大，这一点对早期受冻的混凝土更为重要。

5. 水泥品种

水泥品种和活性都对混凝土抗冻性有影响，主要是由于其中熟料部分的相对体积不同和硬化速度的变化。混凝土的抗冻性随水泥活性增大而提高，普通硅酸盐水泥混凝土的抗冻性优于混合水泥混凝土的抗冻性，更优于火山灰水泥混凝土的抗冻性。总结已建工程的运行实践和室内混凝土的抗冻性试验，我国各种水泥抗冻性高低的顺序为：普通硅酸盐水泥＞硅酸盐大坝水泥＞矿渣硅酸盐水泥＞火山灰（粉煤灰）硅酸盐水泥。

6. 骨料质量

混凝土中的石子和砂在整个混凝土原料中占有的比例为 70%～93%。骨料的好坏对混凝土的抗冻性有很大的影响，主要体现在骨料吸水率及骨料本身的抗冻性上。吸水率大的骨料对抗冻性不利。一般的碎石及卵石都能满足混凝土抗冻性的要求，只有风化岩等坚固性差的骨料才会影响混凝土的抗冻性。

7. 外加剂及掺和料

减水剂、引气剂及引气减水剂等外加剂均能提高混凝土的抗冻性。引气剂能增加混凝土的含气量，并使气泡均匀；减水剂则能降低混凝土的水灰比，从而减少孔隙率，最终都能提高混凝土的抗冻性。

5.2.4　提高混凝土抗冻性的措施

1. 掺用加气剂

加气剂的种类很多，我国常用的加气剂主要有松香热聚物和松香皂，也有的用合成洗涤剂。掺用加气剂的缺点在于气泡的存在减少了混凝土的有效受力断面，使混凝土的强度和耐磨性略有降低。加气剂掺用量常为水泥重量的 0.06‰～0.12‰，混凝土的强度一般会降低 10%～15%。在确定加气剂用量时，必须结合具体条件，通过混凝土含量等项试验来选定。

2．严格控制水灰比，提高混凝土密度

水灰比是影响混凝土密实性的主要因素。降低水灰比较有效的方法是掺减水剂，特别是高效减水剂。许多研究成果和生产实践证明，掺入水泥重量的 0.5%～1.5%的高效减水剂，可以减少水泥用量的 15%～25%，抗冻性也相应提高。

3．掺用纤维

纤维能够均匀地分布在混凝土内部，可以大幅度提高混凝土的强度和抗折性能，当混凝土在受冻胀作用时，纤维起拉伸作用，因此对混凝土有一定的抗冻融作用，可以大大提高混凝土寿命。

4．严格控制混凝土施工质量

对引气混凝土，应采用机械搅拌方式，搅拌时间为 2～3min。对非引气混凝土应采用真空模板，等混凝土发生泌水后，将其表面及附近水分抽吸排出，使混凝土表面形成一定厚度且非常致密的保护层。

5．加强早期养护或掺入防冻剂，防止混凝土受冻

混凝土早期冻害直接影响混凝土的正常硬化及强度增长，因此冬季施工时必须对混凝土加强早期养护或适当掺入早强剂或防冻剂，严防混凝土早期受冻。常用的热养护方法有电热法、蒸汽养护法及热拌混凝土蓄热养护法，目前我国通常使用的还是蒸汽养护法。

6．及时对冻融破坏混凝土进行维修加固

大多数水工混凝土冻融破坏的建筑物，可采用凿旧补新的方法进行加固处理。即把已遭冻融破坏的混凝土凿除，在建筑新的高抗冻融破坏能力的混凝土。为了确保新老混凝土的结合良好，需要在清除已破坏的混凝土之后，在坚固的老混凝土表面钻孔并埋设锚筋。当锚筋与老混凝土之间产生一定强度后，清洗混凝土表面，保持表面润湿不积水，涂刷一定厚度无机凝胶，再浇筑新混凝土抗冻层即可。

5.3　水利工程的冰冻破坏与防治

5.3.1　水库建筑物的冰冻破坏

寒冷和严寒地区的水库，库水面在冬季将冻结成冰盖，其厚度有时可达 1m以上，冰与四周岸边坝坡冻结在一起，当温度升高时，冰盖膨胀产生巨大的静冰压力使库岸护坡和水工建筑物（如进水塔、桥墩和胸墙等）遭到破坏。例如，半个世纪前，官厅水库进水塔架即因静冰力而剪断；黑龙江省多座水库土坝护坡块石被静冰扰动破坏。春季破碎的冰块受风或流水作用，又会产生撞击在坝面的动冰压力，可造成水工建筑物的挤压或剪切破坏。

5.3.2　冰冻破坏防治方法

下面介绍库岸护坡和水工建筑物几种常用的冰冻破坏防治方法。

1. 吹气防冻法

在需要防冰的库岸护坡和水工建筑物附近，装设供气管路，每隔一定的距离设出气管口，并插入防冰部位的水下，用风泵或空气压缩机供气，通过定时在水下吹气，搅动水面，保持水面不结冰。吹气的次数应根据当地气候变化情况灵活掌握。一般经验是：日均气温为-5℃左右时，每天吹气4～5次，即可达到不结冰的要求，日均气温为-10℃的地区，应适当增加吹气次数。还应注意吹气机械的保温管理。

2. 抽水防冻

将潜水泵吊放在防冻部位的水下，在潜水泵出口以胶管连接一段钢管，钢管上钻有小孔眼，钢管平放于水面以下 10～20cm 处。安装时使钢管孔眼朝向水面方向，潜水泵开动后，水通过钢管的小孔上喷，使水面处于动荡状态，达到防止结冰的目的。

3. 梢捆防冻

梢捆防冻是一种地方性的办法，在盛产梢柴的地区，可将其用铁丝捆成圆柱状，当库面刚结成薄冰层时，沿库岸或坝坡面与水面的交线，先将薄冰刨碎，再放入梢捆。当冰盖形成时，静冰压力首先作用在梢捆上，使冰盖与护坡脱离接触，从而起到对冰压力的缓冲作用，使护坡免受破坏。

4. 破冰防冻

在库岸或护坡前将冰盖每隔一定时间刨碎一次，开一条宽 0.5～1.5m 不冻槽，以防止静冰压力破坏。应在冰冻初期就破冰，以免冰层结厚而不易打碎。每隔一定时间打一次，使整个结冰季节保持槽不结冰。这种方法简单易行，但应有专人负责，定期进行。

此外，还可以用专门的破冰机械破冰。

5. 塑料薄膜防冻

在水下坝坡表面铺塑料薄膜引滑，在冰层内人为造成滑动斜面，使冰层膨胀时沿塑料布所在的斜面滑动，以消减冰压力。

6. 调节水位防冻

根据新疆、黑龙江几座水库的经验，控制水库水位一定的升降速度，可防止库水冻结，消除冰压力破坏。

第6章 水利工程老化风险与检测评估

新建的水工建筑物，在设计合理、质量合格的情况下，应能满足规范确定的可靠性。随着使用年限的增长，建筑物老化病害现象的出现与其功能逐渐降低是并存的，由此可见，建筑物老化与可靠性的概念是密切相关的。

1. 老化的定义

水利工程的"老化"一词虽已广泛运用，但在学术上还没有形成一个公认的定义。根据对老化影响因素及表现形式的理解不同，可归纳为以下几类提法。

（1）认为水利工程的老化主要是工程材料的老化，自然及人为因素对其均有影响。例如，有学者将老化定义为：老化是随着时间的推移和外界各种因素（包括人为和自然因素）对建筑物作用，使建筑物发生几何形状和性能变化的一个由量变到质变的过程。通常来说，水利工程的老化表现在外观损坏、断裂、碳化、钢筋锈蚀和渗漏等方面，直到功能丧失。

（2）将老化作为耐久性概念的反义词，老化原因不包括人为和灾害性因素。日本土木学会混凝土委员会提出：老化是指由于物理、化学和生物等各种原因造成建筑物性能的降低，但不包括地震、火灾等灾害原因。

（3）有学者认为建筑物或工程老化不同于材料老化，对影响老化的因素，有的提法比较笼统，有的则明确认为不包括人为因素。

分析对比以上各种提法，可得出以下几点认识。

（1）工程所讨论的老化，主要指"物理老化"，不包括由于设备及技术上的落后造成的"无形老化"。

（2）工程老化是指建筑物或设备功能衰减直至丧失的一种现象，而建筑物的功能包括安全性、适用性和耐久性三个主要方面。因此，除涉及材料性能和耐久性，还应根据建筑物的不同用途考虑建筑物整体或构件以及地基的稳定性、抗渗性、过流能力和消能保证率等。由此可见，材料老化仅为建筑物老化的一个主要组成部分，不应将两者等同起来。

（3）建筑物的老化影响因素主要指正常运行条件下的各种外界因素，即建筑物在设计、校核情况下的各种荷载和作用，不包括超标准的特大洪水和地震等灾害性因素，也不包括人为破坏。

根据上述认识，一般认为水利工程的老化可定义为：随着使用年限的增加，在外界因素（不包括人为破坏和超标准荷载）作用下，水利工程各水工建筑物预定功能逐渐降低直至失效的现象。

2. 老化病害的定义

老化病害泛指工程在使用期内，受各种外界及内在因素和人为因素的作用，导致其预定功能降低的现象。

6.1 水利工程的安全检测

无论是为避免旧建筑物出现事故，对需要进行加固改造的建筑物进行投资排序还是确定建筑物加固改造的合理方案，首先要对建筑物进行全面、系统和科学的检测，找出其隐患。

概括起来，国外混凝土建筑物使用的检测方法有回弹法、超声脉冲速度法、超声反射法、钻芯法、声发射法和电测法等，其中不少方法应用了计算机技术和仿真技术等，具有很高的技术水平。国内对此领域的研究较晚，但近年来，特别是在工业与民用建筑领域也得以快速发展，并已制定了一些有关的规范或规程，带动了水利工程领域的发展。

6.1.1 水工建筑物的历史与现状调查

在对水工建筑物进行安全检测之前，详细调查其历史与现状，能对安全检测起到事半功倍的效果，对水工建筑物的历史与现状调查是安全检测的一个重要组成部分。

1. 设计情况调查

建筑物老化病害的不少病因都起源于先天不足，而设计方面的缺陷又是这种病因的最主要因素之一，因此在对某一建筑物进行安全检测之前，首先应对其设计情况进行较为详细的调查，从中发现设计方面的不足，并由此确定重点检测的项目和内容。

1) 设计程序

设计程序的调查主要是了解工程和建筑物设计中各个阶段的有关批文及程序是否齐全，设计单位资质等。一般来说，水利工程的设计是在整体规划的基础上进行的。在规划中，为使各建筑物相互协调、配合、共同而充分地发挥作用，对各建筑物的作用都有十分具体的要求。设计程序主要包括对工程的初步设计和技施设计等。

2) 设计资料

建筑物的设计资料比较多，概括起来主要包括以下几个方面的资料。

(1) 规划资料。规划中对建筑物的任务和要求都十分明确，这是建筑物设计的最主要依据之一。若设计时无规划资料，或规划不够合理，建筑物的设计也就不可能合理。因此，在对建筑物进行安全检测之前，需了解建筑物设计时有无规划资料，以及规划对建筑物的任务和要求，与运行以来工程所担负的任务是否一致，这些可以反映出规划是否合理或合理的程度。由此则可能发现一些老化病害的病因。

（2）水文气象资料。水文气象资料主要包括水文分析、水利计算和当地的气象等有关资料，是建筑物设计不可缺少的基础资料之一。水文气象资料是否齐全，设计中是否正确运用了这些资料，都直接影响结构设计和施工设计方案的合理与否。有些工程的设计中，水文气象资料不足或根本没有，这就造成了有些建筑物挡水高度不够，输水或泄水能力不足等；有的泄水建筑物不满足汛期过洪的要求，或水流对建筑物基础的严重冲刷等。

（3）工程地质与水文地质资料。地基的好坏直接影响建筑物的稳定性，这是决定建筑物安全与否的关键因素。在大规模的水利工程建设中，由于对工程地质与水文地质问题的忽视或认识不够，工程产生严重后果的教训是非常多的。据有关统计资料表明，仅在 20 世纪前 50 年中，世界上遭受破坏的 1000 多座水工建筑物中，有 80%是由收集的地质资料不足或设计、施工时未充分考虑工程地质条件或考虑不当所引起的。因此，在对病害建筑物进行检测之前，收集和了解工程设计时和以后补测的有关工程地质与水文地质勘测报告及相关资料，对确定安全检测的项目，寻找老化病害的原因是非常有益的。

（4）设计图纸和计算书与说明书。设计图纸、设计计算书与说明书是建筑物最为重要的档案，也是安全检测、安全复核、可靠性评定及加固改造最为基础的关键资料，所以在进行安全检测之前，一定要设法收集到这些重要资料，特别是工程的竣工图。对于曾经加固或改造过的工程，其加固改造的设计图纸更是必不可少的。通过了解和分析研究，初步确定老化病害的可能病因，如是否可能因为结构形式不合理、截面尺寸偏小、混凝土的标号偏低和配筋量不足等。这样就可以在安全检测之前选择较为具体的检测项目，做到有的放矢，达到事半功倍的目的。

2. 施工情况调查

一般来说，设计质量、施工质量及运行与维修养护的好坏是决定工程质量和工程寿命的三大因素。因此，收集施工资料，研究施工质量，并从施工质量上寻找老化病害的原因是必要的。

需要收集的施工资料主要有：当时施工依据的技术标准、规范、规程的名称，钢材、水泥的出厂合格证和试验报告，砂石料的来源及质量报告或记录，混凝土的配合比和试块的试验报告，混凝土材料中外加剂（若有）的品种与数量，砂浆的配比与试块的试验报告，焊条（剂）的合格证，焊接试（检）验报告，地基承载力试验报告，地基开挖验槽记录，施工日志，沉降观测记录，隐蔽工程验收报告，结构吊装、验收记录，工程分项、分布和单元工程质量评定验收报告，以及与施工有关的其他技术资料。特别应对施工期间发现的质量问题和处理的详细情况进行重点而细致的调查。

3. 运行与维修养护情况调查

运行与维修养护情况调查主要包括运行环境、作用荷载、运行故障（事故）及其处理方法和维护养护等。

1）运行环境

水工建筑物的运行环境主要包括水文气象。例如，多年平均与极端最高和最低温度、昼夜的极端温差、建筑物运行（如过水）时的最大温差、地区平均及最大降雨强度、空气中的最大湿度及有害物质（氯离子等）的含量，以及近距离内有无会对其安全产生影响的其他建筑物等。

2）作用荷载

任何一座水工建筑物都是依据一定荷载进行设计的，也就是说它只能适应于一定范围的荷载。在工程运行中，出现设计中任何未预计到的或"超标准"荷载的作用都会对建筑物造成危害，甚至破坏。

在调查中应详细了解各种可能出现的作用荷载。对那些有可能作用且属于设计中未曾预计到的荷载或"超标准"荷载，是否真的出现过、将来可能出现的概率要特别加以重视，务必了解清楚。

3）维修养护

正常的维修养护能够提高建筑物的耐久性，否则将会大大缩短其使用寿命。

正常的维修养护主要包括定期的全面检查，不定期的重点检查，以及时了解建筑物的变形、位移和内力等，并做好记录。当发现异常现象时，应及时进行分析研究，并制定有关措施。对建筑物出现的一般性、局部的破坏，应及时修复。对于较大的问题（病害），包括发生的时间、发生时运行的详细状况、破坏的程度、不同时期的形态、上报主管部门的时间及主管部门的有关意见等，都应有详细的记载。

4. 老化病害情况调查

对建筑物的老化病害症状的调查内容主要包括以下方面：老化病害的种类，发生或发现的时间，最初的症状和程度，症状的发展过程及目前的程度，是否还在继续恶化，症状是否随荷载变化及随荷载变化的程度，观测的频度和所采用的方法及使用的仪器设备，严重病害发生后运行是否正常和是否采取了降低标准运行的措施，是否进行过修复及加固与改造（若进行过，加固的时间，加固设计与施工的单位，采用的方法、材料与工艺、加固后的效果等均属调查的内容），管理人员或有关专家对老化病害产生的原因和对加固与改造方法的初步意见等，所有这些都十分重要。

6.1.2　回弹法推定混凝土的强度

混凝土的抗压强度是其弹性模量、抗拉强度、抗弯强度、抗剪强度、抗疲劳性能和耐久性等各种物理力学性能指标的综合反映，都随其提高而升高。因此，混凝土的强度是决定混凝土结构和构件受力性能的关键因素，也是评定结构和构件性能的最主要的参数。

目前常用于建筑物混凝土强度检测的方法，大致可分为非破损法和局部破损法两类。非破损法主要有表面硬度法（压痕法、回弹法）、声学法（超声脉冲法、共振法）、射线法和电磁法等；局部破损法主要有取芯法、拉出法、剪切法和综合法等。压痕法的误差较大，只能粗略推求混凝土的强度。这里主要介绍常用的回弹法。

回弹法是通过测混凝土表面硬度，推定混凝土强度的方法之一，其优点是比较简单、方便，能在较短的时间内获得许多测定值，且对建筑物构件无任何损伤。但是，这种方法只能得到混凝土表面附近的硬度，不能测出混凝土内部的情况，即使根据水泥和骨料种类、龄期以及养护条件等，对测值进行适当修正，其混凝土强度的推算值也不可避免地存在 15%～20% 的误差。

1. 回弹法的工作原理

混凝土的表面硬度与抗压强度存在一定的关系，在条件相同时，表面硬度越大，抗压强度也越高。在具有定值动能（被压缩特定弹簧）的弹击锤作用下，通过金属撞击杆弹击混凝土表面时，金属撞击杆的动能一部分转变为混凝土的变形能而被混凝土吸收，其余的动能则以反力的形式回传给金属撞击杆。显然，混凝土吸收的能量取决于其表面的硬度，表面的硬度越小，弹击后的表面塑性变形和残余变形也越大，混凝土吸收的能量也越多，回传给金属撞击杆的能量则越少；反之，混凝土表面的硬度越大，回传给金属撞击杆的能量则越多，也说明混凝土的强度越高。混凝土回传给金属撞击杆能量的大小，可通过弹簧的回弹指示，得到指针在刻度尺上的读数——回弹值，再由通过试验方法建立的回弹值与混凝土强度间关系的数学模型或相关曲线，换算出混凝土的抗压强度。这种通过测混凝土对金属撞击杆弹击的回弹值，测得或推定混凝土强度的仪器称为回弹仪。

2. 回弹仪及其操作方法

回弹仪具有以下优点：结构简单、便于维修保养；容易校正、易消除系统误差；影响测试精度的因素少、已建立具有一定测试精度的测强相关曲线；轻巧、适合野外和现场使用；操作方便高效、易于现场大量随机测试等，因此得到了广泛应用。

目前，国内生产的回弹仪规格很多。HT3000 型回弹仪适合于大体积混凝土结构强度的测试，如大坝、水闸底板的厚度不小于 70cm 的构件。对于一般结构（渡槽、水闸等）混凝土强度的检测，应采用中型回弹仪，如国产 HT225 型即为较适用的中型回弹仪，其标准能量为 2.207J。HT20 型回弹仪，也称砂浆回弹仪，标准能量为 0.196J，适合于砌体缝中砂浆强度的测试。

为确保回弹仪性能稳定和测试精度的可靠性，回弹仪应进行定期的率定和检验。回弹仪在新仪器使用之前、超过检定有效期限（半年）、累计弹击次数超过 6000 次、经常规保养后钢砧率定值不合格、遭受严重撞击或其他损害、主要零件更换之后、久置不用或对测值有怀疑时，均需对其进行率定和校验。回弹仪的率定必须由法定部门并按照国家现行标准《回弹仪检定规程》（JJG 817—2011）对回弹仪进行检定。率定方法和维护保养见《回弹法检测混凝土抗压强度技术规程》（JGJ/T 23—2011）。

回弹仪的操作方法可见仪器使用说明书。

3. 现场测试技术及数据整理

1）测区数量和选取的原则

（1）每一被测结构或构件上应选不少于 10 个测区，对某一方向尺寸小于 4.5m 且另一方向尺寸小于 0.3m 的构件，其测区数可适当减少，但不应少于 5 个。

（2）相邻两测区的间距应控制在 2m 以内，测区离构件端部或施工缝边缘的距离不宜大于 0.5m，且不宜小于 0.2m。

（3）测区应选在使回弹仪处于水平方向检测混凝土浇筑面。当不能满足这一要求时，可使回弹仪处于非水平方向检测混凝土浇筑侧面、表面或底面。

（4）测区宜选在混凝土浇筑的侧面，也可以选在一个可测面上，且应均匀分布。在构件的重要部位及薄弱部位必须布置测区，并应避开预埋件。

（5）测区的面积不宜大于 0.04m^2，以能容纳 8～16 个回弹测点为宜，一般取 15cm×15cm 或 20cm×20cm。

（6）检测面应为混凝土表面，并应清洁、平整、干燥，不应有疏松层、浮浆、油垢、涂层、蜂窝以及麻面，必要时可用砂轮清除疏松层和杂物，且不应有残留的粉末或碎屑。

（7）对弹击时颤动的薄壁和小型构件应进行固定。测区应编号，必要时应在记录纸上绘制测区布置示意图和描述外观质量情况。

2）测点布置和数据整理

每一测区均布 16 个测点，当一个区有两个测面时，各均布 8 点。相邻测点间距一般不小于 3cm，各测点仅弹击一次。测点应避开外露的石子和气孔。明显变异的测值（测点处可能有隐藏在表层下的石子和气孔）应舍弃，并补充测点。测点距结构或构件边缘或外露钢筋、铁件的距离一般不小于 5cm。

回弹值计算时，先剔除各测区 16 个测点回弹值中的 3 个最大值和 3 个最小值，再计算余下 10 个测值的平均值作为测区平均回弹值，精确至 0.1mm，即

$$R_{m} = \frac{1}{10}\sum_{i=1}^{10} R_{i} \qquad (6.1)$$

式中，R_{m} 为测区平均回弹值（mm）；R_{i} 为第 i 个测点的回弹值（mm）。

4. 结构混凝土强度的推定

结构混凝土强度的推定，可采用单个（逐个）推定法或抽样推定法。对单个构件的强度推定，采用单个推定法；对于生产工艺条件相同，强度等级相同，原材料、配合比基本一致、龄期相近的成批构件，可采用抽样推定法。抽样应严格遵守"随机"的原则，抽样的构件数量不应少于构件总数的 30%，且不少于 3 个。当发现部分抽检构件的强度异常时，应对这部分构件进行单个推定。

结构混凝土强度推定法的具体步骤如下。

1）确定测区混凝土强度

根据修正后的测区平均回弹值，由回弹测强曲线（f-N 关系曲线）求测区混凝土强度。回弹测强曲线应优先采用专用测强曲线；无专用测强曲线时，用地区测强曲线；两者全无时，可按修正后的平均回弹值及平均碳化深度由《回弹法检测混凝土抗压强度技术规程》（JGJ/T 23—2011）附录 A 查表得测区混凝土强度。

结构或构件的测区混凝土强度平均值可根据各测区的混凝土强度换算值计算。当测区数为 10 个及以上时，应计算强度的标准差。平均值与标准差应按式（6.2）和式（6.3）计算可得

$$m_{f_{cu}^{c}} = \frac{1}{n}\sum_{i=1}^{n} f_{cu,i}^{c} \qquad (6.2)$$

$$S_{f_{cu}^{c}} = \sqrt{\frac{\sum_{i=1}^{n}\left(f_{cu,i}^{c}\right)^{2} - n\left(m_{f_{cu}^{c}}\right)^{2}}{n-1}} \qquad (6.3)$$

式中，$m_{f_{cu}^{c}}$ 为结构或构件的测区混凝土强度换算值的平均值（MPa），精确至 0.1MPa；$f_{cu,i}^{c}$ 为结构或构件的测区混凝土强度换算值；n 为对于单个检测的构件，取一个构件的测区数，对批量检测的构件，取被抽检构件测区数之和；$S_{f_{cu}^{c}}$ 为结构或构件的测区混凝土强度换算值的标准差（MPa），精确至 0.01MPa。

2）结构或构件的混凝土强度推定公式

（1）当测区数少于 10 个时，有

$$f_{cu,e} = f^c_{cu,min} \tag{6.4}$$

式中，$f_{cu,e}$ 为构件混凝土强度推定值（MPa）；$f^c_{cu,min}$ 为构件中最小的测区混凝土强度换算值（MPa）。

（2）当构件或构件的测区强度值中出现小于 10MPa 的值时，有

$$f_{cu,e} < 10MPa \tag{6.5}$$

（3）当构件或构件的测区数不少于 10 个或按批量检测时，有

$$f_{cu,e} = m_{f^c_{cu}} - 1.645 S_{f^c_{cu}} \tag{6.6}$$

3）对批量构件的检测

当该批构件混凝土强度标准差出现下列情况之一时，则该批构件应全部按单个构件检测。

（1）当该批构件混凝土强度平均值小于 25MPa 时，有

$$S_{f^c_{cu}} > 4.5MPa$$

（2）当该批构件混凝土强度平均值不小于 25MPa 时，有

$$S_{f^c_{cu}} > 5.5MPa$$

5. 检测报告

检测后应按《回弹法检测混凝土抗压强度技术规程》（JGJ/T 23—2011）附录 F 的规定撰写检测报告。报告中除检测的结果表，还应包括强度推定的计算和修正，以及使用测强曲线的出处。此检测结果为构件混凝土强度，该强度与标准养护或同条件养护试件强度存有差异，因此不能据此结果对构件的设计强度等级给出合格与否的结论。

6.1.3　混凝土的老化病害检测

1. 裂缝的检测

水工混凝土结构的裂缝是最普遍的病害之一。某些裂缝反映结构构件承载能力不足，甚至是结构破坏的先兆；某些裂缝反映结构构件的刚度偏小，会产生较大的挠度或引起渗漏；某些裂缝会加速混凝土碳化、腐蚀、钢筋锈蚀和保护层脱落，降低结构耐久性。在建筑物的定期检查和维修养护中，只要认真检查和注意观察渗漏情况，总是可以发现裂缝的出现。

1）检测内容

裂缝的检测应包括以下内容。

（1）裂缝的部位、数量和分布状态。

（2）裂缝的宽度、长度和深度。

（3）表面裂缝还是贯穿裂缝。

（4）裂缝的形状，如上宽下窄、下宽上窄、中间宽两头窄（枣核形）、对角线形、斜线形、八字形和网状形等。

（5）裂缝的走向，纵向、横向、斜向、沿主筋向还是垂直于主筋向。

（6）裂缝周围混凝土的颜色及其变化情况，有无析出物，有无保护层脱落、粉层空鼓，有无渗漏迹象，有无爆裂现象。

（7）裂缝的活动特性，是指裂缝宽度的发展情况以及受某些因素（如时间、荷载和季节等）影响的变化情况，裂缝的宽度和长度是否已稳定、是否有周期性、是否有自愈闭合性。

2）测量方法

（1）常规方法。

① 裂缝宽度。裂缝宽度一般是指裂缝最大宽度与最小宽度的平均值。此处裂缝最大宽度和最小宽度分别指该裂缝长度 10%～15% 的较宽区段及较窄区段的平均宽度。裂缝宽度的测量，一般可用混凝土裂缝测定卡、刻度放大镜（20 倍）、量隙尺（塞尺）等测定，也可贴跨缝应变片，根据应变测值了解裂缝在短时间内宽度的微小变化及其活动性质。

② 裂缝长度。裂缝开度的增大，一般都伴随有裂缝的延伸，是裂缝危害性可能增大的征兆。裂缝长度可用钢板尺、钢卷尺等测定，也可以在裂缝末端附近垂直裂缝尖端粘贴应变片，根据应变测值的变化即能获知裂缝是否延伸以及延伸速度等情况。

③ 裂缝深度。裂缝深度是指表面裂缝口到裂缝闭合处的深度。裂缝深度可用不同直径的细钢丝或塞尺探测，也可用注射器向缝中注射有色液体，待干燥后沿缝凿开混凝土，由液体渗入深度判定裂缝深度；还可以用取芯法或超声脉冲法测定。

（2）超声脉冲法。

① 测垂直裂缝深度。如图 6.1 所示，当混凝土裂缝中充满空气而无固体介质时，声波主要由 A 点绕缝端 C 点达到 B 点，由声波在混凝土中传播的距离、速度，便可计算垂直裂缝的深度。

首先，应测定在混凝土中的传播速度。将发射、接收换能器置于裂缝附近（无裂缝处）、质量均匀的混凝土表面，两换能器边缘间距 $l_{0i}=100\text{mm}$、150mm、200mm、250mm、300mm。分别测读超声波穿过的时间 t_{0i}，由此求得超声波通过混凝土的速度 v（也可不求）。

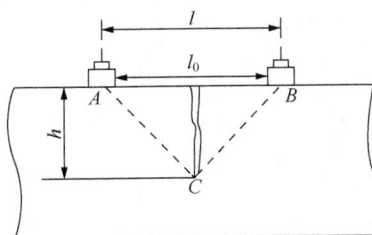

图 6.1　超声监测混凝土垂直裂缝
l-两换能器中心间距；
l_0-两换能器边缘间距；
h-缝端至换能器的垂直距离

其次，将发射、接收换能器分别置于混凝土表面裂缝的两侧，以裂缝为轴线对称，即换能器中心连线与裂缝走向垂直。改变换能器的间距（中心距）$l_i = 100mm$、$150mm$、$200mm$、$250mm$、$300mm$ 等，读取相应的超声波传播时间 t_i，并由声速计算出声波传播的距离 L_i。通过几何关系可得垂直裂缝的深度 h_i（mm）计算式为

$$h_i = \frac{l_i}{2}\sqrt{\left(\frac{t_i}{t_{0i}}\right)^2 - 1} \tag{6.7}$$

式中，l_i 为换能器中心间的直线播距离（mm）；t_i 为过缝平测时的声时值（μs）；t_{0i} 为无缝平测时的声时值（μs）。

按式（6.7）可算出一组 h_i 值，当 h_i 大于相应的 L_i 值时，应舍去，再取余下 h_i 值的均值作为裂缝深度判定值。若余下的 h_i 值少于 2 个，需增加测试的次数。

混凝土中声波会受钢筋的干扰，当有钢筋穿过裂缝时，发射、接收换能器的布置应使换能器连线离开钢筋轴线，离开的最短距离粗略估计约为计算裂缝深度的 1.5 倍。钢筋太密无法避开时，则不能用超声脉冲法检测裂缝深度。

本方法适用于深度在 600mm 以内的结构混凝土裂缝检测。

② 测斜裂缝深度。先在无缝处测定混凝土中的超声传播声速 v，然后按以下方法判断裂缝的倾斜方向。

如图 6.2 所示，α 为裂缝最深处 D 点和 A 点的连线与水平面的夹角，将发射、接收换能器分置于裂缝两侧的 A_1、B_1（B_1 处应靠近裂缝）处，测出传播时间。而后把 B_1 处的换能向外稍许移动至 C_1 处，若传播时间减小，则裂缝向换能器移动方向倾斜。然后再固定 C_1 点，移动 A_1 点，重复测试一次，以便确认缝倾斜方向。

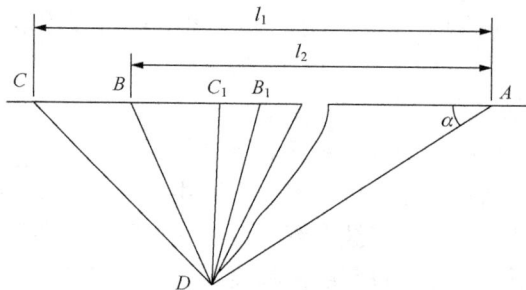

图 6.2　斜向裂缝检测

裂缝深度的检测步骤如下：将发射、接收换能器分别对称置于裂缝的两侧 A、B 两点，读得声时 t_i；然后移动 B 至 C，读得声时 t_2；可得

$$\overline{AD} + \overline{DB} = vt_1 \tag{6.8}$$

$$\overline{AD} + \overline{DC} = vt_2 \tag{6.9}$$

$$\overline{CD}^2 = \overline{AD}^2 + l_1^2 - 2\overline{AD}l_1\cos\alpha \qquad (6.10)$$

$$\overline{BD}^2 = \overline{AD}^2 + l_2^2 - 2\overline{AD}l_2\cos\alpha \qquad (6.11)$$

式中，l_1、l_2 为测点的直线距离。

联立求解上述方程可得 D 点至 A、B、C 各点的距离，即可得斜裂缝的倾斜方向和深度。

③ 测深裂缝深度。在大体积混凝土中裂缝深度大于 600mm 时，可先在裂缝两侧对称地钻两个垂直于混凝土表面且连线垂直于裂缝走向的孔，孔径以能自由地放入换能器为宜，如图 6.3（a）所示。钻孔冲洗净后注满清水，再将发射、接收径向振动式换能器分别徐徐置入两孔中，且使两者同高。上下移动换能器并进行测量，直至换能器达到某一深度、波幅达到最大值，且再向下测量而波幅变化不大时，此时孔中换能器的深度即为裂缝深度。

为便于判断，可绘制孔深与波幅的曲线图，如图 6.3（b）所示。

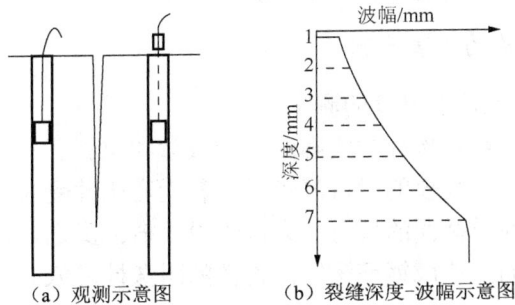

（a）观测示意图　　　　　　（b）裂缝深度-波幅示意图

图 6.3　混凝土深裂缝检测

若两换能器在两孔中不同高度进行交叉斜测，根据波幅发生突变的两次测试连线的交点，可判定倾斜深裂缝末端所在位置和深度。

④ 注意事项。超声脉冲法测裂缝时应注意以下几点：a.平测时换能器的间距 l 应通过和对测法对比试验确定，不一定等于探头中心间距或内边缘间距；b.探头至裂缝的距离，以与裂缝深度相近（约 $l=2h$）为宜，太近或太远均会造成测量错误或精度下降；c.为避免受平行两探头连线及穿过裂缝的钢筋影响，声径应避开钢筋，一般情况下，探头与钢筋轴线的距离应为裂缝深度的 1.5 倍左右；d.裂缝中应无积水或其他能够传声的夹杂物；e.深裂缝、大体积基础裂缝和桩基裂缝等宜采用钻孔对测法测定，探头采用增压式径向探头。

2. 混凝土的腐蚀层的检测

因腐蚀性物质侵蚀、冻融、气蚀、冲磨和长期高温等因素的影响而造成的混凝土融蚀、逐层剥落，剥落剩余截面可用钢尺测定，读数精确到毫米，强度损失部分等均可按下述方法测定。

混凝土剥落剩余截面四周有一强度损失层，其厚度的测定，可用电锤等在构件上打孔，或用砂轮磨除表面强度损失层，至强度未受影响的混凝土露出，用卡尺测定未受影响混凝土前缘至残余混凝土表面的距离。

构件的有效截面为混凝土剥落剩余截面减去强度损失部分截面，则截面损失率为

$$截面损失率=\left(1-\frac{有效截面}{原设计截面}\right)\times100\%\qquad(6.12)$$

混凝土剥落层厚度的发展速度可近似用时间的线性关系描述

$$D_1=k_1t\qquad(6.13)$$

式中，D_1 为剥落层厚度（mm）；t 为混凝土的使用年限（a）；k_1 为混凝土的腐蚀速度（mm/a），主要与混凝土的质量（抗腐蚀能力）、侵蚀的种类及强度等有关，应根据具体情况进行专门的调查、分析研究确定。

3. 钢筋与钢结构的病害检测

1）钢筋位置和保护层厚度的测定

查明钢筋混凝土结构构件的实际配筋的数量和位置（包括分布及保护层厚）等，是对结构进行安全复核的最可靠依据。若受弯构件受拉主筋的保护层厚度大于设计值，将使构件横截面的抗弯能力低于设计值；反之，保护层过薄，则混凝土碳化深度易达钢筋，造成钢筋锈蚀，构件的耐久性降低。当然，配筋的数量和分布也同样重要。

此外，在进行钻取芯样、超声测强时均需避开钢筋，也应预先确定钢筋的实际位置。

测定方法分为破损法和非破损法两种。破损法是凿去混凝土保护层，对露出钢筋进行直接测量。该法方便可靠，但对构件损伤严重，修补工作量大，其抽检数量受到限制，所以仅适用于对保护层已开裂或剥离相当严重、需要全面修复的构件。非破损法常使用钢筋保护层测定仪进行测定。钢筋保护层厚度测定的同时，也就确定了钢筋的位置。

（1）钢筋保护层厚度测定。可采用钢筋保护层测定仪，这种仪器是通过探头和被测钢筋间的电磁作用进行测量的。探头为一金属壳体，内有一根套有线圈的磁棒，线圈中通以交流电。在探头接近钢筋或其他铁磁物质时，线圈的感抗变大，电流强度降低，探头离钢筋越近，电流强度降低越多。对于同一品种规格的钢筋，探头和钢筋间的距离与线圈中的电流强度有一一对应关系。因此，可通过仪器表头刻度线直接读得保护层的厚度。

（2）混凝土保护层的允许最小厚度。纵向受力钢筋的混凝土保护层厚度（从

钢筋外缘算起）不应小于钢筋直径及表 6.1 所列的数值，同时也不宜小于粗骨料最大颗径的 1.25 倍。表 6.1 中环境条件类别见表 6.2。

表 6.1　混凝土钢筋保护层厚度　　　　　　　　（单位：mm）

项次	构件类别	环境条件类别			
		一类	二类	三类	四类
1	板、墙	20	25	30	45
2	梁、柱、墩	25	35	45	55
3	界面厚度≥3m 的底面及墩墙	—	40	50	60

注：①直接与土接触的结构底层钢筋，保护层厚度应适当增大；②有抗冲耐磨要求的结构面层钢筋，保护层厚度应适当增大；③混凝土强度等级不低于 C20 且浇筑质量有保证的预制构件或薄板，保护层厚度可按表中数值减小 5mm；④钢筋表面涂塑或结构外表面敷设永久性涂料或面层时，保护层厚度可适当减小；⑤钢筋端头保护层不应小于 15mm；⑥严寒或寒冷地区受冻的部位，保护层厚度还应符合《水工建筑物抗冰冻设计规范》（SL 211—2006）的规定。

表 6.2　水工混凝土结构所处环境条件类别

类别	环境条件
一类	室内正常环境
二类	露天环境、长期处于地下或水下的环境
三类	水位变动区或有侵蚀性地下水的地下环境
四类	海水浪溅区及盐雾作用区，潮湿并有严重侵蚀性介质作用的环境

2）电磁法推断钢筋的强度特性

（1）基本原理。试验表明，在磁场作用下钢筋被磁化，被局部磁化钢筋的剩余磁场特性参数（剩余磁场信号的强度 I_{max} 和长度 L，如图 6.4 所示）与钢筋的化学成分、力学性能、应力大小、截面尺寸及相邻钢筋的间距等因素有关。测得剩余磁场的特性参数值，根据预先建立的钢筋强度特性值和剩余磁场特性参数之间的相关关系即可推断钢筋的类别与强度。

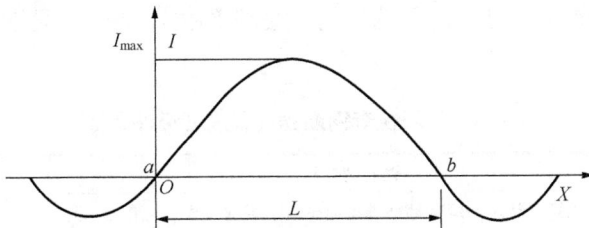

图 6.4　剩余磁场信号特性参数

（2）检测仪器。常用的检测仪器主要包括钢筋磁化设备和钢筋剩余磁场参数测定仪。

钢筋磁化设备是设有电磁磁化线圈的换能器，该换能器能发出多个磁脉冲，使钢筋得到稳定的磁化（一般给出 5 个磁脉冲即可使钢筋得到稳定的磁化）。

3）钢筋锈蚀程度的检测

钢筋锈蚀对结构构件的强度和耐久性的影响，不仅因为锈蚀使钢筋的有效截面减小，而且使钢筋与混凝土的黏着力降低或遭破坏，同时锈蚀产生的膨胀，还将引起混凝土保护层开裂，加速钢筋的锈蚀，降低结构的抗力。

钢筋锈蚀程度的检测结果是推断结构构件实际强度（或剩余强度）和耐久性的可靠技术依据。钢筋锈蚀程度的检测常采用外观检验与试验法或自然电位法，钢筋锈蚀严重或较严重时采用外观检验与试验法，反之，则采用自然电位法。下面主要介绍外观检验与试验法。

当通过外观检查发现混凝土表面出现锈斑、顺筋裂缝、混凝土剥落、暴筋、露筋或通过混凝土质量检测已确定钢筋存在锈蚀，就有必要按以下步骤查明埋设于混凝土中的钢筋的锈蚀部位和检测钢筋的锈蚀程度。

（1）表面观察。凡混凝土表面有沿钢筋轴线方向的规律裂缝，且裂缝周围伴有锈渍、锈斑、暴露和剥离现象的部位，均判定此处的钢筋已锈蚀或严重锈蚀。

（2）锤击。当混凝土中钢筋锈蚀到一定程度时，锈蚀物因体积胀大对周围混凝土保护层产生挤压作用，但尚不足以引起混凝土保护层胀裂，却发生顺着钢筋外包线的整片混凝土保护层与混凝土基体脱开，这就是常称的层裂。检查混凝土层裂简单而准确的方法是锤击构件表面，根据声音进行辨别。如果发空哑声，就表示该处混凝土已发生层裂。

（3）抽样检测及试验。当由第（1）步或第（2）步已确定钢筋锈蚀的部位时，便可选取有代表性的测点，敲掉部分保护层，用钢丝刷刷去浮锈，用卡尺等测量截面有缺损部位的钢筋剩余直径，计算出钢筋断面损失率，并绘制裂缝图、主筋配置图和记录量测结果。根据检验结果，按表 6.3 所列标准，评定钢筋锈蚀程度。在不影响结构安全的情况下，可选取有代表性部位，截取一段钢筋进行强度及延伸率的试验。

表 6.3　外观检查钢筋锈蚀程度分级评定标准

评定等级	钢筋锈蚀程度	影响程度
A	表面呈黑皮状态，或全部锈蚀薄而密，与混凝土表面无黏结，无浮锈	无影响
B	有部分浮锈，有小面积锈斑	对耐久性有影响
C	钢筋截面有局部缺损，且钢筋普遍有浮锈	对强度有影响
D	钢筋截面有严重缺损，混凝土保护层有爆裂现象	对强度有严重影响

4）钢闸门和启闭机的安全检测

水工钢闸门和启闭机是水闸等建筑物的主要组成部分，其安全与否直接影响工程的正常运行。其检测应根据《水工钢闸门和启闭机安全检测技术规程》（SL 101—2014）进行，其基本规定如下。

（1）钢闸门和启闭机安全检测的技术性很强，涉及多种专业，检测工作应由具备资质的单位和有相应资格证书的人员承担，探伤结果评定应由Ⅱ级或Ⅱ级以上的检测人员担任；所用的仪器设备应通过计量检定机构检定并满足精度要求。

（2）在检测前，应首先全面搜集以下资料与情况：①设计及竣工图，包括总布置、装配、部件及必要的零件图等；②设计计算书的有关部分；③主要材料出厂质量证明书；④制造质量合格证；⑤制造安装最终检查、试验记录；⑥重大缺陷处理记录；⑦焊缝探伤报告及射线照相底片；⑧设计单位编制的制造、安装、运行使用说明书和管理单位编制的操作规程；⑨制造质量等级证书；⑩安装质量等级证书；⑪有关水工建筑物变形观测记录；⑫运行操作、维修保养记录和事故记录；⑬闸门、启闭机运行管理等级评定记录。对于 1993 年 1 月 1 日以前投入运行的闸门和启闭机可缺上述⑨、⑩两项资料。

（3）安全检测应包括三种：①第一次检测，应在闸门挡水运行、并承受设计或接近设计水头时进行，若达不到设计水头，则在运行 6 年之内进行；②定期检测，第一次检测后应每隔 10～15 年检测一次，凡未进行定期安全检测的，大型工程运行满 30 年、中型满 20 年的，必须进行一次全面的安全检测；③特殊情况检测，若遇 7 度及以上地震、超设计标准洪水、误操作事故、破坏事故等，必须进行的检测；检测时，可先进行巡视检查和外观检测，必要时再进行其他项目检测。

（4）安全检测的项目为：①巡视检查；②外观检测；③材料检测；④无损探伤；⑤应力检测；⑥闸门启闭力检测；⑦启闭机考核；⑧水质及底质分析。其中④～⑦项应根据闸门运行状况、布置位置等按表 6.4 中的孔数比例抽样检测。

表 6.4　孔数抽样比例表

闸门孔数/个	抽样比例/%	闸门孔数/个	抽样比例/%
100 以上	10	31～11	20～30
100～51	10～15	10～1	30～100
50～31	15～20	—	—

4. 无损检测新技术

近年来，国内外已将高新技术应用于工程质量的检测，并取得了许多新成果。

1）雷达技术的应用

探地雷达（ground penetrating radar，GPR）方法是一种用于检测地下或物体内介质分布或界面进行定位的广谱电磁技术。与探空雷达原理类似,探地雷达是将高频电磁波以宽频带短脉冲形式由发射天线送入地下,该雷达电磁波在介质中传播时,其路径、电磁场强度与波形都将随所通过介质的电磁特性和几何形态等变化。当遇到不同电磁特性介质的交界面时,部分雷达波的能量被反射到地面,由接收天线接收。因此,雷达探测的是来自地下或混凝土介质交界面的反射波,通过记录反射波到达的时间 t、反射波的幅度来研究地下介质的分布,分析推断地下介质或混凝土内部有无缺陷或缺陷的具体情况。

某些水工建筑物,如输水隧洞、拦河闸、渠道工程、混凝土大坝、混凝土面板坝等需检测的面积很大,一般逐点检测方式已不能满足需要,雷达技术可以进行非接触检测,速度快,经处理后的接收信号还可以用直观的图像显示在屏幕上。此外,雷达技术还可用于混凝土缺陷的检测、桥梁腐蚀定量分析、管道无损检测、砌体结构完整性探测。但雷达波的穿透能力较差,一般在 300mm 左右。

由于探地雷达具有非破损性、抗干扰能力强、高效(特有的高分辨率)和方便等优点,在无损检测中得到了迅速的发展和广泛的应用。

2)电磁与电测法

用核磁共振法可检测混凝土龄期过程各阶段的特性,建材孔隙的含水分布;用涡流法可测定混凝土盖板厚度及钢筋混凝土中的钢筋直径;用剩磁法可测定预应力混凝土中张拉钢筋的断裂;用超高频电磁可诊断材料的涂层质量;用交流阻抗法能检测混凝土中钢筋的锈蚀等。

3)冲击反射法

冲击反射法(impact echo method,IEM)是国际上从 20 世纪 80 年代中期开始研究的一种无损检测方法。冲击反射法是在构件表面施以微小冲击产生应力波,当应力波在构件中传播遇到缺陷及底面时,将产生来回反射并引起构件表面微小的位移响应。接收这种响应并进行频谱分析可获得频谱图。频谱图上突出的峰就是应力波在构件表面与底面及缺陷间来回反射所形成的。根据最高峰的频率值可计算出构件厚度,根据其他频率峰可判断有无缺陷及其位置。所用设备为冲击器、接收器和采样分析系统。

冲击反射法系单面反射测试,其优点为:①测试方便,快速;②可获得明确的缺陷反射信号,比较直观,且可测一点判断一点;③无须丈量测距;④可以很方便地测量结构构件的厚度。此法可用于探测常规混凝土、喷射混凝土及沥青混凝土等结构内的疏松区,路面、底板的剥离层,预应力张拉管中灌浆的孔洞区,表层裂缝深度,甚至用于探测耐火砖砌体及混凝土中钢筋锈蚀产生的膨胀等。冲击反射法有效地克服了超声波的如下缺点:①需要两个相对测试面;②由于采用穿透测试,不能获得表明缺陷的明确信号,只能根据许多测点测试数据的相对比较,以统计概率法原理来处理数据、评判缺陷,因此不够直观,所需测点多;③测定混凝土结构厚度还存在一些问题。

4）超声波成像技术

超声波方法由波速、频率和波幅三个参数进行传统的混凝土缺陷检测，又逐步发展到混凝土构件的超声成像检测技术。除了缺陷检测，还有超声脉冲反射技术测定钢筋位置和钢筋直径，石膏、水泥和混凝土材料试验的超声频谱分析，砌体结构的超声试验，高衰减材料的超声检测，超声脉冲速度法检测沥青混凝土的某些特性，超声法评估经受高温后的钢筋混凝土构件，以及超声信号叠加技术检测钢筋混凝土构件厚度等。

5）发展趋势

（1）随着计算机技术的迅速发展和广泛应用，检测仪器逐步向高、精、尖方向发展，检测已由单一的参数检测变为多参数综合分析和直观的检测结果表达。例如，计算机技术的进步已促成超声仪的智能化、超声成像技术、雷达波反射成像技术及冲击反射等方法的发展，并为一机多用开辟了途径。

（2）随着我国工程建设的发展，对新技术、新材料的应用和对检测技术也提出了新的要求，如高强、高性能混凝土的应用，便要求能够准确检测 C60 以上的混凝土强度以及混凝土的稳定性和耐久性等指标，许多性能目前尚无法检测，有待人们去开发研究。

（3）从单一质量指标检测向综合鉴定发展。随着新的结构形式及混合结构的不断出现，如劲性混凝土结构、钢管混凝土结构等，在进行鉴定时不仅要检测混凝土的施工质量，也涉及钢筋、钢结构和砌体等的施工质量。

（4）从取样检验向现场检验发展。将无损检测结果作为工程质量的验收依据，是有效控制工程质量的重要手段，可以杜绝取样试验的弄虚作假现象，极大改善我国的工程质量状况。目前各类工程建设中，已逐渐开始采用无损检测结果作为工程验收参考依据。

6.2　水利工程的老化病害评估

6.2.1　水工建筑物老化病害评估的目的

水工建筑物的老化病害评估是指对建筑物的全部或部分主要功能的保证度或失效程度做出评定。对已有建筑物进行评估，再于对建筑物的安全性、适用性及耐久性进行科学分析，以达到下述目的。

（1）对建筑物进行及时而有效的管理和维修，以延长其使用寿命。

（2）确定建筑物的老化病害程度、遭受灾害或事故后的损坏程度，以便制订经济合理的维修和加固方案。

（3）确定建筑物遭受灾害或事故后的损坏程度，为建筑物改建和扩建设计提供理论依据。

6.2.2　水工建筑物老化病害评估的原则

水工建筑物老化病害的评估工作应遵循以下原则。

（1）应将建筑物及与其相互影响的相连部分视为整体，并作为评估对象。例如，将水工建筑物-地基系统-上下游及两岸连接建筑物视为一个系统，大坝-坝基-水库为一个系统等。

（2）对构造复杂的建筑物进行评估时，首先，应根据其结构特性将其分解成不同构件；其次，对不同构件分项进行评定分级后，再用适当的方法进行综合评估，即评估时先将建筑物化整为零、分构件评定；最后，集零为整，对整个建筑物综合定级。评估的分解与综合流程如图 6.5 所示。

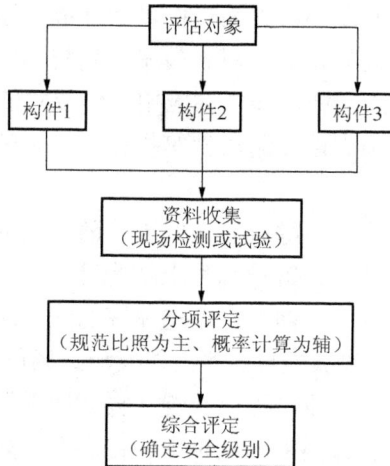

图 6.5　评估的分解与综合流程图

（3）评定应主要以相应的规范、规程为依据，并参照各类建筑物的工作特点、功能要求及所处的工作环境等，确定建筑物的评估项目（或参数）、取值原则及评定标准等。

（4）应根据建筑物的重要性及评估精度要求选择评估方法，一般可采用定量计算和定性分析相结合的方法。

6.2.3　水工建筑物老化病害评估方法综述

根据对已有建筑物老化病害现状的调查、检测结果，对其进行可靠性评估是一项技术性很强、专业面极广的工作，是建筑物维修与加固的依据。按评估的科学性和标准化程度，可分为传统经验法、实用鉴定法及可靠度评定法三种类型。

以往多使用传统经验法，当前各工程部门多采用实用鉴定法，可靠度评定法尚处
于研究阶段。下面先介绍传统经验法和实用鉴定法，可靠度评定法将在 6.4 节专
门介绍。

1. 传统经验法

传统经验法的主要工作程序如图 6.6 所示。这种方法首先是由工程管理部门
根据建筑物的损坏状况提出鉴定任务，委派专家前往现场通过目测、调查等手段
了解建筑物现状，并根据原设计、施工资料，凭经验进行分析、比较做出评定，
提出鉴定报告或会议纪要，作为有关部门进行决策处理的依据。鉴定中常以原设
计标准、设计要求为准，这种评定方法一般不使用检测设备与仪器，且无统一的
鉴定标准可循，而是以个人或少数鉴定者的经验为主。因此，其评定结果在很大
程度上取决于鉴定者的专业特长、经验以及资料掌握的广度及深度。但这种方法
程序少，花费的人力、物力及时间少，所以对于结构简单、受力明确、老化病害
原因较清晰的建筑物或受时间、物力限制需在短期内进行抢修的建筑物，仍不失
其可行性。

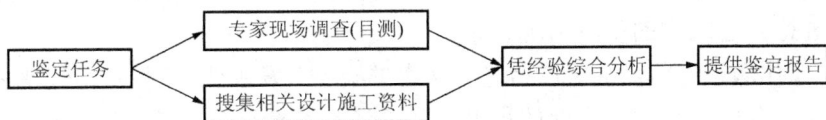

图 6.6　传统经验法的主要工作程序

2. 实用鉴定法

实用鉴定法是在传统经验法的基础上发展起来的一种比较客观、科学的方法。
其特点是：根据鉴定任务对结构的设计、施
工和现状进行比较全面而详细的调查，对某
些相关的指标进行精确的检测、计算与分
析，采用定量与定性相结合的方法，按照统
一的鉴定标准下结论，并将结构可靠性理论
引入建筑物的安全鉴定中。

1）一般程序

根据结构及其老化病害的不同特点与
鉴定精度的要求不同，实用鉴定法又有多种
方法，但其工作程序都大致如图 6.7 所示。

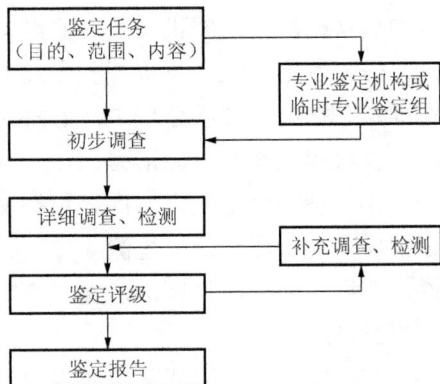

图 6.7　实用鉴定法的工作程序

（1）调查与资料搜集。建筑物的老化病害大多由"先天不足"（设计、施工等因素）和"后天失调"（维护、运行等因素）所引起，因此对建筑物历史、现状的调查与资料搜集，能对检测与评估起到事半功倍的效果。调查又可分为初步调查与详细调查两个阶段，必要时，还会增加补充调查。调查内容有以下几方面。

① 设计程序与设计资料。主要有设计程序是否齐全、设计单位的资质等级与设计变更情况等；设计资料包括规划、水文气象、工程地质与水文地质、设计图纸、设计计算书与说明书。

② 施工情况。包括施工依据的技术标准与规程、建筑材料的来源与质量报告、混凝土的配比、试块的试验报告、外加剂的品种与数量、砂浆的配比与试块的试验报告、地基的承载力试验报告、地基的开挖与沉降等相关记录、结构吊装记录、焊条的合格证与试验报告，以及各种验收与质量评定等有关施工的技术资料，特别是施工期间发生的质量问题与处理的详细情况。

③ 运行与维修养护情况。主要包括运行环境（水文气象、多年平均与极端最高及最低温度、昼夜极端温差等）、作用荷载（是否出现过超标准的荷载及其持续的时间、当时及之后建筑物的情况等）、维修养护（维修养护的内容、是否按规范或规程进行、建筑物的观测情况）等。

④ 老化病害现状。主要包括老化病害的类型、发生或发现的时间、最初的症状与程度、发展的高程与目前的程度、是否还在继续恶化、症状随运行及外界条件的变化情况、是否进行过鉴定与加固（包括加固的时间、设计与施工单位、方法、材料与工艺、加固效果等）、管理人员和专家对病害原因和加固效果的意见等。

（2）老化病害监测和检测。主要包括位移与变形监测、渗流监测、地基和基础的沉陷与承载力监测、混凝土的强度及其各种病害检测、钢筋和钢结构及预埋件的病害检测、启闭机及其电器设备的检测等。

（3）鉴定评级。可根据鉴定任务和精度等要求，选用不同的鉴定方法进行级别评定。在鉴定评级过程中，若发现资料不全，可视具体情况进行补充调查或检测，以获得足够的可靠依据。

（4）撰写鉴定报告。内容包括鉴定的工程概况，工程施工与验收情况，工程运行情况，工程调查、检测（方法、内容、结论）情况，安全复核计算内容与结论，工程安全分析与评价，安全鉴定结论等。

2）评估方法

实用鉴定法在工程部门应用很广，根据评估目的、评估对象的结构特性和评估内容的复杂程度等，可以采用不同的评估方法，如标准比照评定法、试验校核评定法、现场调查、试验与分析计算结合的方法、数学模拟法、综合评定法、层次分析法以及可靠度评定法等。下面主要介绍常用的标准比照评定法、层次分析法和可靠度评定法。

（1）标准比照评定法。在被评定结构已有相应的技术规范或标准的情况下，经过对被评对象逐项指标的检测或计算，比照规范和标准的要求，直接对各类典型构件的典型老化病害状况进行分级，在分项给出评分后，再综合对比定出整个建筑物的老化病害等级。

标准比照评定法简便易行，但对结构复杂的建筑物适用性较差。由于水闸及水工闸门已有相应的评定标准，可采用此方法进行老化病害程度的评定。下面以水闸的老化病害评估方法为例进行简要介绍，其他类型水工建筑物老化病害评估方法类似，可参照相应规范进行。

水闸的老化病害评定的基本程序如图 6.8 所示。

① 工程现状调查包括搜集真实、完整、满足安全鉴定需要的技术资料，对工程存在的问题、缺陷及其成因进行全面而深入的调查，做出对工程安全运行影响的初步分析。此项工作应由其管理部门承担，并以此为依据呈报上级主管部门，申请对工程进行安全鉴定。上级主管部门审批并下达安全鉴定任务，聘请并组建安全鉴定专家组，制订安全鉴定工作计划，委托具有相应资质的单位进行现场检测与复核计算，组织编写安全鉴定工作总结。

```
┌─────────────────┐
│  工程现状调查分析  │
└─────────────────┘
         ↓
┌─────────────────┐
│   现场安全检测    │
└─────────────────┘
         ↓
┌─────────────────┐
│   工程复核计算    │
└─────────────────┘
         ↓
┌─────────────────┐
│   水闸安全评价    │
└─────────────────┘
         ↓
┌─────────────────┐
│  安全鉴定工作总结  │
└─────────────────┘
```

图 6.8　水闸安全鉴定程序

② 安全检测的项目应根据工程的结构特性、存在问题及环境条件等具体情况综合研究确定。各检测项目的检测方法与精度、抽检数量及检测报告等均应满足相应的规程、规范等要求。

③ 复核计算应以最新的规划数据、检查、观测和检测成果为主要依据，按现行《水闸设计规范》（SL 265—2016）、《水工混凝土结构设计规范》（SL 191—2008）、《水利水电工程钢闸门设计规范》（SL 74—2013）及其他有关标准进行。复核计算内容包括在各种控制工况下的过流能力消能防冲、各主要组成部分的整体稳定性、抗渗稳定性与结构强度、刚度、裂缝、变形、冲刷、淤积和抗震等。复核计算报告工程工况，基本资料、复核计算成果及分析评价，安全状况综合评价与建议等。

④ 安全评价首先是审查现状调查分析报告、现场安全检测报告和工程复核计算分析报告等成果所使用的数据资料的来源与可靠性，检测和计算方法是否符合现行有关标准的规定，论证其分析评价是否准确合理，然后按表 6.5 中的标准评定水闸的安全类别。

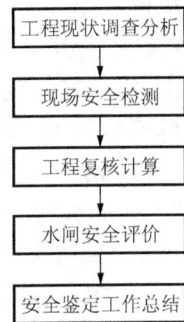

表 6.5　水闸安全级别评定标准

类别	评定标准
一类（完好）	运用指标能够达到设计标准，无影响正常运行的缺陷，按常规维修养护即可保证正常运行
二类（可用）	运用指标基本达到设计标准，工程存在一定损坏，经大修后可达到正常运行
三类（病闸）	运用指标达不到设计标准，工程存在严重损坏，经除险加固后，才能达到正常运行
四类（险闸）	运用指标无法达到设计标准，工程存在严重安全问题，需降低标准运行或报废

　　水闸安全鉴定报告书应严格按照要求撰写工程存在的主要问题，应提出加固或改善运用的意见。

　　（2）层次分析法（analytic hierarchy process，AHP）。20 世纪 70 年代中期由美国运筹学家 Saaty 教授提出的层次分析法，该法具有以下优点，在很多领域得到了广泛的应用。

　　① 将研究问题根据结构特性，按影响因素进行分解——化整为零，构成一个单目标或多目标、多层次、多因素的结构，即建立具有金字塔形结构的递阶层次模型（目标层、准则层、指标层、对象层）。

　　② 先研究每一层次中各因素对上一层目标的影响程度，再逐级综合成对目标的总评价，即集零为整。

　　③ 目标下各层次因素对目标的影响程度，多采用专家评判方法取得。

　　④ 具有遵循人的思维规律的层次分析法的系统观、严格数学基础的简洁分析技术、稳定结构模式的广泛内涵。

　　⑤ 灵活性大，可用于评定精度要求（定性或定量与定性相结合）不同、影响因素及结构复杂、检测手段（目测、仪表检测、试验、计算）各异的情况等。

　　层次分析法的详述见本书 6.3 节。

　　（3）可靠度评定法——概率法。前面介绍的评定方法一般均与建筑物传统的设计理论相适应，衡量安全度或可靠性的标准是安全系数。设计中忽略了作用荷载、结构抗力和材料性能的随机性而采用定值，因此不能反映建筑物的真实情况。随着可靠度理论在水利工程设计中的应用，人们开始用概率理论来分析水工建筑物（主要是大坝）的安全度，即以建筑物的失效概率或直接用其可靠度作为衡量建筑物安全的准则。

　　可靠度评定法详见本书 6.4 节，这里不再赘述。

6.3　老化评估的层次分析法

　　层次分析法是美国运筹学家 Saaty 教授于 20 世纪 70 年代研究提出的一种新的决策科学方法，能既实用、又简洁地处理复杂的社会、政治、经济和技术等决

策问题。它以其深刻的数学基础、合理的决策手段、简单的应用方式引起了世界
各国学者及决策者的极大关注与重视。在很短的时间里，层次分析法在理论研究
及应用领域中都取得了巨大的进展。

6.3.1　层次结构

在对工程结构设计进行评价排序时，常常由于多方案的指标数量及组合关系
过于复杂，陷入组合爆炸的困境，这时将复杂系统分解为相关联的子系统，可以
降低求解问题的规模。层次分析法用递阶层次来表现这种划分，从利于进行决策
分析的角度出发，通常将问题的总目标作为最高层，将解决问题的具体措施、指
标作为最低层，介于这两层之间的是若干中间层。对复杂结构性能进行评价时，
常根据结构组成特点划分结构层次，结构性能由各层次上的指标和权重反映。

在层次分析法中首先要建立决策问题的递阶层次结构的模型。通过调查研
究和分析，准确确定决策问题的范围和目标，问题包含的因素及各因素间的相互
关系。然后建立起一个以目标层、若干准则层和方案层所组成的递阶层次结构。
图 6.9 表示了一个典型的递阶层次结构。

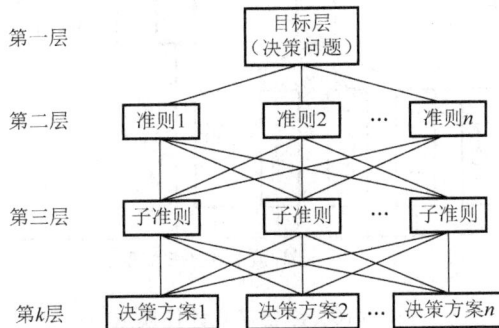

图 6.9　典型的递阶层次关系

在递阶层次结构模型中，用作用线表明上一层次因素同下一层次因素之间的
关系。例如，某个因素与下一层次中所有因素均有联系，则称其与下一层次有完
全层次关系；某个因素仅与下一层次中的部分因素有联系，则称其与下一层次存
在着不完全的层次关系。

构造系统的层次结构的过程是从最高层（目标层）开始，通过中间层（准则
层），到最低层（方案层）为止。

下面以水工建筑物的老化程度评价为例来说明建立层次结构的过程。

在构造问题的层次结构时，所谓的层次连续性定律是很重要的。该定律要求
对与同一因素相关的下一层的各因素建立两两比较关系，这种过程直到层次的最
高层。在建立对比关系时，需要对如下一些问题提供意义明确的回答。例如，建

筑物的相对寿命、建造质量及混凝土老化病害都对其耐久性有重要影响，但三者的影响程度不一定相同，将三者的影响程度进行两两比较，以确定三者各自对耐久性的相对重要性程度。如此建立整个结构各因素之间的半定性半定量的关系，以达最终能导出老化病害对建筑物可靠性影响程度的评定或对大量同类建筑物按可靠性进行排序等。

对于水利工程中常用的渡槽、桥梁等建筑物，根据其受力、传力较明确和结构清晰的特点，可建立其老化病害评估模型 H_1（图6.10）。

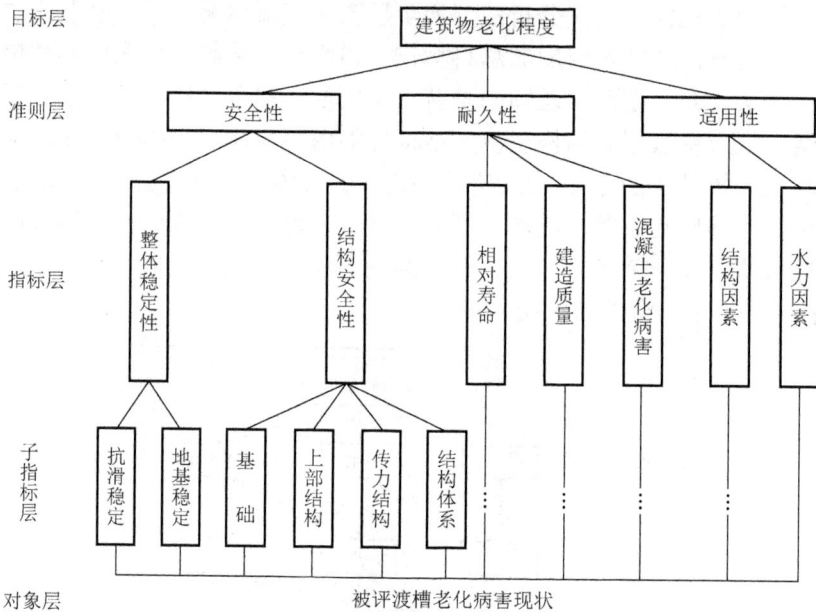

图 6.10　渡槽老化评估模型

对于水闸，根据其工作特点可建立老化病害评估模型 H_2（图6.11）。

上述两模型中"子指标层"中的省略号，表示对应于上一层的指标仍可分为不同的子指标；模型 H_1 中可分为基础、传力结构和上部结构；模型 H_2 中可分为底板、闸墩和上部结构及进出口等连接建筑物；因图幅限制和为避免重复，此处作了省略。

对于倒虹吸、隧洞、涵洞、跌水及陡坡、桥梁等其他类型的水工建筑物，根据群论"同构"的概念和具体建筑物的结构特性，都可参考上述模型建立起相应的评估模型。上述模型的递阶层次为五层，即目标层、准则层、指标层、子指标层和对象层。

（1）目标层：仅评价每个建筑物本身（未包括地基）的老化损坏程度。

（2）准则层：对建筑物老损程度的衡量准则，包括安全性（损坏程度）、耐久性（老龄程度）和适用性（功能丧失程度）。

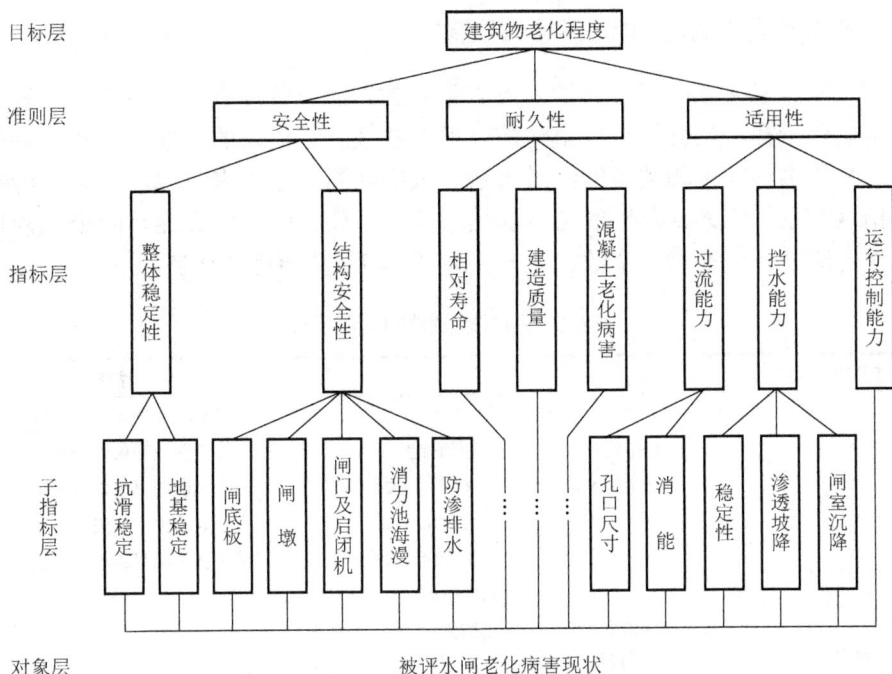

图 6.11　水闸老化评估模型

（3）指标层：为准则的描述指标。

（4）子指标层：用于描述指标的子指标。

（5）对象层：包括所有被评建筑物个体。

图 6.12 表示用层次分析法对某建筑物 4 个设计方案评估的层次结构模型。最高目标层为满意的设计方案。一个满意的设计方案的准则应包括投资大小、安全性、耐久性、适用性和施工难度等，这些准则即为设计方案优劣的重要影响因素。然后建立各因素间相对重要性的比例标度和判断矩阵，就可以通过计算得出不同方案中的最理想方案。这一理想方案是根据一定的准则，通过效用极大化而产生的。

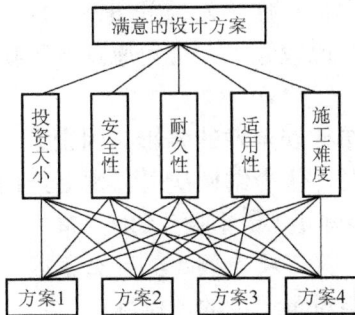

图 6.12　评估设计方案层次结构

6.3.2　相对重要性的比例标度和判断矩阵

在工程技术领域中有些问题是可以量化的，而有些问题与社会经济系统的某些决策问题一样，是难以进行量化的。但这些被测量对象的属性大多数具有相对性质，系统中各因素相关度的测量可通过人的判断和经验来完成。层次分析法就是根据这些系统中元素测度的特点提出了相对重要性的比例标度。两个元素相对重要性的比较可变换为一个数。表6.6说明了相对重要性的比例标度。

表6.6　相对重要性的比例标度

相对重要性的权数	定义	解释
1	等同重要	对于目标，两个因素的贡献是等同的
3	一个因素比另一个因素稍微重要	经验和判断稍微偏爱一个因素
5	一个因素比另一个因素明显重要	经验和判断明显地偏爱一个因素
7	一个因素比另一个因素非常重要	一个因素非常受偏爱
9	一个因素比另一个因素极端重要	对一个因素偏爱的程度是极端的
2，4，6，8	上述两相邻判断的中值	—
上述非零数的倒数	如果第一个因素相对于第二个因素有上述的数目（如3），那么第二个因素相对于第一个就有倒数值（如1/3）	—

以下用一个拱式渡槽的结构安全性评定为例，说明相对重要性的比例标度和判断矩阵的建立方法。

1）将结构分解（化整为零）

水工建筑物老化病害的评定中都牵涉结构安全性，现有一拱式渡槽，根据其结构特点可将其分解（化整为零）为三个重要组成部分：拱上结构（槽身）、传力结构（主拱圈）和基础（墩台）。三者对渡槽结构安全性的影响程度分别用 W_1、W_2 和 W_3 表示。

2）确定比例标度

在进行比较判断时，经常可以用一些问题来帮助获得一个相对标度。例如，在比较元素 A 和 B 时，可以问：你认为 A 和 B 中，哪一个更为重要，或哪一个有更大的影响？或者，A 和 B 比较起来，你更愿意发生哪一个？A 和 B 比较起来，你更喜欢哪一个？

例如，影响拱式渡槽结构安全性的各影响因素哪一个更为重要？可以得出较为一致的答案：基础最重要，传力结构次之，拱上结构再次之（相对最不重要）。

通常，还需要更深一步知道"最重要"到底"最"到什么程度？次重要又"次"到什么程度？"最不重要"又"不重要"到什么程度？也就是要有一定的量化。这就是层次分析法提出的相对重要性的比例标度。

为使问题更清晰，用表6.7进行表达。

表 6.7　渡槽主要组成部分对安全性的重要性比例标度表

A	W_1（拱上结构）	W_2（传力结构）	W_3（基础）
W_1	$1(a_{11}=W_1/W_1)$	$1/3(a_{12}=W_1/W_2)$	$1/5(a_{13}=W_1/W_3)$
W_2	$3(a_{21}=W_2/W_1)$	$1(a_{22}=W_2/W_2)$	$1/3(a_{23}=W_2/W_3)$
W_3	$5(a_{31}=W_3/W_1)$	$3(a_{32}=W_3/W_2)$	$1(a_{33}=W_3/W_3)$

相对重要性的比例标度是由"两两"比较而得。拱上结构与其自身之比 $W_1/W_2=1$。拱上结构与传力结构之比 $W_1/W_2=1/3$。拱上结构与基础之比 $W_1/W_3=1/5$。同理可得表中其他各重要性的比例标度值。需要特别说明以下两个问题。

（1）表 6.7 中的重要性比例标度值应由渡槽专家给定，以确保其可靠性。

（2）在专家给定比例标度值时，仅考虑"两两"比较，不要掺入第三个元素，这一点也很重要。在人们判断的思维过程中，前后的判断有出入是正常的，不一定是前者不当，不要用后者去修改前者，当然，也不要用前者修改后者，否则会影响判断的准确性。例如，表 6.7 中，$W_1/W_2=1/3$，$W_2/W_3=1/3$，就不要由此而去把 $W_1/W_3=1/5$ 再修改为 $1/9$。前者 W_1/W_2 的相对重要性比例标度的理想值可能不是 3，而是 $1/2.5$ 或 2.6，仅是用最接近理想值的这一整数 3 所表示，而后者 W_2/W_3 的理想值也是如此。

若硬将 W_1/W_3 改为 $1/9$，反而可能离真值更远。前后的思维是否一致，后面还会做出专门的检验。

3）建立判断矩阵 A

层次分析法的信息基础是判断矩阵。根据判断矩阵，利用排序方法，可以得到各方案相对重要性的排序。为了说明排序方法的原理，仍以上述渡槽为例。表 6.7 的形式实际已给出了判断矩阵 A 的所有元素，即

$$A=\begin{bmatrix} a_{11} & a_{12} & a_{13} \\ a_{21} & a_{22} & a_{23} \\ a_{31} & a_{32} & a_{33} \end{bmatrix}=\begin{bmatrix} 1 & 1/3 & 1/5 \\ 3 & 1 & 1/5 \\ 5 & 3 & 1 \end{bmatrix}=a_{3\times3} \tag{6.14}$$

用通用公式可表示为

$$A=\begin{bmatrix} a_{11} & a_{12} & \cdots & a_{1n} \\ a_{21} & a_{22} & \cdots & a_{2n} \\ \vdots & \vdots & & \vdots \\ a_{n1} & a_{n2} & \cdots & a_{nn} \end{bmatrix}=\left(a_{ij}\right)_{n\times n} \tag{6.15}$$

显然，$a_{ij}=1/a_{ji}$，$a_{ii}=1(i,j=1,2,\cdots,n)$，此例中 $n=3$。

4）用方根法计算判断矩阵的特征向量

由矩阵理论，用某一向量 $W = \begin{bmatrix} W_1 & W_2 & W_3 \end{bmatrix}^T$ 右乘 A 矩阵得

$$AW = \begin{bmatrix} a_{11} & a_{12} & \cdots & a_{1n} \\ a_{21} & a_{22} & \cdots & a_{2n} \\ \vdots & \vdots & & \vdots \\ a_{n1} & a_{n2} & \cdots & a_{nn} \end{bmatrix} \begin{bmatrix} W_1 \\ W_2 \\ \vdots \\ W_4 \end{bmatrix} = \begin{bmatrix} nW_1 \\ nW_2 \\ nW_3 \\ nW_4 \end{bmatrix} = nW \tag{6.16}$$

向量 W 称为判断矩阵 A 的特征向量。层次分析法的基本计算问题是计算判断矩阵的最大特征根 $\lambda_{\max}$ 和特征向量 W。特征向量通用算法是幂乘法和方根法（也称几何平均法），此外还有规范列平均法（又称为和积法）。一般来说，计算矩阵的最大特征根及其相应的特征向量，并不需要追求很高的精度，因为判断矩阵本身已带有不少误差。方根法和规范列平均法与幂乘法相比，虽然比较粗糙，但只需手算或小型计算器即可，十分方便。

（1）计算判断矩阵行元素的乘积 M_i。

$$M_1 = a_{11}a_{12}a_{13} = 1 \times 1/3 \times 1/5 = 0.067$$
$$M_2 = a_{21}a_{22}a_{23} = 3 \times 1 \times 1/3 = 1$$
$$M_3 = a_{31}a_{32}a_{33} = 5 \times 3 \times 1 = 15$$

（2）计算 M_i 的 n 次方根 $\overline{W_i}$。

$$\overline{W_1} = \sqrt[3]{M_1} = \sqrt[3]{0.067} = 0.406$$
$$\overline{W_2} = \sqrt[3]{M_2} = \sqrt[3]{1} = 1$$
$$\overline{W_3} = \sqrt[3]{M_3} = \sqrt[3]{15} = 2.466$$

（3）对向量 $\overline{W_i} = \begin{bmatrix} \overline{W_1} & \overline{W_2} & \overline{W_3} \end{bmatrix}^T = \begin{bmatrix} 0.406 & 1 & 2.466 \end{bmatrix}^T$ 进行归一化处理。

$$\sum_{i=1}^{3} \overline{W_i} = 0.406 + 1 + 2.466 = 3.872$$

$$W_1 = \overline{W_1} / \sum_{i=1}^{3} \overline{W_i} = 0.406/3.872 = 0.105$$

$$W_2 = \overline{W_2} / \sum_{i=1}^{3} \overline{W_i} = 1/3.872 = 0.258$$

$$W_3 = \overline{W_3} / \sum_{i=1}^{3} \overline{W_i} = 2.466/3.872 = 0.637$$

$W = \begin{bmatrix} 0.105 & 0.258 & 0.637 \end{bmatrix}^T$ 即为所求的特征向量。若其满足一致性，就是所求渡槽三个重要组成部分间的重要性相对比例标度，即后面所称为的"权重"。这种排序方法也称为特征向量法。

6.3.3　判断矩阵的一致性检验

在层次分析法中，为了构造判断矩阵引入了 1～9 的比例标度方法，这就使得决策者判断思维数学化。这种将判断思维数学化的方法大大简化了问题的分析，使复杂的社会、经济及科学管理领域中的问题定量分析成为可能。因此，这种数学化方法还有助于决策者检查并保持判断思维的一致性。

在应用层次分析法时，保持思维一致性是非常重要的。所谓判断一致性，即矩阵 A 有以下关系

$$a_{ij} = a_{ik} / a_{jk}, \quad i, j, k = 1, 2, \cdots, n \tag{6.17}$$

由矩阵理论，判断矩阵在满足上述完全一致条件下，具有唯一的非零解，也是最大的特征根 $\lambda_{\max} = n$ 且除 $\lambda_{\max}$ 外，其余的特征根均为零。

前面已经提到过，在通过"两两"比较构成判断矩阵 A 时，存在判断中的非一致问题。这种非一致性，大多是思维的非一致性，也有笔误造成的。

只有判断矩阵满足判断一致性时，所求得的重要性矢量 W 的估计才能作为可用的重要性比例标度，即权重。

若对上例中的标度矩阵 $A = \begin{bmatrix} 1 & 1/3 & 1/5 \\ 3 & 1 & 1/5 \\ 5 & 3 & 1 \end{bmatrix}$ 修改为 $A' = \begin{bmatrix} 1 & 1/3 & 1/9 \\ 3 & 1 & 1/3 \\ 9 & 3 & 1 \end{bmatrix}$，即 A'

是经过"三三"比较得到的，且具有规范一致性。另外，要指出的是矩阵 A 和 A' 都应是正互反阵，它们各个元素的差值一般不会太大。根据矩阵理论，人们知道一个正互反阵的系数的微小变动意味着特征值的变动也是微小的。

据上面渡槽组成部分对其安全性重要程度的分析，可通过求解下属系统得到相对重要性程度矢量 W 的估计 $\hat{W}$，即

$$A\hat{W} = \lambda_{\max}\hat{W} \tag{6.18}$$

式中，$\lambda_{\max}$ 为矩阵 A 的最大特征根。根据 Perron 定理，正矩阵有一个最大的实特征值，相应地存在唯一规范的非负特征向量，矩阵 A 存在最大特征根，且

$$\lambda_{\max} \geq n$$

当 A 满足完全一致性时，$\lambda_{\max} = n$；当 A 不满足完全一致时，$\lambda_{\max} > n$。

（1）用方根法计算判断矩阵的最大特征根 $\lambda_{\max}$，仍以上例叙述。

$$A_W = \begin{bmatrix} a_{11} & a_{12} & a_{13} \\ a_{21} & a_{22} & a_{23} \\ a_{31} & a_{32} & a_{33} \end{bmatrix} \begin{bmatrix} W_1 \\ W_2 \\ W_3 \end{bmatrix} = \begin{bmatrix} 1 & 1/3 & 1/5 \\ 3 & 1 & 1/5 \\ 5 & 3 & 1 \end{bmatrix} \begin{bmatrix} 0.105 \\ 0.258 \\ 0.637 \end{bmatrix}$$

$$(A_W)_1 = 1 \times 0.105 + 1/3 \times 0.258 + 1/5 \times 0.637 = 0.318$$

$$\left(A_W\right)_2 = 3\times0.105 + 1\times0.258 + 1/3\times0.637 = 0.785$$

$$\left(A_W\right)_3 = 5\times0.105 + 3\times0.258 + 1\times0.637 = 1.936$$

$$\lambda_{\max} = \sum_{i=1}^{3}\frac{\left(A_W\right)_i}{nW_i} = \frac{\left(A_W\right)_1}{3W_1} + \frac{\left(A_W\right)_2}{3W_2} + \frac{\left(A_W\right)_3}{3W_3}$$

$$= \frac{0.318}{3\times0.105} + \frac{0.785}{3\times0.258} + \frac{1.936}{3\times0.637} = 3.037$$

则

$$A_W = 3.037\begin{bmatrix}0.105\\0.258\\0.637\end{bmatrix}$$

（2）判断矩阵的一致性检验。

若判断矩阵具有完全的一致性，$\lambda_{\max}=n$，其余特征根均为零。

当矩阵 A 不具备完全一致性时，$\lambda_1=\lambda_{\max}>n$，$\lambda_{\max}$ 与其余的特征根 $\lambda_2,\cdots,\lambda_n$ 有如下关系

$$\sum_{i=2}^{n}\lambda_i = n - \lambda_{\max} \tag{6.19}$$

由式（6.19）知，若判断矩阵具有较满意的一致性，稍大于 n，其余特征根均接近于零。因此，式（6.19）计算值的大小就反映判断与完全一致性的偏离程度。可以用判断矩阵最大特征根以外的其余特征根的负平均值的绝对值 CI 作为度量判断矩阵偏离一致性的指标，即用式（6.20）检验专家判断思维的一致性，即

$$CI = \frac{\lambda_{\max} - n}{n-1} \tag{6.20}$$

为了度量不同阶判断矩阵是否具有满意的一致性，还需引入判断矩阵的平均随机一致性指标 RI 值，对于 1～9 阶判断矩阵，RI 值见表 6.8。

表 6.8　平均随机一致性指标 RI 值

n	RI	n	RI	n	RI
1	0.00	4	0.90	7	1.32
2	0.00	5	1.12	8	1.41
3	0.58	6	1.24	9	1.45

由于 1，2 阶判断矩阵总具有完全一致性，1，2 阶判断矩阵的 RI 只是形式上的。当阶数大于 2 时，判断矩阵的一致性指标 CI 与同阶平均随机一致性指标 RI 之比称为随机一致性比率，记为 CR。当 CR=CI／RI<0.10 时，即认为判断矩阵具有满意的一致性，否则就需要舍去或调整判断矩阵，并使之具有满意的一致性。

此处平均随机一致性指标 RI 是这样得到的，用随机方法构造 500 个样本矩阵，

具体构造方法是：随机地用 1～9 标度中的 1、2、3、4、5、6、7、8、9 以及它们的因数填满样本矩阵的上三角各项，主对角线各项数值始终为 1，对应转置位置项则采用上述对应位置随机数的倒数。分别对 500 个随机样本矩阵计算其一致性指标 $(\lambda_{\max}-n)/(n-1)$ 值，然后取平均值，即得到上述平均随机一致性指标（赵焕臣，1986）。

在上例中，有

$$CI = (3.037-3)/(3-1) = 0.018$$

由表 6.8 知，$n=3$ 时，$RI = 0.58$，则

$$CR = 0.018/0.58 = 0.03 < 0.10$$

故满足一致性要求。

6.3.4　准则指标的确定

由上述水工建筑物的评估模型 H_1、H_2 可以看出，以上四步仅得到评估模型中各层元素对上一层直至最高层（目标层）的相对重要性程度。要对建筑物的老化病害现状进行评估，还要根据评估建筑物的老化病害的具体症状，包括程度、位置、发展趋势等给予赋值。其依据主要是现有的规范和规程等。

为了使用尽可能具有权威性与可比性的评估指标及其标准，要尽量以水工建筑物有关规范、规程为主要依据，同时参考其他行业的规范和规程。考虑到现有规范直接引用到水工建筑物老化病害的评估时，内容不够全面，标准也不完全合适，还应根据评估的要求，重新划定或调整指标的分级，使之具有可操作性。

6.3.5　层次分析法的步骤

综上所述，层次分析法的基本步骤大体可概括如下。

（1）确定要完成的评估目标。

（2）从最高层（目标层），通过中间层（准则层）到最低层（方案层）构成一个层次结构模型。

（3）构造一系列下层各因素对上一层某准则的两两比较判断矩阵。

（4）在第（3）步中建立判断矩阵所需要的 $n\times(n-1)/2$ 个判断。

（5）完成所有的两两比较，输入数据，计算判断矩阵的最大正特征值和计算一致性指标 CR。

（6）对各层次完成第（3）～（5）步的计算。

（7）层次合成计算。

（8）若整个层次综合一致性不通过，要对某些判断进行适当的调整，如修改建立判断矩阵时对比较判断所提的问题。若一定要修改问题的结构，则就要回到

第（2）步，不过只要对层次结构中有问题的部分进行相应修改即可。

在层次分析中，为了得到较为有效的数值比较，一般要求判断矩阵阶数不超过 9，否则容易产生不一致性。

6.4　老化评估的可靠度评定法

6.4.1　结构可靠度分析的若干基本概念

1. 结构可靠度

结构可靠度是指结构在规定的时间内和规定的条件下完成预定功能的概率。这里所谓规定的时间是指设计使用年限，如大坝一般为 100 年；规定的条件是指预先确定的设计、施工和使用条件，通常指正常设计、正常施工和正常使用条件；预定功能一般包括以下四项功能。

（1）在正常施工和正常使用时，能承受可能出现的各种作用。

（2）在正常使用时，具有设计规定的工作性能。

（3）在正常维护下，具有设计规定的耐久性。

（4）在出现预定的偶然作用时，主体结构仍能保持必需的稳定性。

如果结构不能实现预定的功能，称为失效。

2. 功能函数和极限状态

结构或构件在超过某一特定的状态时，就不能满足设计规定的某一功能要求，这种状态就称为该功能的极限状态（吴世伟，1990）。

极限状态是区分结构工作状态可靠和不可靠的标志，它通过功能函数来描述。设构件在外载荷作用下的载荷效应（应力、变形等）为 S，构件的抗力（构件抵抗失效的能力，如极限应力、刚度等）为 R，则构件的功能函数定义为

$$Z = g(R,S) = R - S \tag{6.21}$$

显然，当 $Z>0$ 时，构件处于可靠状态；当 $Z<0$ 时，构件处于失效状态；而 $Z=0$，则称为构件处于极限状态，此时方程

$$Z = R - S = 0 \tag{6.22}$$

称为构件的极限状态方程，它是分析构件可靠性的重要依据。

一般情况下，功能函数可写为

$$Z = g\left(x_1, x_2, \cdots, x_n\right) \tag{6.23}$$

根据结构的不同功能要求，结构的极限状态可分为以下两类。

（1）承载能力极限状态，指结构达到了最大承载能力或不适于继续承载的变形的状态，如强度失效、稳定失效或过大的塑性变形都属于这一类。

（2）正常使用极限状态，指结构达到了正常使用或耐久性要求的某项规定极限值的状态，如影响正常使用的变形和振动、影响耐久性的局部损坏、开裂都属于这一类。

根据结构极限状态被超越后结构的状况，结构的极限状态又可分为以下两类。

（1）可逆极限状态，指产生超越极限状态的作用被移掉后将不再保持超越效应的极限状态。正常使用极限状态一般可认为是可逆极限状态。

（2）不可逆极限状态，指产生超越极限状态的作用被移后，将永久地保持超越效应的极限状态。承载能力极限状态一般可认为是不可逆极限状态。

3．失效概率

结构不能完成预定功能的概率，称为失效概率。

设结构可靠度为 P_r，失效概率为 P_f，则有

$$\begin{cases} P_r = P(Z > 0) \\ P_f = P(Z \leqslant 0) \end{cases} \tag{6.24}$$

从而有互补关系

$$P_r + P_f = 1 \tag{6.25}$$

原则上，P_f 可通过多维积分求得

$$P_f = \int \cdots \int f(x_1, x_2, \cdots, x_n) \, \mathrm{d}x_1 \mathrm{d}x_2 \cdots \mathrm{d}x_n \tag{6.26}$$

式中，$f(x_1, x_2, \cdots, x_n)$ 为影响结构可靠度的随机变量 $X_1, X_2, \cdots, X_n$ 的联合概率密度函数。

但是，由于在工程上，$f(x_1, x_2, \cdots, x_n)$ 不易求得，且式（6.26）的积分也不易计算，因此通常采用近似计算方法，后面将予以介绍。

影响结构可靠性的因素存在不确定性，因此从概率的观点来研究结构的可靠性，绝对可靠是不可能的，绝对可靠的结构是不存在的，但只要失效概率很小，小到人们可以接受的程度，如与飞机失事的概率相当，就可认为该结构是可靠的。

4．可靠指标

考虑如式（6.21）所示的功能函数，假设抗力 R 和荷载效应 S 分别服从正态分布 $N(\mu_R, \sigma_R^2)$、$N(\mu_S, \sigma_S^2)$，则由概率知识知，Z 也服从正态分布 $N(\mu_Z, \sigma_Z^2)$ 且有

$$\mu_Z = \mu_R - \mu_S \tag{6.27}$$

$$\sigma_Z = \sqrt{\sigma_R^2 + \sigma_S^2} \tag{6.28}$$

$$f(Z) = \frac{1}{\sqrt{2\pi}} \exp\left[-\frac{1}{2}\left(\frac{Z - \mu_Z}{\sigma_Z} \right)^2 \right] (-\infty < Z < +\infty) \tag{6.29}$$

因此结构的可靠度为

$$P_r = P(Z > 0) = \int_0^\infty f(Z)\mathrm{d}z = \Phi\left(\frac{\mu_Z}{\sigma_Z} \right) \tag{6.30}$$

令

$$\beta = \frac{\mu_Z}{\sigma_Z} \tag{6.31}$$

则有

$$P_r = \Phi(\beta) \tag{6.32}$$

$$P_f = 1 - P_r = 1 - \Phi(\beta) = \Phi(-\beta) \tag{6.33}$$

式中，$\Phi(\beta)$ 由表可查得到。

不难看出，β 与 P_r 或 P_f 之间存在一一对应关系，且 β 越大，P_r 亦越大，则 P_f 越小，故 β 和 P_r 一样，可以作为衡量结构可靠性的一个指标，称为可靠指标。

可靠指标是一个无量纲量，类似于安全系数设计法中的安全系数 K 的作用。目前，许多国家都制定了相应的目标可靠指标作为工程设计的依据，要求所设计的结构的可靠指标 β 大于等于相应的目标可靠指标 β_T，即

$$\beta \geqslant \beta_T \tag{6.34}$$

将式（6.27）、式（6.28）代入式（6.31），则可得到 R、S 均为正态分布且极限状态方程为式（6.22）时的可靠指标的计算公式为

$$\beta = \frac{\mu_R - \mu_S}{\sqrt{\sigma_R^2 + \sigma_S^2}} \tag{6.35}$$

若 R 和 S 均为对数正态分布，则可推得可靠指标的计算公式为

$$\beta = \frac{\ln\left(\frac{\mu_R}{\mu_S} \sqrt{\frac{1 + \sigma_S^2}{1 + \sigma_R^2}} \right)}{\sqrt{\ln\left[\left(1 + \sigma_S^2\right)\left(1 + \sigma_R^2\right) \right]}} \tag{6.36}$$

前面讨论了可靠指标的概念及其物理意义，事实上，可靠指标还具有几何意义。限于篇幅，这里不进行具体推导，直接给出结果。

设 $X_1, X_2, \cdots, X_n$ 为一组相互独立的正态变量，极限状态方程为

$$Z = g(X_1, X_2, \cdots, X_n) = 0 \tag{6.37}$$

它表示 n 维空间中的一个曲面，该曲面将 n 维空间分为可靠区和失效区。

将变量 $X_1, X_2, \cdots, X_n$ 转换为标准正态变量 $Y_1, Y_2, \cdots, Y_n$，相应的极限状态方程为

$$Z = G(Y_1, Y_2, \cdots, Y_n) = 0 \tag{6.38}$$

则在标准正态空间内，从坐标原点到极限状态曲面的最短距离即为可靠指标 β。图 6.13 表示的是三个正态变量的情况，图中 O 点到曲面的最短距离 OP^* 即为 β 值，曲面上的点 P^* 称为设计验算点（周建方，2008）。

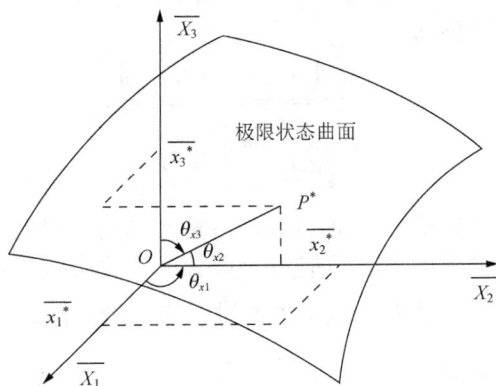

图 6.13　可靠指标的几何意义

6.4.2　结构可靠度计算的一次二阶矩法

1. 基本原理

一次二阶矩法是目前广泛采用的确定结构可靠度的基本方法。它的基本思想是：首先将结构的功能函数 $Z = g(X_1, X_2, \cdots, X_n)$ 在点 $X_{0i}(i = 1, 2, \cdots, n)$ 处展开为泰勒级数，并忽略高阶项，仅保留线性项，即

$$Z \approx g(X_{01}, X_{02}, \cdots, X_{0n}) + \sum_{i=1}^{n}(X_i - X_{0i})\frac{\partial g}{\partial X_i}\bigg|_{X_0} \tag{6.39}$$

可得 Z 的均值和标准差分别为

$$\begin{cases} \mu_Z = g(X_{01}, X_{02}, \cdots, X_{0n}) + \sum_{i=1}^{n}(\mu_{X_i} - X_{0i})\frac{\partial g}{\partial X_i}\bigg|_{X_0} \\ \sigma_Z = \sqrt{\sum_{i=1}^{n}\left(\frac{\partial g}{\partial X_i}\bigg|_{X_0}\sigma_{X_i}\right)^2} \end{cases} \tag{6.40}$$

最后，根据式（6.31）可得结构的可靠指标值为

$$\beta = \frac{\mu_Z}{\sigma_Z} = \frac{g(X_{01}, X_{02}, \cdots, X_{0n}) + \sum_{i=1}^{n}(\mu_{X_i} - X_{0i})\frac{\partial g}{\partial X_i}\bigg|_{X_0}}{\sqrt{\sum_{i=1}^{n}\left(\frac{\partial g}{\partial X_i}\bigg|_{X_0}\sigma_{X_i}\right)^2}} \tag{6.41}$$

2. 均值一次二阶矩法

顾名思义，即将展开点取在均值点，即

$$X_{0i} = \mu x_i \left(i = 1, 2, \cdots, n \right) \tag{6.42}$$

从而又可得可靠指标为

$$\beta = \frac{g\left(\mu_{X_1}, \mu_{X_2}, \cdots, \mu_{X_n} \right)}{\sqrt{\sum_{i=1}^{n} \left(\left. \frac{\partial g}{\partial X_i} \right|_{\mu_X} \sigma_{X_i} \right)^2}} \tag{6.43}$$

均值一次二阶矩法简单、方便，但存在严重缺陷：一是计算结果的误差较大；二是对同一问题，若采用形式不同但力学意义等效的功能函数，会得出不同的 β 值，显然不符合实际。于是人们提出了改进一次二阶矩法。

3. 改进一次二阶矩法

改进一次二阶矩法是将展开点选在设计验算点 P^*（图 6.13），这里用 X^* 表示 P^*，即

$$X_{0i} = X_i^* \left(i = 1, 2, \cdots, n \right) \tag{6.44}$$

由于设计验算点 X^* 在极限状态曲面上，有

$$g\left(X_1^*, X_2^*, \cdots, X_n^* \right) = 0 \tag{6.45}$$

从而可得

$$\begin{cases} \mu_Z = \sum_{i=1}^{n} \left(\mu_{X_i} - X_i^* \right) \left. \frac{\partial g}{\partial X_i} \right|_{X^*} \\ \sigma_Z = \sqrt{\sum_{i=1}^{n} \left(\left. \frac{\partial g}{\partial X_i} \right|_{X^*} \sigma_{X_i} \right)^2} \end{cases} \tag{6.46}$$

因为设计验算点 X^* 只知道在极限状态曲面上，具体位置事前并不能确定，所以直接应用式（6.46）计算可靠度指标 β 是不现实的，目前一般采用迭代的方法来得到可靠度指标和设计验算点的值。为此将 σ_Z 改写为

$$\sigma_Z = \sum_{i=1}^{n} \alpha_i \sigma_{X_i} \left. \frac{\partial g}{\partial X_i} \right|_{X^*} \tag{6.47}$$

$$\alpha_i = \frac{\sigma_{X_i} \left. \frac{\partial g}{\partial X_i} \right|_{X^*}}{\sqrt{\sum_{j=1}^{n} \left(\sigma_{X_j} \left. \frac{\partial g}{\partial X_j} \right|_{X^*} \right)^2}} \tag{6.48}$$

事实上，α_i 反映了变量 X_i 对 Z 的标准差的影响，称之为灵敏系数。根据 α_i 的定义，显然有

$$-1 \leqslant \alpha_i \leqslant 1, \quad \sum_{i=1}^{n} \alpha_i^2 = 1 \tag{6.49}$$

可靠指标可写为

$$\beta = \frac{\mu_Z}{\sigma_Z} = \frac{\sum_{i=1}^{n}\left(\mu_{X_i} - X_i^*\right)\dfrac{\partial g}{\partial X_i}\bigg|_{X^*}}{\sum_{i=1}^{n}\alpha_i \sigma_{X_i}\dfrac{\partial g}{\partial X_i}\bigg|_{X^*}} \tag{6.50}$$

将式（6.50）重新排列得

$$\sum_{i=1}^{n}\left(\mu_{X_i} - X_i^* - \beta\alpha_i\sigma_{X_i}\right)\frac{\partial g}{\partial X_i}\bigg|_{X^*} = 0 \tag{6.51}$$

由式（6.51）可得

$$\mu_{X_i} - X_i^* - \beta\alpha_i\sigma_{X_i} = 0, \quad i = 1, 2, \cdots, n \tag{6.52}$$

于是得到设计验算点的设计公式为

$$X_i^* = \mu_{X_i} - \beta\alpha_i\sigma_{X_i}, \quad i = 1, 2, \cdots, n \tag{6.53}$$

同时注意到，由于 $X_i^*(i=1,2,\cdots,n)$ 在极限状态曲面上，必须满足式（6.45）。这样由式（6.45）和式（6.53）的 $n+1$ 个方程，可以求解 β 和 $X_i^* = (i=1,2,\cdots,n)$ 共 $n+1$ 个未知量。这里介绍一种迭代方法的求解步骤具体如下。

（1）假设一个 β 值。

（2）取设计验算点初值，一般可取 $X_i^* = \mu_{X_i}(i=1,2,\cdots,n)$。

（3）计算 $\dfrac{\partial g}{\partial X_i}\bigg|_{X^*}$ 值。

（4）由式（6.48）计算 α_i。

（5）由式（6.53）计算新的验算点 $X_i^*(i=1,2,\cdots,n)$。

（6）重复步骤（3）～（5），直到前后两次 $X_i^*(i=1,2,\cdots,n)$ 的差值在容许范围之内。

（7）将所得的 $X_i^*(i=1,2,\cdots,n)$ 值代入原功能函数计算 g 的值。

（8）检验 $g\left(X_1^*, X_2^*, \cdots, X_n^*\right) = 0$ 是否满足，如果不满足，则重新假定一个新的 β 值，然后重复步骤（3）～（7），直到 $g\left(X_1^*, X_2^*, \cdots, X_n^*\right) \approx 0$。

在上述迭代步骤中，也可取消步骤（6）而进行迭代。在实际计算中，β 的误差一般要求在 ± 0.001。

第7章 水利工程安全管理信息化

7.1 水利信息化概述

当今世界已经进入信息时代，信息技术已成为现代科技的核心和主流，信息化已成为全球发展的趋势，是世界各国普遍关注和竞争的焦点。20世纪90年代以来，随着信息技术的创新和信息网络广泛普及，信息化与经济全球化相互交织，推动着全球产业分工深化和经济结构调整，重塑着全球经济竞争格局，已经成为全球经济社会发展的显著特征，并逐步向一场全方位的社会变革演进。进入21世纪后，信息化对经济社会发展的影响更加深刻。一方面，广泛应用、高度渗透的信息技术正孕育着新的重大突破，信息资源日益成为重要生产要素、无形资产和社会财富。信息资源、能源和材料成为国民经济和社会发展的三大战略资源。信息化水平是衡量一个国家或地区现代化程度和综合实力的重要标志；国民经济另一方面，信息化作为世界经济发展的必然趋势，它对各国的政治、经济、社会和文化等方面都将产生广泛而深刻的影响，同时也给人们带来了难得的历史性发展机遇。同时，互联网的高速普及加剧了各种思想文化的相互激荡，成为信息传播和知识扩散的新载体。在水利现代化建设的战略中，信息技术在水利行业的普及应用已成为一种发展趋势，以网络信息和计算机技术广泛应用为代表的信息化，正快速推动着水利现代化的进程。

7.1.1 信息化与水利信息化

可以说，凡是能够用来扩展人的信息功能的技术都是信息技术。人的信息功能一般包括：感觉器官承担的信息获取功能，神经网络承担的信息传递功能，思维器官承担的信息认知功能和信息再生功能，效应器官承担的信息执行功能。扩展信息功能的信息技术一般有感测与识别技术（信息获取）、通信与存取技术（信息传递）、计算与智能技术（信息认知与再生）及控制与显示技术（信息执行）等。通常认为，信息技术是指有关信息的收集、识别、提取、变换、存储、传递、处理、检索、检测、分析和利用功能的一类技术，主要用于管理和处理信息所采用的各种技术的总称，信息技术是人类社会有史以来发展最快的高新技术。

信息化是指国民经济各部门和社会活动各领域普遍应用先进的信息技术，开发利用信息资源，促进信息交流和知识共享，提高经济增长质量，推动经济社会发展转型的历史进程。

水利信息化是指充分利用现代信息技术，深入开发和广泛利用水利资源信息，包括水利资源信息的采集、传输、存储和处理，全面提升水事活动的效率和效能的历史进程。

随着科学技术的进步和社会的发展，信息化已成为现代工业化社会发展的必然趋势。信息化水平已成为一个国家现代化水平和综合国力的重要标志。正因如此，国家明确提出，信息化作为我国产业优化升级和实现工业化、现代化的关键环节，应该把推进国民经济和社会信息化放在优先位置。水利作为一个信息密集型行业，不可能也决不能脱离信息化这个社会进程。水利信息一般包含有水雨情、洪旱灾情、水资源、水环境、土壤墒情以及水利工程信息等。古今中外均十分重视水利信息的收集、整理和应用。公元前 250 年，都江堰工程的石人水尺，就是我国古代水位观测获取信息的最早见证。

相对于我国水利工程建设的历史而言，目前水利信息化的建设还处于初期发展阶段，尽管已经取得了一些成绩，但面对水利现代化发展的形势，特别是与全面构建和谐社会的目标，实现人水和谐、经济社会可持续发展的要求，还存在较大差距，水利信息化工作仍面临严峻挑战。抓住机遇，积极推动水利信息化进程，顺应世界经济发展潮流，实现水利现代化创新战略，使水利信息化水平与国家信息化水平发展相适应，这是广大水利建设工作者的重要职责和任务。

水利信息化作为水利现代化的基本标志和重要内容，是国家信息化建设的重要组成部分，更是水利事业自身发展的迫切需要和科技发展的必然趋势。要实现水利现代化，就必须加强水利信息化建设，用水利信息化推动水利现代化。同时需要注意的是，信息化是随着人类信息时代的到来而提出的一个社会发展目标，它的实质是要在人类信息科学技术高度发展的基础上实现社会的信息化和信息的社会化，从而建立一种超越旧的人类时代的新文明，即信息社会文明。因此，水利信息化要发挥作用也必须与水利工程措施的完善、管理体系的健全和人员素质的提高相同步、协调进行，使水利信息化建设与水利事业的发展紧密结合。通过水利信息化建设规划，提出切合实际的建设原则和建设目标，确立水利信息化建设的总体布局，并把信息化建设紧密结合到水利基本建设中去，改革现行的工程规划设计。要把为工程服务的信息化建设内容，纳入工程建设中去，作为工程建设的一个有机组成部分。否则水利信息化将成为空中楼阁，沦为摆设。随着洪涝灾害、干旱缺水、水环境污染问题的日益突出，治水思路也从传统水利向现代水利、可持续发展水利转变。在这个转变过程中，水利信息化具有重要的战略地位和作用，但同时水利信息化也存在如何适应不同地区经济社会需求，建设有各地特色的水利信息化问题。应该根据水利信息化的内涵，提出适应水利现代化要求的水利信息化建设内容与标准。

7.1.2　水利信息化的意义和作用

水利信息化就是要充分利用现代信息技术，深入开发和广泛利用信息资源，促进信息交流和资源共享，实现各类水利信息及其处理的数字化、网络化、集成化、智能化，全面提升水利为国民经济和社会发展服务的能力与水平。

1. 水利社会管理的需求

随着信息化社会的发展，信息化在水利工作中的重要地位和作用日益彰显。水利信息化有利于提高水行政主管部门的行政效率，推进决策的科学化；有利于推进依法行政，促进政务公开和廉政建设；有利于政府服务社会，便于社会公众了解和监督水利工作。各级水政管理部门开发和利用庞大的政府信息资源，是正确、高效行使国家行政职能的重要环节。同样，水行政主管部门可以通过网络向社会及时、准确地传递信息让公众及时了解水行政主管部门工作，满足大众对水信息日益增长的需求，同时通过信息反馈，采纳合理建议，更好地接受群众监督，为社会提供优质、高效服务。只有顺应社会信息化发展潮流，才能实现水利现代化的战略目标。

2. 防汛抗旱工作的需求

在全球气候变化的大背景下，由于我国特殊的地形地貌和地理气候条件，局部暴雨、山洪、超强台风和极端高温干旱等灾害呈现多发并发的趋势，特别是暴雨、山洪、滑坡和泥石流等灾害点多面广、突发性强且危害大。

以信息化为手段，紧密围绕防汛抗旱工作的需求，加快水雨风旱情预测预报和监测等系统建设，提高洪水、风灾、旱灾和地质灾害预报调度等决策支持能力，当洪水、旱情、台风以及地质灾害发生时，能迅速采集和传输水雨情、工情与灾情信息，并对其发展趋势及时做出预测、预报和预警，分析制定出防护和调度应急方案。通过有效地运用水利工程体系，努力减小灾害范围，最大限度地减少灾害损失。因此，只有以科学发展观为指导，坚持人水和谐目标，促进人与自然和谐发展，通过信息化这个手段，合理利用雨洪资源，着力解决好水资源与防汛抗旱矛盾关系，才是解决洪涝灾害、水资源短缺、水污染和水土流失等四大水问题的必由之路。

3. 治水思路转变的需求

中国是个缺水大国，水资源并不丰富，我国人均淡水资源仅为世界人均量的1/4，居世界第 109 位。中国已被列入全世界人均水资源 13 个贫水国家之一。而且，水资源分布不均，大量淡水资源集中在南方，北方淡水资源只有南方淡水资源的 1/4，供求问题十分突出。这些问题的形成是由于自然和人类社会活动共同作用的结果，人类活动改造自然环境和改变社会经济形态，对水资源造成影响，从 20 世纪特别是 20 世纪下半叶以来，这类活动越来越普遍，规模越来越巨大，影响越来越严重。水环境污染形势十分严峻，制约了水资源的开发和利用，阻碍了经济和社会的发展，严重影响了国家发展和人们的生产与生活。只有合理开发利用和保护水资源，防治水害，充分发挥水资源的综合效益，才能适应国民经济发展和人们生活的需要。为应对水资源安全问题，水利工作要从过去重点对水资源的开发、利用和治理，转变为在水资源开发、利用和治理的同时，更为注重对水资源的配置、节约和保护；从过去重视水利工程建设，转变为在重视工程建设的同时，更为注重非工程措施的建设；从过去水量、水质、水能的分别管理和对水的供、用、排、回收再利用过程的多家管理，转变为对水资源的统一配置、统一调度、统一管理。水利信息化是实现上述转变的重要技术基础和前提，水利信息化可以通过先进信息技术对水资源进行监测、控制、分析和调度，实现综合开发和利用水资源以及水害防治等科技管水的目标，确保更有效地利用水资源，实现可持续发展战略。

4. 生态安全保障的需求

和谐社会的本质是：一要处理好人与自然的关系；二要处理好人与人的关系。处理好人与自然的关系，对于人类的生存与繁衍至关重要，人与自然是互相依存、共生共荣的关系，"各得其和以生，各得其养以成"。生态安全是人与自然和谐的基础，也是人与人和谐的前提。通过水利信息化工作，建立先进完善的水土保持和水资源生态安全监测、预警系统，密切监测和掌握生态安全的现状与变化趋势，为政府提供相关的决策依据。按照生态安全的评价标准，对生态安全状况进行总体评价，让全社会直观、形象地了解当地生态环境状况，提高人民群众对生态环境的关注度。实现以人为本，经济发展和水利建设与人口、资源、环境相协调，以及全面、可持续发展的和谐道路。

5. 信息资源共享的需要

水利部门是一个信息应用相当集中和重要的行业。多年来，水利信息化建设积累了一定数量的信息资源，在水利工程设计、建设和运行管理中发挥了积极的作用，但这些信息资源大多分布在不同部门甚至个人手中，难以形成公共资源、进行综合利用。为此，倡导信息资源共享，大力实施信息资源的优化整合，对各种水信息与相关信息进行全社会信息资源共享和交互式应用，可增加信息资源的使用价值，提高信息资源利用率，降低各种水利设施的运营成本，提高水利工作管理水平；促进人与自然和谐发展，有助于实现社会经济可持续发展的战略目标。

7.2　水利信息化基本内容

7.2.1　水利信息化基本概念与分类

水利工程的主要作用就是减灾防灾，提高水资源利用效率。除加大水利工程建设力度，修建新的水利工程（这些工程也将受到征地、移民、环保和安全等因素的影响），有效提高水利工程利用效率和减灾防灾功效最有效的方法就是提升水利工程运行管理的软环境，向管理要效益。而这些都必须依靠水利信息化，只有加强信息化在水库管理中的应用水平，才能更快、更好地实现这些目标。

根据我国目前水利信息化的建设水平和特点，信息化应用几乎覆盖水利行业设计、建设、运行和管理的所有业务和部门。水库、灌区、堤防和水闸等单项水利工程管理单位是水利信息化建设应用的重点。无论是信息采集或是自动控制还是管理与决策支持，只要涉及信息化应用几乎都涉及水库、灌区等水利工程管理单位。例如，水雨情监测采集系统、工程安全监测系统、闸门自动控制系统、洪水预报及预警系统、水库调度管理系统（防洪调度系统、兴利调度系统），灌区管理（决策支持）信息系统，计算机网络、防汛通信及办公自动化系统等都已在数量众多的水库、灌区等单位得到较好的应用，且部分应用已创造和产生了较好的社会效益与经济效益。

若按信息化应用功能划分，水利信息化应用一般可分为信息采集系统、自动控制系统、计算机网络系统、通信系统、管理决策支持系统以及数字水利、虚拟水利系统等。若按水利行业功能划分，水利信息化应用一般可分为水利工程设计、水利工程管理、防汛抗旱管理、水资源水环境、水土保持、水利政务等。若按水利工程分，水利信息化应用一般可分为灌区管理、水库管理、闸门管理、堤防管理、泵站管理、水电站管理等。

水利信息主要内容有水文、气象、土壤植被、水利工程设计、运行的实时和历史数据以及社会经济资料等。信息采集系统主要包括水雨情测报，大坝（包括堤防、闸门、泵站、渠道等水工工程）安全监测、旱情和墒情信息监测采集、工情信息采集、水质自动监测、气象数据接收、水量自动计监等。数据是信息化建设的基础。数据信息的采集和处理是一项繁杂而艰巨的任务，它涉及面广、量多、种类复杂，如人们常见的水雨情、墒情、工情、气象信息、大坝安全监测信息，机组运行数据等。基础数据收集和整理正确与否直接影响水利信息化系统应用工作的成败。

信息应用系统主要包括水库洪水预报、水库优化调度、灾情评估、节水管理、防汛抗旱指挥、闸门自动监控、视频监视和泵站自动监控等。

　　网络通信系统主要包括局域/广域计算机网络、语音有线/无线通信网以及数字有线/无线通信网，是实施水利信息化最基本的保障。

　　管理决策支持系统主要包括水利工程建设管理系统、灌区工程管理（或决策支持）系统、水库管理（或决策支持）应用系统、数字水利（水库）和水利数字图书馆等。

　　按信息化应用功能划分水利信息化基本内容见表 7.1。

表 7.1　按信息化应用功能划分水利信息化基本内容

类别	项目名称	基本功能	应用对象
信息采集	水雨情测报（或遥测）系统	遥测站通过各类传感器对水位、闸位、雨量和流量等参数进行测量、采集，并利用无线信道将数据传输到中心站，通过对接收的数据加工处理为各类应用系统提供实时水雨情和工况信息	适用各水利行业，是水利信息化应用的基础
	大坝（包括堤防、泵站、闸门）安全监测系统	通过各类传感器监测大坝位移、沉降、渗漏等，实时动态地反映大坝的运行性状，利用专家知识对大坝各监测数据、资料进行综合分析，并根据安全监控指标评判大坝安全度	适用于大中型水库、闸门、堤防等单位
	旱情和墒情信息监测采集系统	采用自动测报和人工实测相结合的方式，实时准确地监测土壤墒情以及气象和农作物生长信息，为制定灌溉、抗旱、防汛预案以及水资源综合利用服务	适用于以灌溉功能为主，且经济、技术条件较好的水库和灌区
	工情信息采集系统	采用自动和人工采集相结合的模式，实时反映水利工程运行工况、险情。在洪汛时期为安全运用水利工程提供基础信息	适用于以防洪功能为主的水利工程
	卫星云图接收显示系统	定时接收气象卫星云图，直观反映天气变化情况，为水库的洪水预报调度以及防洪预案制定提供科学依据	适用各水利行业
	水质自动监测系统	利用各类传感器对监测断面水质的变化情况实时监测，对于预警预报重大流域性水质污染事故、解决跨行政区域的水污染事故纠纷等起到定量定性的作用	适用于有供水功能的水源型水库、河道、水源地等
	渠系水量自动监测系统	能自动采集处理整个渠系运行工况数据，按预案自动/人工实现对渠系各监测控制点、各节制闸门操作控制	适用于水库、灌区及其他水管单位
自动监控	闸门自动监控系统	对各类闸门实施有效监视和控制，确保水利工程的正常运行，实现闸门"无人值班"（少人值守）、提高水资源的利用效率和节约用水的目标	适用于水库、灌区、电站、泵站、闸站等单位
	泵站自动监控系统	对泵站水泵和电机运行自动实施有效监视和控制，确保泵站安全运行	适用于各泵站
	水电站自动监控系统	对水电站水轮机组、发电机组、励磁系统以及变送电系统，自动实施有效监视和控制，确保电站运行安全	适用于各水电站
	视频监视系统	对重点部位实施有效观察，提高管理可视化程度，弥补数据采集系统的不足，提供现代化的监视手段	水库、灌区、电站、泵站、闸站
通信网络	防汛抗旱通信服务系统	针对防汛抗旱通信需求的时效性和复杂性，利用水库现有通信线路，融合防汛抗旱业务功能，实现水库通信管理智能化，大大提高防汛抗旱通信及其相关信息的整体融合度和自动化水平	适用各水利行业
	局域/广域计算机网络	为各地相关部门间各类信息的快速传输、高效处理提供平台。保障数据传输安全可靠，最大范围地实现信息的互联互通和资源共享	适用各水利行业

类别	项目名称	基本功能	应用对象
管理和决策支持	水利工程建设管理系统	对水利工程建设的设计、施工、质量、造价、验收、稽查管理等有关建设与管理过程实施全方位现代化管理	适用于各项水利工程建设管理
	灌区工程管理（或决策支持）系统	通过完善的信息采集处理系统，在全面掌握雨水、工情、墒情、灾情和需水信息的基础上利用科学的调度方案，充分发挥已建工程效能，实现灌区社会经济的可持续发展	适用于经济、技术条件较好的水库灌区
	水库管理（或决策支持）系统	主要由信息采集、闸门控制、洪水预报调度、通信网络及办公自动化各部分组成。其主要作用是在保证水库安全的前提下，最大限度地发挥水库工程效能	适用于大中型水库
	堤防管理（或决策支持系统）	一般由信息采集、水情预报（洪水预报）、堤防工程安全监测及防洪抢险指挥调度等系统组成。其主要功能是及时评估堤防险情，制订抢护方案和实施办法，为堤防工程的管理现代化提供一个坚实的基础	适用于大中型堤防
	水资源管理（或决策支持系统）	对各类水资源信息经行快速和准确评估，利用专业计算模型对区域内水资源的量和值进行评价。分析和预测水资源的供需状态，为区域水资源优化配置提供决策支持手段	适用于水行政部门
	数字水利	"数字水利"实质就是水利工程的虚拟对照体，将它和与之相关的其他数据以及应用模型结合，在系统中重现真实的水利工程，以系统软件和数学模型对各种水事活动进行模拟、分析、研究及管理，把水事活动的自然演变通过计算机进行数字化重现，增强决策的科学性和预见性	适用于水行政部门

7.2.2　水利工程信息化结构

水利信息化应用一般可分为灌区管理、水库管理、闸门管理、堤防管理、泵站管理、水电站管理等，其总体结构如图 7.1 所示。

1. 灌区管理信息化系统

灌区管理信息化系统一般由水雨情信息采集、气象服务、土壤墒情信息采集、输配水及量水监测、渠系建筑物安全监测、水质监测、洪水预报、灌区供水调度、抗旱管理、计算机通信网络、综合数据库、用水管理、灌区办公自动化系统以及灌区管理决策支持系统等应用系统组成。

（1）水雨情信息采集系统通过各类传感器对区域内各控制点水位、闸位、雨量和流量等参数进行测量、采集并利用无线信道将数据传输到中心站，通过对接收的数据加工处理，为其他水利信息化应用系统提供实时水雨情和工况信息。

（2）气象服务系统通过卫星或其他手段接收与预处理气象数据，实现对气象信息综合分析、降水天气监测预测、流域面雨量定量估算和预测以及水文气象干旱监测预测等处理。

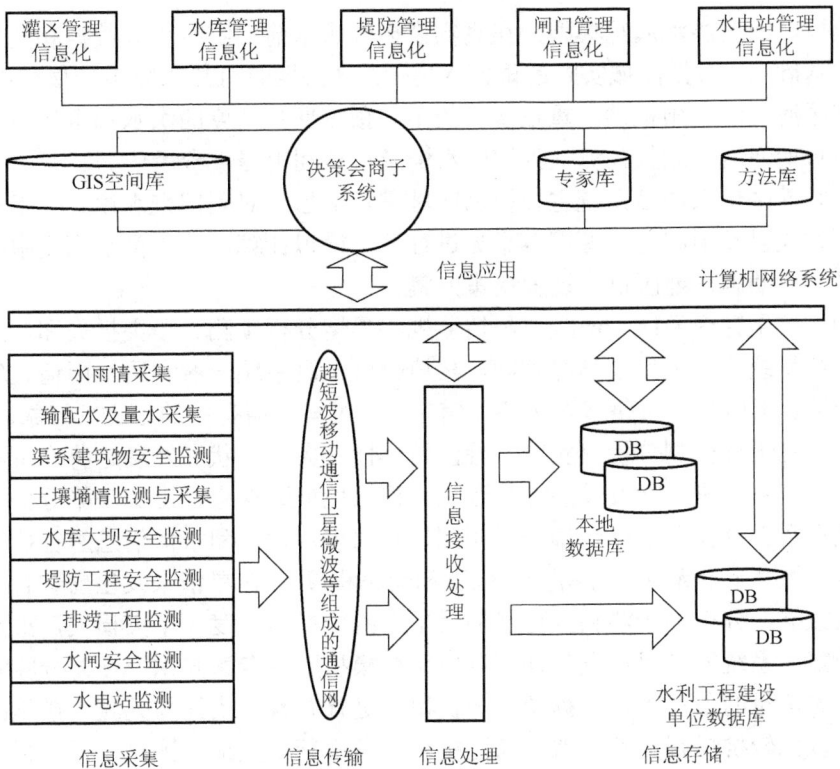

图 7.1　水利工程信息化结构图

（3）土壤墒情信息采集系统一般采用自动和人工实测相结合的方式，实时准确地监测区域内土壤墒情以及农作物生长信息，为制定区域灌溉、抗旱、防汛预案决策以及为水资源综合利用提供基础数据。

（4）输配水及量水监测系统能自动采集处理整个渠系运行工况数据，按供水预案以自动/人工模式对渠系各监测控制点、各节制闸门实施自动控制，实现科学调水、自动量水测水、节水增效降低费用的目的。

（5）渠系建筑物安全监测系统与大坝安全监测系统功能相同，它通过各类传感器实时监测渠系建筑物位移、沉降、渗漏等参数，动态真实地反映渠系建筑物的运行性状，且能利用专家知识对渠系建筑物监测数据资料进行综合分析，评判渠系建筑物安全度，为高效、安全应用渠系建筑物输配水提供决策安全保障。

（6）对于有供水功能的水库和灌区，水质监测系统能自动对辖区控制点水质样本进行采集、传输、分析和预报，在水质指标超过警戒水平时发出警报，并在危及水库和下游水质安全事件可能发生之前做出判断与紧急决策（如自动关闭水闸等）。

（7）洪水预报系统主要根据区域河流以及所辖水库的水文特点分别建立洪水

预报模型、河道洪水演算模型，在真实掌握区域水情、实时降雨数据和气象变化趋势的基础上，根据流域实时的雨情水情信息（必要时可加入降雨预报过程），完成对辖区河流洪水预报站、重点水库的不同预见期和精度的洪水预报作业，还可进行中长期河道径流量预测，为辖区水资源科学利用提供参考依据。

（8）灌区供水调度系统主要根据区域需水信息，对不同来水模式、工程的不同运用方式以及不同的水源调度意见进行演进模拟计算，分析供水调度中的不确定因素，协助制订灌区供水调度决策方案。

（9）抗旱管理系统一般具有旱情监视、旱情分析预测、旱灾损失和抗旱效益评估、抗旱统计、抗旱会商等功能。旱情分析预测系统一般利用水雨情、气象、土壤墒情、工情等收集整理辖区各类信息，并对与旱情有关的水文、气象、农情、墒情等信息进行检测分析，实时掌握区域旱情、灾情现状和发展趋势（可利用气象信息对气象干旱现状及发展趋势预测、根据墒情数据进行土壤干旱分析、利用降雨预报数据及模型进行土壤干旱预测、利用来水预测和水情信息进行抗旱用水量分析、利用遥感数据可分析受旱范围和受旱程度），在旱情未发生前综合分析考评这些数据，分析和预测辖区可能的受旱范围、受旱程度、旱灾损失，拟定抗旱减灾预案。系统能在旱灾发生期间利用系统模型库及专家知识，在充分实时掌握辖区旱灾信息的条件下，依据统计分析模型进行有减灾措施与无减灾措施的对比分析，以比较抗旱减灾的效益，通过抗旱会商进行旱灾损失评估，拟订科学有效的抗旱决策方案，协助决策者对各种抗旱预案做出科学评估和决策，编辑旱情简报、抗旱通告，指挥抗旱减灾工作。

（10）计算机通信网络主要分为广域网和局域网两种，其主要作用就是为各水政相关部门间各类信息化信息提供快速传输、高效处理通道。将信息化应用系统与下级信息采集站点、控制站点以及和其他水管部门之间连接在一起。上级单位的调度指令也需经过通信平台传送到水库，且能保障数据传输安全和可靠，最大范围地实现信息的互联互通和资源共享，网络是水利信息化的基本必要条件；综合数据库系统是水利信息化核心，是实现对水利信息进行传输、存储、处理和综合利用的基本平台，是提高水利信息资源的应用水平和共享程度的基本保证，是水利信息化工作实施的基础。

（11）用水管理系统是灌区信息化建设和应用中的一个重点，它一般包含有城市供水、灌溉用水、工业用水、用水计划、供水计划编制、水资源配置和水费征收等管理功能。其主要作用是对灌区内计划用水户、计划用水量、实际用水量、用水户基本资料、取水许可证、水费征收、水资源、用水计划安排和节水技术等信息实施科学管理，根据相关业务规则和用水（供水）计划，对灌区内用水单位用水量、水表、闸阀、量水和节水设施的运行工况实时监控，按计划供水，当用水量（供水量）数据超标时，自动提出预警，以保障供水安全，节省用水，最大效益利用来水资源。通过对供用水效益分析现状（计算供水有效利用率及万元工业产值用水定额等）、地表水资源优化分配（线性规划、多目标规划及动态规划等）、地下水资源优化配置等指标的综合评判实现水资源的最优应用。

（12）灌区办公管理系统提供诸如工作流程管理、通信管理（如信息查询）、文件管理、资产管理、水利工程管理、财务管理、人事管理、政策法规、网站信息、无纸办公系统、文档传输系统等办公自动化功能，主要目的就是提高灌区管理的运作效率，节省办公费用，转变水政管理单位工作职能，全面提升灌区管理竞争力和生产效率；灌区管理辅助决策支持系统是一种集信息采集、信息化应用、辅助决策和调度指挥功能为一体的信息化应用平台。它一般包含有：①信息服务（水雨情和工情采集）；②用水配水管理（农业用水、工业用水、城市供水、水损耗计算、供水效益计算和渠系配水计划编制等）；③水资源调配（需水量分析、供水量分析、大气降雨量预测、地表径流预测和地下水资源量预测）；④水资源评价（大气降雨量评价、地表径流量评价和地下水资源量评价）；⑤水量平衡估算（需水量预测、供水量预测和供需平衡分析）；⑥水环境质量评价（地表水环境质量评价和地下水环境质量评价）；⑦水环境模拟预测（地表水环境模拟预测和地下水环境模拟预测）；⑧防汛抗旱支持（洪水预报、旱情预报和防汛抗旱指挥）；⑨决策会商（会商文件管理、会商人员管理、专家决策支持和电子会商系统）等。灌区管理辅助决策支持系统综合利用各类现代技术，通过数学模型分析和专家知识推理，对各种需水及相关因素进行科学预测和分析，为灌区管理部门及时了解灌区工程及运行现状、制定宏观决策提供科学有效的辅助支持。

2. 水库管理信息化系统

水库管理信息化系统一般由大坝安全监测系统、水雨情信息采集、气象服务、水库洪水预报、水库优化调度、抢险指挥、闸门自动控制、灾情评估、水库办公自动化、计算机通信网络、综合数据库和信息服务等系统组成。

水库运行安全不仅关系到水库防洪、兴利和生态功能能否实现，还直接影响水库下游人们生命财产的安全。大坝安全监测系统通过对大坝实时监测资料的采集与分析，监测大坝的运行性状，并根据安全监控指标评判大坝安全度；水雨情信息主要包括降雨量和水位（有时也包括流量、含沙量、地下水位、水质、蒸发量和土壤墒情及其他信息）等，是水利信息化应用的基础，水雨情信息采集系统一般由若干个中心站、若干个中继站和多个遥测站组成，站点的观测项目和报送次数一般由测站类别和水库洪水预报及调度的需要来决定；气象服务系统能及时接收气象云图以及气象变化数据，能对区域天气情况和变化趋势进行监测预测、定性或定量估算流域面雨量，及时为水库的防洪抗旱以及水资源的优化分配提供气象方面数据支持；大坝安全监测、水雨情信息采集和气象服务等系统是水利信息化应用最基本的平台，它们担负着基础信息的采集、整理、传输和存储的最基本功能，直接服务于水利信息化应用。这些系统的正常工作，对调度决策部门及时掌握区域水雨情、工情和气象信息，提前预报水库来水、河道流量和洪峰时间以及干旱灾害情况，掌握防汛抗旱主动权起着重要的作用。

水库洪水预报、水库优化调度系统是水利信息化工作中涉及学科最多、结构最复杂、技术最密集、工作量最大、作用也最大的非工程性防洪应用系统，其功能强大，能直接产生巨大的经济效益和社会效益。洪水预报主要对已发生的降雨活动自动进行洪水预报和人工干预洪水预报，还可根据气象变化作假拟降雨的洪水预报，其主要内容包括以下几个方面。

（1）前期土壤蓄水量计算。

（2）产流量（入库洪量或净雨深）预报及暴雨频率估算。

（3）入库洪水过程预报及其相应的洪峰或洪量频率估算。

（4）由实际库水位或入库站组合流量推求实际入库流量。

（5）预报结果实时修正（包括非常情况下的人类活动影响修正）。

（6）同一降雨过程的多个洪水预报成果比较评判。

水库优化调度系统主要是依据水情、雨情、工情实况和暴雨、洪水预报，综合局部和全局的关系，设计和优选出防洪调度方案，运用防洪的各项工程措施和非工程措施，有计划地调节、控制洪水，保证防洪安全，努力减少洪水灾害。能根据预报洪水、辖区水利工程运行工况和水库保护区的洪涝灾情，按调洪模型、专家知识与规则，经推理演绎，给出兼顾防洪与兴利效益的泄洪调度方案。为防洪调度提供科学根据。兴利调度系统主要为水库日常高效科学运行提供诸如发电调度、供水调度、水生态调度等运行调度方案，用最少的水资源获取最大的经济效益（其中，发电调度根据水库蓄水信息和发电目标，并结合供水、航运、河道生态用水等综合利用要求，制订水库运行方式；供水调度根据水情、用水需求信息，兼顾其他综合要求，制订设计灌溉给水的水量、水位要求以及相应的保证率和配水过程；水生态调度根据河道生态用水需求、水情信息，结合供水、航运和发电等综合要求，制订出放水水量和运行时间等方案）。调度风险评价主要对水库优化调度运行中可能发生的主要风险事故及其致因进行识别，估计其发生的可能性、影响范围和影响大小，综合评价调度方案风险，风险评价中灾情评估是一个重要部分，它分为灾前评估、灾中评估和灾后评估。灾前评估主要是估算不同重现期洪水在不同调度方案下的淹没范围，超前预估洪水灾害发生时可能的强度和经济损失，制定相应对策及各类应急预案。灾中评估主要是在实际洪水发生过程中，根据预报和调度结果以及洪水淹没的影像图（如航摄图片、遥感图片、卫星图片），判断洪水的影响范围、受灾人口数、人口迁移和淹没损失等，对防洪调度系统提出的不同调度方案可能发生的灾害损失进行对比分析，以便及时采取减灾救灾措施和对策，安排灾后生产生活恢复。灾后评估主要是核实实际发生的灾害损失，并对灾前和灾中提出和实施的各种防灾减灾方案进行分析与评估。

抢险指挥系统是一个集网、网络数据通信、多元信息融合、数字化预案、预测预警、可视化指挥、综合水事业务及信息发布为一体的平战结合、预防为主的应急指挥系统。它主要根据防洪形势分析和风险分析，快速确定需要抢险的部位和抢险方案，对防洪抢险所需要的物资、队伍和方案的组合提供切实可行的信息保障，还能通过远程监视或应急通信，使指挥决策者实现可视化指挥调度，与现场人员进行信息交互，在准确掌握水情、工情、灾情和险情的条件下，指挥人员和专家可以适时做出决策，更大地发挥现场指挥和会商决策的作用，其主要内容还包括防汛人员管理、防汛抢险队伍管理、防汛文档管理、防汛物资管理、防汛组织管理、防汛经费管理、工程管理和防汛值班管理等。

闸门自动控制系统是用来执行水库调度系统调度决策指令的执行系统，它能有效控制所辖区域所有机电闸门的自动运行，并及时收集各闸门运行数据，在获取防洪调度或兴利调度方案指令后，闸门自动控制系统能按预案自动控制水轮机组、泄水闸门，执行发电、泄洪和供水等操作，并对其全过程实时监控，是水利现代化的重要体现形式。

计算机网络是实现水库信息化最基本的平台，按系统连接范围一般分为局域网和广域网两种。网络系统主要由核心交换机、路由器、服务器、防火墙、通信链路以及各类应用系统组成。主要作用是为各地水事部门间各类水利信息的快速传输、高效处理提供通信平台，且可靠保障数据传输安全有效，最大范围地实现信息的互联互通和资源共享。

数据库为各种水利信息的存储、共享和快速检索提供了强有力的技术手段。综合数据库是各类水利信息化应用的信息支撑层，它服务于各应用系统所需的公共数据，为所有信息化应用提供高效、准确、快捷、方便的数据支持。同时，综合数据库也是各类信息化应用间数据交换的主要方式，它能精确快捷地协调各水利信息化应用系统间数据关系，方便实现各应用系统间的数据信息互联共享。目前，水利信息化工程包含许多数据库，一般按其服务对象，可分为公用数据库和专业数据库。专业数据库主要用于某特定应用业务系统的数据库；公用数据库则是将多个业务应用系统需要的数据库整合为统一的数据库，为多个业务提供统一的数据支持和管理，提高信息利用率，实现信息最大程度的共享。目前水利公共数据库主要包含"水文数据库""基础工情数据库""社会经济数据库"和"水利空间数据库"。"水文数据库"一般包含水情、雨情、风暴和潮汐等信息。"基础工情数据库"一般包含水库、堤防、治涝工程、机电排灌站、水闸、跨河工程、治河工程、穿堤建筑物、灌区、地下水测井站、水文测站和发电工程等水库工程工情信息。"社会经济数据库"包含水利工程效益情况、工农业经济分布情况、土地耕地及人口分布情况等社会类信息资源。"水利空间数据库"则包含矢量空间数据、属性数据、数字高程数据和影像数据的信息。

　　水库办公自动化系统主要用来提升水管单位办公效率，系统一般具有公文流转、邮件管理、日程管理、行政事务、财务管理、人事劳资管理、计划项目、用款报销、资产资料和办公用品等日常办公的管理内容，通过网络共享网上各项软硬件资源（如打印机、数字化仪、数据库及应用系统等），实现文件共享服务、文件传输服务（file transfer protocol，FTP）、E-mail 电子信箱服务、网络信息发布和局域网通信服务等。实现对水库日常办公工作的全面智能化管理，规范办公流程，提高管理水平和管理质量，是水管单位机关办公自动化的重要载体。同时，办公自动化系统可以直接通过网络实现水情信息共享，方便相关人员及时查询工情、水雨情、调度信息、卫星云图和远程监控等专业信息，实现管理和决策科学化。在线业务管理工作的实现，满足了文件、信息的无纸化传输，系统能实时接收上下级有关单位发来的文件和信息，避免了纸质文件交换中容易出现的丢失和损毁等现象，规范了公文流转程序，全面提升办公效率，为水库可持续发展奠定了良好的基础。

　　水利电子政务一般包含水利网站、信息服务、网上行政审批、公共咨询服务和电子邮件服务等。水利信息网主要为社会提供水利信息服务，加强信息沟通，宣传水利政策法规，它一般由政务信息（政务公开、组织机构、通知公告、政策法规、行政许可、招标公告、网上办事和信息公开等）、水务资讯（水务新闻、专题报道、重点工程、水务图片、水务百科和水务信息等）和综合信息（组织机构、政策法规、调查研究、水利百科、节水知识和工作动态等）等栏目组成。水利信息网能弥补水利信息不能及时发布和信息发布不足的缺点，在第一时间把水事行业的时事和要事搬到网上，让水利工作信息以最快的速度传递到社会，同时向社会发布实时雨情、水情、风情、旱情和台风等预测信息和防灾抗灾救灾动态，通过浏览水利网站，水利基层单位和社会关心水利事业的人可随时了解水利工作动态。让人们足不出户就能了解到水利相关信息，提高全社会防灾减灾意识。电子政务支持的网上行政审批对于取水许可、水资源费征收、建设项目水资源论证和河道占用审批等业务实现网上业务受理，提供业务咨询、审批项目查询、流程演示、表格下载、在线填报和批复信息反馈等服务，省去许多中间环节，进一步体现水利为民的工作宗旨，节省办事时间，提高工作效率。同样利用水利电子政务人们可以在第一时间举报水事违法，加强了社会对水事活动的检查和监督，提高人们参与水事活动的积极性，有利于水利现代化和水利建设的可持续发展。

　　信息服务是为各级防汛部门有关人员（包括决策者、专业人士和相关人员）提供防汛有关信息（包括历史、实时水雨情、工情、旱情和灾情等），主要向水资源管理业务人员及公众提供实时的水位、水资源量、取水量、用水量信息、监测井基本信息及水资源年报等,并可进行相关的统计分析等。查询服务的工作内容包括防汛业务所有内容的查询。汛情监视为各级防汛部门的值班人员提供实时汛情自动监视和汛情发展趋势预测服务,以完全自动、直观醒目的方式向值班人员提供单点和区域的实时汛情,并满足值班人员对汛情深层次的专题查询和分析比较等要求。

水库工程管理决策支持系统是一个以空间数据为背景,以防汛业务为基础,以数据库技术、地理信息技术和网络技术为支撑的交互式专业信息服务平台。决策支持系统可以提供气象、雨情、水情、灾情、社会经济、工程运行情况及各类基本资料查询服务。其主要功能有查询分析、洪水预报及成果管理、防洪调度、防洪抢险方案的制订和实施、防洪工程远程监控以及防汛物资、防汛人员和防汛资金的管理与调配、决策分析、会商支持和应急指挥等。

3. 闸门管理信息化系统

闸门管理信息化系统一般由水闸安全监测、水雨情信息采集、闸门自动监控、视频监视等系统组成。对于大型水闸管理单位,其信息化系统中也包含气象服务、洪水预报调度、闸门群控调度、计算机通信网络、综合数据库和办公自动化等应用。

水闸工程安全运行不仅直接影响防汛抗旱工作的成败,还直接影响水闸控制范围人们生命财产的安全。水闸工程安全监测系统实时监测水工工程表面变形、内部变形、接缝、混凝土板变形、渗流量、坝基渗流压力、坝体渗流压力、绕坝渗流和混凝土面板应力等项目,实现水闸工程安全监测信息自动数据采集、传输和处理入库等,为水闸安全运行提供科学依据;水雨情信息采集系统是应用遥测、通信和计算机等技术进行水雨情数据采集、报送和处理的信息系统,它将控制区域内的水文数据在短时间内传递至决策机构,以便进行洪水预报和优化调度,达到降低水害损失,提高水资源利用率的目的。

闸门自动监控系统一般具有监测、监控和监视三项功能,主要用于水库、灌区、河道、供水渠以及闸门工程的闸门现地控制和远程控制。其控制模式可为现地单控、群控和异地远程遥控。被控闸门有平板门、弧形门、液压门和快速门等。提升方式可以是卷扬式、液压式或螺杆式等。闸门自动监控系统主要由传感单元(水位、闸位、过载和供电等)、信号处理单元(PLC,TCU)、通信网络、保护装置和控制系统等组成。传感器实时采集闸门位置(开度)、闸门荷重、上下游水位及电气器件运行等工况信息,经信号处理单元加工处理后,系统依据这些数据选择相应运行模式,实现对各闸门的有效控制。用户可以在现场或通过网络以"手动""自动"和"现地"三种模式实现对闸门的开启及关闭,同时系统将及时保存与记录闸门的实时运行情况以及用户操作情况以供调用和查询,用以保障整个系统运行安全；保护装置实时对闸门监控系统相关环境进行监测和监控，自动判断电机过载、闸门上下越限、电源供电异常、闸门失速/卡滞等越限越警故障信息，并能对故障进行实时处理，一旦出现异常工况则自动对设备进行及时保护并发出报警信息，充分保障闸门运行安全。为进一步保障闸门运行安全，及时观察和掌握闸门启闭运行情况，现在大部分的闸门自动监控系统都配备有视频监视系统，配合闸门监控，实现闸门的安全运行。视频监视能实时全天候、多方位监视闸前闸后的水情、闸机房及现场监控站各种设备的运行状况，通用网络可将图像直接传送到中控室或其他职能部门，方便运行管理人员对闸门监控系统实施有效控制。闸门自动监控系统作为水利信息化应用中的一个重要组成部分，可通过其开放接口灵活接入其他应用系统（如水库信息化、灌区信息化等），以利于整体提升水利信息化应用水平。

对于大型闸门工程管理单位，其信息化应用一般也包含计算机网络、数据库以及办公自动化系统等内容。网络是实现闸门自动控制的基本保障。数据库为各种水利信息的存储、共享和快速检索提供强有力的技术支持。

4. 堤防工程管理信息化系统

堤防具有堤线长、环境恶劣等特点。在堤防的日常管理中，由于缺乏有效的管理手段，为完成数据收集、记录和统计工作，要花费大量财力和人力。随着人们治水观念的转变和科学技术的进步，堤防功能除防御洪水外，在洪水资源利用方面将发挥越来越重要的作用。堤防工程管理信息化根据堤防工程管理现代化的需求，以现代信息技术为手段，以实现"信息网络化、管理自动化、决策科学化"为目标，为防汛决策、工程建设与管理提供全面、及时、准确的信息服务和技术支持。堤防工程管理信息化系统及时收集运行、管理和维护信息，并基于各种应用目的对信息进行分析处理，为管理人员提供方便快捷的信息支持，极大提高堤防日常管理、维护的效能，最大能效地发挥堤防防御洪水，造福人类的功能。

堤防工程管理信息化系统与其他单项水利工程管理信息化系统一样，一般由信息采集（如堤坝安全监测、水雨情、工情和气象信息采集）、信息应用（洪水预报、洪水调度、抢险指挥和闸门控制）、环境建设（通信网络、综合数据库、办公自动化和电子政务等）和决策支持（灾情预测、灾情评估、水资源评价、水环境评价、防洪预案和抢险指挥等）应用系统组成。

堤防安全监测是保障堤防工程安全的最基本职能，监测系统实时监测堤防工程堤身沉降、位移、水位、潮位和堤身浸润线等可能出现的稳定、渗流和变形等参数，根据堤防管理需求，采用遥测方法进行自动观测、自动采集数据、自动分析计算、自动预报可能出现的各种险情，为堤防管理提供决策依据；采用实时监控与人工巡视检查相结合的方法，对险工段的易出险部位应重点进行表观检查，直观地掌握堤防工程运行状况，指导堤坝维护工作。

闸门自动控制系统依据现在控制理论，在全面掌控水雨情、工情和调度命令的条件下，按堤防工程管理决策支持系统调度指令对各类闸门实施有效监视和控制，实现闸门"无人值班"（少人值守）的运行目的，确保堤坝和水闸等水利工程的正常运行，为防汛抗旱兴利调度提供支持，提高水资源的利用效率。

以现代信息技术为手段的堤防工程管理决策支持系统是堤防防汛减灾非工程措施的必然趋势，也是水利信息化应用的一个重要组成部分。决策支持系统一般由信息采集系统、综合数据库、水动力学模型库和专家库等部分组成。它们构成一个有机的整体，实现了对防汛信息的采集、实时传输、综合分析和决策判断的自动处理，能准确及时地为防汛指挥调度提供决策依据。决策支持系统综合利用当前先进的信息技术（如卫星、微波、超短波通信遥测、高精度测量仪表、宽带计算机网、多媒体显示和自动控制等），结合水动力数值模拟技术和 GIS/GPS 等应用成果，实现对雨情、水情、工情、险情和灾情等信息实时接受处理以及对气象与汛情实时监测预报；以及洪水预报及调度成果发布；防洪调度论证分析和成果显示；有关防洪抢险方案的制订和实施；防洪工程远程监控以及防汛物资、防汛人员和防汛资金的管理与调配等众多功能。决策支持系统对各应用系统的分析成果进行重组和统一加工，为水情分析与洪水量级估计会商讨论提供全面、鲜明的多种实时的与历史的水情特征信息，并对洪涝灾害发展趋势做出预测预报，为防汛指挥决策提供综合会商信息和详细的背景资料，追求最优化的减灾方案和工程运用措施，使灾害损失减少到最低程度。

5. 水利工程管理

主要包括工程基础信息服务、实时工情监测和建筑物安全分析等。工程基础信息服务主要为水利工程管理人员提供基础工程的信息，如基本信息、特征参数、建筑物信息、设计图、图片和多媒体等信息。实时工情监测主要实现工程实时运行信息的监测，如相关的闸门开度、水情信息、建筑物应力和渗流、位移等。建筑物安全分析则利用监测的工情信息和工程设计指标，进行建筑物安全性态分析，得出建筑物安全级别，制订相应的安全加固方案。

7.3 水利信息化实例

7.3.1 水雨情采集系统

水利信息化要求能及时、准确地掌握辖区主要江河、大中型水库、重点堤围、重点地区及暴雨中心的水、雨、风、灾状况，为区域洪水预报、灾前评估提供及时准确的基础资料，为防汛、防风和抗旱决策提供基础数据。传统水文资料收集劳动强度大，工序复杂且效率低，不符合现代水利对信息的需求。水雨情采集系统综合了水文、电子、通信、传感器和计算机等多学科最新成果，用于水文测量和处理，可提高水情测报速度，扩大水情测报范围，对江河流域和水库安全度汛及水资源合理利用方面都能发挥重大作用。水雨情采集系统一般由以下三部分组成。

（1）遥测站（传感器和信号测量处理设备）。

（2）中继站（信息传输通道和设备）。

（3）中心站（信号接收整理）。

1. 系统作用

（1）水雨情采集系统遥测站主要完成对水文气象参数传感器数据的采集、存储并通过超短波、卫星、有/无线电话等通信设备向中心站（或中继站）传送数据，用来监测此地的雨量、水位等水文气象参数。遥测站以同时具有定时和增量自报方式向中心发送数据的功能。

（2）水雨情采集系统中心站的功能包括接收本系统的遥测数据和以联机方式送来的水情电报、外部系统的水文数据，对收到的数据进行加工处理、存储、编制水文图表，以及进行预报、调度作业，向上级站和外系统发送数据等，同时应具有预报和警报的功能。

（3）水雨情采集系统中继站提供通信信号接力功能，以增加信号传输距离。

2. 信息通信模式

1）通信模式

各类水情信息如何能够准确及时地传递到中心站，是水雨情采集系统成功的关键。通信是信息传输基础，它的优劣直接影响水情信息及时、准确地传递。目前通信技术飞速发展，可供水雨情采集系统使用的通信模式及其优劣情况见表7.2。

表7.2　可供水雨情采集系统使用的通信模式及其优劣情况

通信模式	优　点	缺　点
超短波通信	技术成熟，设备简单易于配套； 数据传递速度快，实时性能好； 独立性好，完全是自身的专用网络； 运行费用低，是目前水雨情数据传输网的主要选择	在无线电通信拥挤的地区，干扰较大；山区及远距离的超短波通信需在野外高山建中继站，防雷地网要求高，建设费用较大，维护管理不便
GSM/GPRS CDMA/SMS 移动通信	利用公网，不需要自建和维护通信网； 信道使用不受限制，简单易行； 通信平台有保障，且不同站点的传输信号之间不易产生相互干扰； 通信距离不受地形地域的限制； 通信速率较高； 网灵活，站点的变动和扩充容易； 设备耗电小，费用低	受当前GSM网络覆盖的限制，可能有些偏远的站点无法通信组网； 短信息的接收会出现时间延滞现象； 实施时要根据系统规模考虑解决瓶颈问题；运行费用较大

续表

通信模式	优　点	缺　点
卫星通信	传输距离远、覆盖范围广、传输质量好； 采用卫星无线传输，不受地形、地物的阻挡，特别适用于地形复杂地带的通信； 数传速率较有线、超短波和 GMS 组网方式高	卫星平台耗电较大，采用直流供电时需配置较大容量的电池和浮充电设备； 卫星平台的价格较贵，运行维护费用也较高
PSTN 有线	建设成本低、见效快，有线组网的通信设备也较超短波、短波、卫星等通信方式便宜；通信平台有保障； 不同站点的传输信号间不易产生相互干扰； 通信距离不受地形地域的限制	野外电话线缆易遭受雷电干扰，易受人为破坏； 数据采集速度受电话线路质量和线路忙闲的影响，畅通率有时不高； 目前已基本不用

2）通信畅通率

通信畅通率由信道条件与碰撞概率决定，根据水利部颁发的《水文自动测报系统技术规范》（SL 61—2015）要求应达到以下方面。

（1）信道条件。超短波无线信道设计应保证信道误码率优于 10^{-4}。

（2）碰撞概率。在水雨情自动测报系统中，终端发送雨量数据是累计值，而不是传感器的增量值，测报系统在运行时允许丢失若干数据，只要后续数据被正确接收，还是可以计算出雨量变化值的，因此常以某个站连续丢失 3～5 个数据的概率作为碰撞概率。由于雨情数据密度远高于水位数据，碰撞概率也应以雨量数据的丢失作为计算对象。

（3）遥测设备发送数据格式也应具有较强的检错纠错功能，抗干扰能力强，保证数据传输过程中不会发生数据错误。

3）系统传输体制

系统传输体制主要有自报式（主动式）和应答式（被动式）两种。

（1）自报式（主动式）遥测站通过编码器将信息按预先规定的编码方式定时主动地向中继站或直接向接收中心发送，称为定时控制。还可根据需要事先规定，当遥测参数的变化达到一定数量（如雨量增加 1mm、水位升高 1cm）时，立即向中心发送数据，称为增量控制。一般兼用定时、增量两种控制。自报式具有设备简单、可靠性高、功耗小、费用少及数据过程完整等优点。但遇到故障停报又无电话相通时，就与中心失去联系。

（2）应答式，又称被动式。遥测站经常处于待命状态和被动地位，当收到中心或经由中继站转来的指令，立即启动设备将所存储的时段累积数据（雨量）或实时数据（水位）向中心或经由中继站发送。中心定时地向各遥测站依次巡测，遇有疑问即向该站查询订正；还可根据需要随时向所有遥测站或个别遥测站要求发报。应答式的优点是数据量大、功能较多，既可统一巡测，又可灵活选测，指挥自如（如站上有人驻守），还可与中心互通电话，使用方便。但设备比较复杂、功能较大、维修较难、投资较大，且不宜在多中继站的系统中使用。

　　为了实时采集水文数据，同时节省投资，降低测站设备值守功耗，我国水情信息采集系统多采用自报式体制，在被测水文参数发生规定的增量变化时（雨量增加 1mm，水位升或降 1cm）自动发送被测参数的数值（雨量为累计值，水位为实际值），考虑到水位值的测试环境，防消浪措施难以理想化，水面可以有波浪存在，为防止无谓地过频发送水位数据，一般将遥测站设置成水位数据发送的最短时间间隔为 5min。遥测站将数据直接或经由中继站发给中心站。

　　3. 系统功能

　　1）遥测站主要功能、设备及要求

　　（1）主要功能。

　　① 降雨量每发生 1mm 增量变化，自动采集并发送雨量累计值；水位变化 1cm（可设间隔时间超过 5min），自动采集并发送水位值。

　　② 外接人工置数仪，发送人工置入数据。

　　③ 具有定时自报功能，用于对设备运行状态的检测。

　　④ 具有通话功能。

　　（2）设备配置。

　　① 传感器：如翻斗式雨量传感器、细井式水位传感器、压力式水位传感器等。

　　② 信号处理器：将水文参数变换成数字信号，并将数据信号转换成符合一定规则的数码，以达到适于信道传输，便于纠错、检错的要求。

　　③ 调制器和解调器：调制器的作用是把数字信号变成适合信道传输的已调载波信号。解调器则是把接收到的已调载波信号恢复成数字信号，目前由于通信技术的发展，有些也可采用手机的 GSM/GPRS 或 CDMA/SMS 传输。

　　④ 电源：一般采用直流电源，如太阳能、蓄电池。

　　⑤ 天线电台：按不同的通信方式，选用不同的天线电台。

　　（3）站点设置要求。

　　① 水文、水位站：一般不得变更其位置。

　　② 雨量站：按能取得代表性降水资料和满足通信要求原则取其位置。

　　③ 无人值守、委托管理的遥测站：要尽可能设在靠近居民点，交通方便，便于维护看管的地点。

　　④ 水位站测井和位置应符合《水位观测标准》（GB/T 50138—2010）的规定。

　　2）中心站主要功能、设备

　　（1）主要功能。

　　① 实时接收处理数据。主要从前置机提取和接收的原始数据进行分解、检错、换码、分类与超限判断处理，写入数据库。

②　信息查询。以交互式方式提供水雨情数据、系统运行状况，测站和系统的特征参数等数据资料的查询。

③　编制水文图表。进行时段径流量、各类水文参数月、年平均值、最大值、最小值等特征数据的统计和计算。按照预定的项目与图表格式显示和打印各类水文数据的日报表、测站分布图、指定时段的雨量分布图、各类水文参数的过程线图等。

④　数据库和数据库管理。提供符合国家水利信息化标准要求的数据。

⑤　预报警功能。中心站应具有对整个系统的监测功能以维护系统安全运行且对超限数据做出预警报警。

（2）设备配置。

①　调制器和解调器。调制器的作用是把数字信号变成适合信道传输的已调载波信号。解调器则是把接收到的已调载波信号恢复成数字信号。

②　前置机。前置机是水雨情采集系统中心站值守机。也可以作为中心站主机的通信控制机，它实时接收各测站和终端发来的数据，并自动将这些数据整理成符合要求的水雨情信息。

③　避雷器。

④　天线、整机电台。

⑤　不间断电源、电池等。

⑥　计算机和打印机。

3）水情自动遥测系统软件

水情信息采集系统软件的设计开发，是以国家防汛抗旱总指挥部办公室制定的《水库洪水调度系统设计与开发规则》为依据，基于中文 Windows 平台的数据管理软件，软件既可应用于网络系统，又可用于单机系统，便于系统的集成。应用软件系统的开发必须符合稳定、可靠、方便、实用、安全的原则。

（1）主要特点。

①　功能齐全、运行灵活、使用方便、有较强的实用性与通用性。使用标准 Windows 软件环境，便于推广使用。

②　采用可视化、多媒体和数据库等先进的计算机技术，全中文操作环境，具有良好的通用性，便于系统维护。

③　预留与水库洪水预报相连的设计接口，易于后期实现与不同洪水预报模型和系统的连接及功能扩充。

④　在使用环境上，使用标准数据库格式对数据流进行有效的划分，系统可非常方便地应用于单机或网络系统，以适应所在流域各种计算机应用环境。

⑤　良好、完善的图表设计使系统能有效地采集处理复杂的数据，且能对个别测站数据的异常变化，自动进行判别并修正。以适应不同地区复杂多变的应用情况。

⑥ 人性化的软件界面设计，非常有利于对雨量、水位及其他水情数据的显示与查询，界面简洁，操作简单。

⑦ 易于实时、快速地生成各类图形和报表，与水库洪水预报和调度软件相结合，可使水库在最短时间内得出水库洪水调度方案。

⑧ 具有完善的报表打印输出功能。

（2）主要功能。

① 与系统前置机通信功能。程序通过与前置机通信，将前置机存储的数据调到计算机存储，在存储的过程中，软件对接收到的数据进行合理性判决，并对越限情况进行报警，在自报数据错误或缺测的情况下，软件提供了原始数据的查询功能，人工修改或置数的功能，为数据的合理整编打下了基础，利于对数据的甄别，最后将处理好的数据存入数据库中。

② 水文数据应用功能。主要功能有日雨量计算、过程雨量计算、时段雨量计算、月逐日雨量和年逐日雨量；日平均水位及 8 时水位、时段水位、月逐日和年逐日水位计算。另外，软件应提供雨量数据的柱面图及水位数据的折线图，直观表现雨量及水位的实际情况。

③ 动态实时监测功能。系统应能根据设定的时间，自动接收处理各站降水量及实际水位值，避免了用户频繁地调取原始数据，同时将实时数据不断显示在监测数据界面，为汛期随时掌握水雨情提供方便。

④ 配置图及流域图显示功能。提供了遥测系统的配置图及系统流域图，并可以配置图或流域图为背景进行实时监测。

⑤ 系统水文参数设置（基础水位、总库容、总淤积量、坝顶高程和汛限水位等参数）。

4. 安装要求

（1）室内安装的终端机为方筒密封型，可安装于墙上，天线馈线、太阳能电池、水位计、雨量计的电缆由室外引入。

（2）雨量计一般安装在开阔面（按规范要求），但由于安全原因，雨量计也可安装在开阔的房顶。

（3）遥测站的太阳能电池板，配有专用安装架安装在雨量计上部，调整好角度，使之有最佳采光面，在预先埋好的地脚螺钉上安装好，并引好电源线。

（4）浮子水位计安装在测井台上，通过电缆与终端机连接，电缆长度超过 50m时，最好加金属套筒后埋地铺设，亦可考虑转换为串行信号传送，以便于屏蔽和隔离。

（5）所有电缆超过 10m 时，应加钢丝引线以吊装馈线，水位计线和雨量计线的电缆屏蔽接地。

（6）中心站除天线塔外要有接地点，机房应另有设备接地点（与避雷地分开），接地电阻小于 5Ω。

（7）天线的架设必须有抗风能力，能防人为破坏。具有良好的接地，天线与遥测设备之间的距离越近越好，减少馈线长度，以减少损耗。天线与遥测设备之间安装同轴避雷器。

5. 土建工程要求

（1）雨量计安装在水泥台上，应事先做好水泥台，并按尺寸预埋地脚螺栓。

（2）天线按要求安装，高的要架设在铁塔上，铁塔上都有避雷针，接地电阻小于 5Ω，遥测站可放宽到 10Ω。

（3）中心站面积没有规定，最好分里外两层房间，里间放前置机和主机系统，要求安装空调器，设置没漆的墙壁和地板，但不要铺地毯，以防静电。外间放不间断电源和蓄电池等供电系统，中心站要有接地网，接地电阻小于 5Ω。

（4）电缆悬空长度超过 10m 应拉钢丝以吊装电缆，水位计线超过 50m 应装金属管，埋地铺设。

7.3.2　水库大坝安全监测信息系统

大坝安全监测通过获取第一手的资料来了解大坝工作性态，为评价大坝状况和发现异常迹象提供依据，从而制订适当的水库控制运用计划及大坝维护修理措施来保障大坝安全，在发生险情时还可发布警报减免事故损失。因此，大坝安全监测是保证大坝安全的重要措施，是坝工建设和运行管理中非常必要、不可或缺的一项工作。

下面以我国西北某水库为例，介绍水库大坝安全监测系统的配置及功能。该水库由拦河大坝（壤土心墙砂砾石坝壳）、泄洪排沙洞、溢洪道、引水发电洞和坝后发电厂房五部分组成：最大坝高 54.8m，坝顶长 360m，坝顶高程 2004.8m，设计蓄水位 2000.8m，水库总库容 1.934 亿 m^3。水库地震设防基本烈度为 8 度。其大坝安全监测基本是按规范要求进行设计，埋设了多达 12 项共 115 支（台）仪器设备，各类设备及埋设位置参数见表 7.3。

1. 水库大坝安全监测信息采集及自动化系统设计

根据信息化建设总的设计原则，并考虑信息采集要有明确的针对性和实用性、充分的可靠性和完整性、采集技术和设备的先进性和必要的经济性与合理性。结合该水库大坝安全监测设施的实际情况，对水库大坝安全监测信息采集系统设计确定为：对于测土应力应变的土应变计、土压力计、测渗透压力的渗压计、测渗流的振弦式测压管计，以及固定式测斜仪和地震仪信息采用自动采集方式，其数

表 7.3　各类设备及埋设位置参数

仪器	编号	坝横桩号	坝纵桩号	埋设高程/m	备注
水管式沉降计	W$_1$	横 0+166	纵 0+002	1975.0	所给高程为沉降计底高程
	W$_2$	横 0+166	纵 0+012	1975.0	
	W$_3$	横 0+166	纵 0+024	1975.0	
	W$_4$	横 0+166	纵 0+038	1975.0	
	W$_5$	横 0+166	纵 0+052	1975.0	
	W$_6$	横 0+166	纵 0+002	1975.0	
	W$_7$	横 0+166	纵 0+012	1975.0	
	W$_8$	横 0+166	纵 0+024	1975.0	
水平位移计	H$_1$	横 0+166	纵 0+002	1975.0	所给高程为位移计中心高程
	H$_2$	横 0+166	纵 0+012	1975.0	
	H$_3$	横 0+166	纵 0+024	1975.0	
	H$_4$	横 0+166	纵 0+038	1975.0	
	H$_5$	横 0+166	纵 0+002	1990.0	
	H$_6$	横 0+166	纵 0+012	1990.0	
	H$_7$	横 0+166	纵 0+024	1990.0	
土应变计	S$_1$	横 0+166	纵 0+003	1952.0	所列为仪器中心位置，其中 S$_1$~S$_4$ 长 12m
	S$_2$	横 0+166	纵 0-024	1954.0	
	S$_3$	横 0+166	纵 0-015	1975.0	
	S$_4$	横 0+166	纵 0-009	1990.0	

仪器	编号	坝横桩号	坝纵桩号	埋设高程/m	备注
土应变计	E$_1$	横 0+166	纵 0-004	1989.0	
	E$_2$	横 0+166	纵 0+000	1989.0	—
	E$_3$	横 0+166	纵 0+005	1989.0	
渗压计	P$_1$	横 0+166	纵 0-007.5	1946.2	
	P$_2$	横 0+166	纵 0-007.5	1960.2	
	P$_3$	横 0+166	纵 0-007	1975.0	
	P$_4$	横 0+166	纵 0+000	1975.0	
	P$_5$	横 0+166	纵 0+010	1946.2	
	P$_6$	横 0+166	纵 0+010	1960.0	
	P$_7$	横 0+166	纵 0+010	1970.0	
	P$_8$	横 0+166	纵 0+043	1948.0	
	P$_9$	横 0+166	纵 0+043	1950.0	—
	P$_{10}$	横 0+166	纵 0+043	1953.0	
	P$_{11}$	横 0+166	纵 0+099	1947.0	
	P$_{12}$	横 0+166	纵 0+099	1949.5	
	P$_{13}$	横 0+166	纵 0+099	1952.0	
	P$_{14}$	横 0-070	纵 0-007.5	1946.2	
	P$_{15}$	横 0-070	纵 0-007.5	1960.0	
	P$_{16}$	横 0-070	纵 0-007.5	1970.0	

据经变换直接进入管理所中心计算机；而对于测内部变形的水管式沉降计、水平位移计、对大坝的表面位移观测、活动式测斜仪、量水堰（渗流量）、观测井等，都由人工通过相应仪器设备，按规范要求进行观测，其数据由手工输入中心计算机。

1）监测项目

该水库大坝共埋设了测内部变形的水管式沉降计、水平位移计、测土应力应变的土应变计、土压力计、测渗透压力的渗压计、测渗流的振弦式测压管计、固定式测斜仪和地震仪、测大坝的表面位移的位移标点、活动式测斜仪、量水堰（渗流量）和观测井等共计 12 项，115 支（台）仪器设备。

2）监测信息采集方式

水库大坝埋设的 12 类监测仪器设备，按其性质可分为两类：一类可使用相应的传感器将物理信号转换成电信号，然后用电信号进行传输和处理，即可以实现对信息的自动采集和处理；另一类则不易实现自动化，则要由人工通过相应仪器设备，按规范要求进行观测，其数据由手工输入中心计算机。

根据水库大坝实际埋设的监测设备，确定对土应变计、土压力计、渗压计、振弦式测压管计、固定式测斜仪和地震仪采用自动化采集方式。而对大坝的表面位移观测、活动式测斜仪、水管式沉降计、水平位移计、量水堰（渗流量）、观测井等，都进行人工观测。

自动化数据采集系统选用美国基康仪器（北京）有限公司的产品（MICRO-10 自动化数据采集系统），其数据由现场多通道数据采集单元（8032-32-1）进行采集，经电缆传输进入数据记录仪（8020EX-1-220），后直接输入中心计算机。

2. 系统结构

水库大坝安全监测由水库管理所统一控制和管理，系统主要由中心计算机、数据记录仪、现场多通道数据采集测控单元、传感器和测点等构成。系统结构布置如图 7.2 所示。

其中，中心控制室设在水库管理所，MICRO-10 自动化数据采集系统的主机 8020EX-1-220 数据记录仪设在中心控制室内，现场多通道数据采集单元（8032-32-2）则设在现场的 1 号、3 号、4 号、5 号观测房内。为减少数据采集单元数量，2 号观测房和溢洪道闸室内的传感器由电缆就近引入 3 号观测房内。

另外，3 号观测房内接入传感器较多，一些传感器需要同时测温，通道数超过 32 个，故 3 号观测房需要 2 个 8032-32-2 测控单元。

1）中心站的组成和主要功能

中心站主要由计算机、MICRO-10 自动化数据采集系统的主机、RS232/485 转换器、避雷装置、绘图仪、打印机以及电源系统等组成。

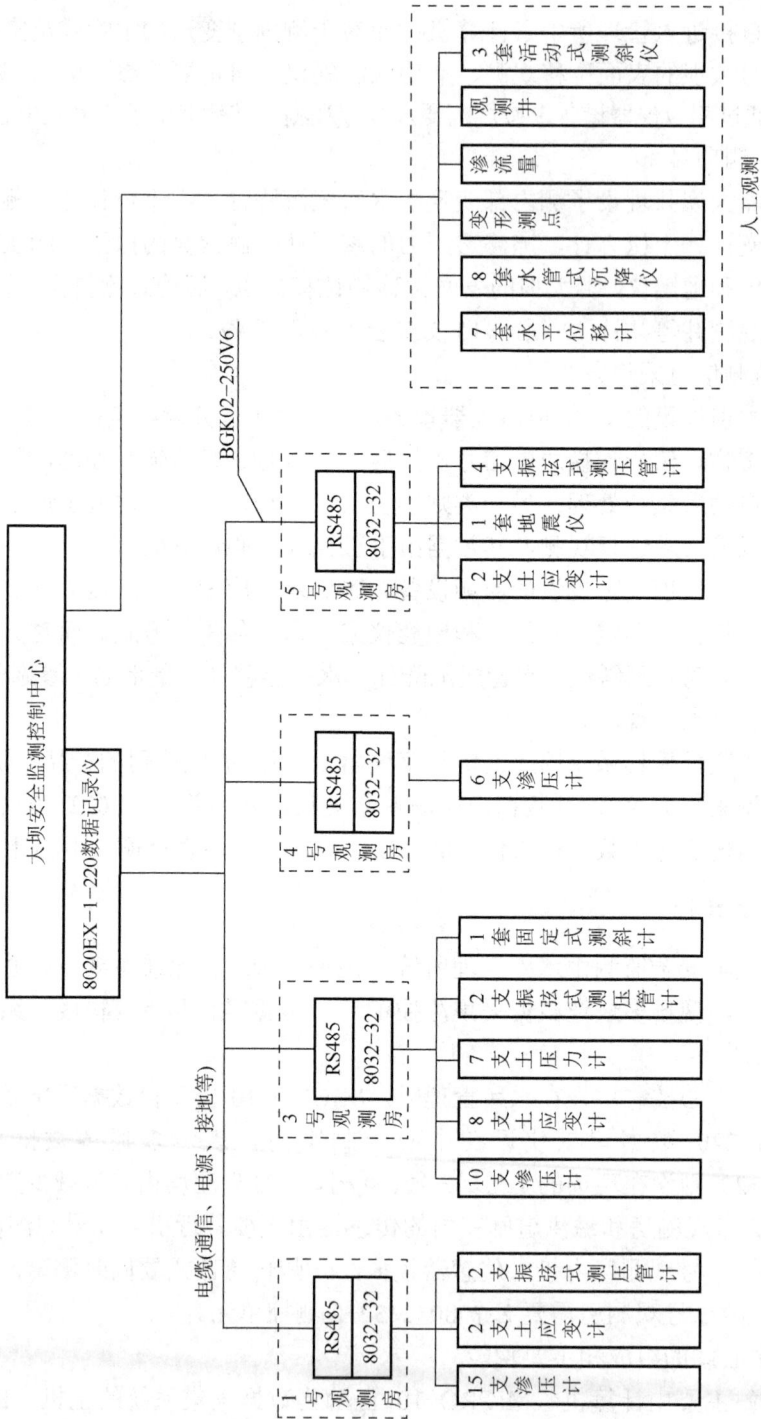

图 7.2　某水库大坝监测自动化系统结构图

MICRO-10 自动化数据采集系统的主机负责接收现场数据采集单元发送的监测数据并加注时标存入指定内存。可根据主计算机命令以 9600bit/s 向主计算机发出数据，存入相应数据库内。主计算机要另设一串行口，以备向上级部门传送数据。

主机对采集数据进行在线处理或离线处理，形成数据文件。依照《土石坝安全监测资料整编规程》（SL 169—1996）进行资料整编，绘制相关图表，分析大坝运行情况。

根据有关规定及大坝实际情况设置预警条件，出现异常情况时监测系统自动进行声、光报警。

通过电信网及时将大坝安全性状方面的数据资料传送到市水务局、省水利厅，为上级部门的全面决策提供可靠的数据和信息。

此外，主机内建有监测信息数据库和相应数学预报模型，能对监测信息进行归类、存储、打印各种报表，并根据实时信息做出预报和水库运行调度方案等。

2）现场多通道数据采集单元（8032-32-1）的组成和主要功能

现场多通道数据采集单元（8032-32-1）主要由 32 通道的主机板、模拟信号接口板、防水机箱、雷击保护器及采集软件等组成。

现场多通道数据采集单元的主要功能是日常运行管理，即 8032 按预定程序对各传感器进行定时数据采集、存储和上传；根据需要计算机操作可以修改监测程序，强制性数据采集，显示、存储和打印等。

3）一次设备

监测系统一次设备（传感器）已埋设到位，共计 115 支（套）。

其中，变形监测为大坝表面位移，采用经纬仪和水准仪测量。变形观测布设 6 个横断面，沿坝轴线布置 4 排，总计观测标点 22 个，另设变形起测基点和校核基点共 16 个；渗压计 31 支；土压力计共 7 支；水管式沉降仪 8 套；水平位移计 7 套；土应变计 6 套共 12 支；振弦式测压管 12 套（其中 4 套未装）；活动式测斜仪 3 套；固定式测斜仪 1 套；地震仪 1 套；量水堰 1 座；观测井 2 座。

内部监测仪器均选用钢弦式仪器。

4）系统通信和防雷

监测系统的通信分三个层次。8032 与传感器连接采用专用电缆；8032 同水库管理所的控制中心 8020EX 用通信电缆连接；水库管理所与上级水务局、水利厅则通过网络传递信息。

监测系统的防雷措施包括：传感器采取信号避雷器防护，电源通过隔离变压器和电源避雷器接入，系统内的建筑物布设接地网保护，接地电阻要求小于 5Ω。所有裸露电缆必须采用钢管保护，钢管要接地良好。在雷雨多发季节，系统非必要运行时应切断电源，以防备电源引发雷击。在需要监测时再接通电源，启动系统。

5）电缆敷设与布置

中心控制室主机用通信电缆，连接设在观测房内的现场多通道数据采集单元。电缆用 PVC 管保护埋入电缆沟，考虑当地冻土层深度 1.5m，电缆沟开挖深度 1.6m，宽度 0.3～0.5m。电缆敷设过程中要注意保护好电缆接头和编号标志，及时检测电缆及传感器的状态和绝缘状况。

3. 大坝安全监测分析评价预报系统软件

大坝安全监测分析评价预报系统软件功能包括以下几个方面。

（1）大坝安全监测信息管理。

（2）大坝安全监测分析评价。

（3）大坝安全监测预报。

（4）大坝安全监测实时监控平台。

4. 主要设备清单

自动化监测数据采集系统主要设备见表 7.4。

表 7.4　某水库大坝监测系统主要设备清单

序号	名称及型号规格	单位	数量	备注
1	8020EX-1-220 数据记录仪	台	1	美国产
2	A8032-32-1 多通道数据采集单元	个	5	美国产
3	8032-30 雷击保护器	个	5	——
4	8032-5 连接电缆接头	个	5	——
5	MICRO-10 用 Multilogger 软件	套	1	——
6	4 芯屏蔽电缆 BGK02-250V6	m	3100	——
7	专用电缆	m	500	——
8	RS232/485 转换器	个	5	——
9	大坝安全监测数据分析评价预报软件	套	2	——
10	电缆保护管（PVC 管）	m	1200	——
11	J2 经纬仪	台	1	——
12	位移基点和校核基点	个	8	——
13	测压管	个	3	——

5. 监测系统的管理及维护

大坝安全监测自动化系统，经过技术论证、设计及现场安装实施，验收合格后即开始投入运行。在长期监测过程中，系统能否正常运转，是否经常发生故障，发生故障后能否及时检修恢复，能否真正为大坝运行性态监测、指导工程有效利用水资源及防洪安保发挥作用，在很大程度上取决于系统的管理和维护水平。在管理上要有完善的机构和明确的责任制，在维护上要有切实可行的措施和必要的经费。

7.3.3 闸门自动监控系统

闸门自动监测控制对于节约水资源、提高水资源的利用效率、确保水利工程的安全高效运行有着重要意义。闸门自动监控系统主要由现地监控单元、远程监控计算机和上位计算机组成。系统一般采用分布式结构，实现对水库或灌区主要控制闸门进行联网监控，达到分散控制、集中调度、高效管理的目的。

1. 现地监控单元

闸门自动监控系统现地监控单元，主要由可编程控制器（programmable logic controller，PLC）、水位传感器、流速传感器、通信设备、动力控制柜（空气开关、交流接触器、保护装置、手/自动切换装置、故障/事故信号、电流/电压表及指示灯、控制按钮）、电动装置（包含上下限位开关、过力矩保护、闸位计及仪表）等组成，如图 7.3 所示。

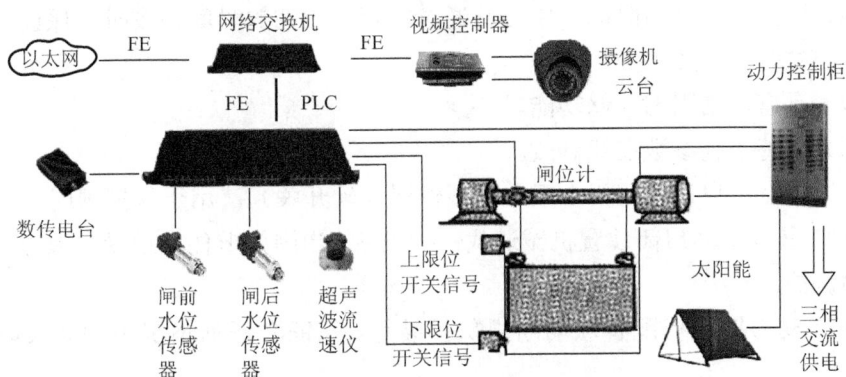

图 7.3 闸门自动监控系统结构

现地监控单元利用水位计、开度传感器和安保信号采集器等信号采集测量装置对闸门工况进行全面监测，利用 PLC 输入输出接口组成测量与控制层，接收远程监控计算机传来的闸门启闭控制及开度设置信号，实现对闸门的精确控制，其控制指令通过以继电器触点和可控硅无触点形式与现场控制机柜相连实现对水库调水的运行操作。

现地监控单元在系统运行过程中自动监测闸门及其他部件工作状况，在闸门运行过程中一旦出现倾斜、过载、越限、电机过压、过流和断相等情况，能立即报警并停止闸门运行。

1）主要功能

（1）即插即用。现地监控单元控制系统主要由 PLC 模块构成。PLC 模块的一个重要特点就是带电插拔、即插即用，便于设备更换和维护。

（2）测控一体。现地监控单元包括模拟量输入/输出，开关量输入/输出模块。模拟量输入模块用于输入被监测信号的模拟信号和开关量信号，开关量输出模块用于输出信号控制启闭机的正转、反转和停止。

（3）闭环控制。现地监控单元接收到目标流量、水位或目标开度后，通过 PLC 控制单元运算，产生控制指令，快速调节闸门的开度，使流量、水位或开度达到规定值。

（4）自动实时采集水位、流速、闸位、上下限位开关状态等数据，并将数据传送到中心站。并接收中心站发送的带有控制识别码和操作密码的调度控制指令，经确认后方可执行，防止误操作或非法操作。

（5）具有向上级报送运行状态信息和报警信息的功能。

（6）发出的信息都自带本站的地址码、当前监控站的时间标志，表明该信息的来源、监控站的当前时间。中心站通过检查监控站的时间来校时，保证各个站点与中心站时间一致、同步工作。

（7）具有数据固态存储功能。

（8）支持控制参数在线修改。

（9）支持用户设定闸门上限、下限位置（软开关），用于保护闸门。

（10）具有电动启闭装置机械过载保护设备，当闸门卡住或承受过大外力时执行自动保护。

（11）动力控制柜配备联动断电保护装置，保证在任何情况下都能及时断开电源。

（12）具有自检自恢复功能。

（13）设备性能可靠，并有防潮湿、防雷和抗干扰等措施，所有设备都能够在无人值守的条件下长期连续正常工作。

2）PLC

闸门控制系统现地监控单元一般都采用 PLC。PLC 包含 CPU、模拟量输入/输出模板、继电器输出模板。PLC 根据模拟量板监测到的水位、开度及其他监控信息，按远程控制计算机的控制指令自动运算，求出闸门开度的变化值，经模拟量输出端口直接控制变频器，调节电机运转，实现对闸门开度的精确控制。作为现地监控设备的控制核心，PLC 应具有以下性能。

（1）数字量输入模块（DI）：信号应由独立无源的常开或常闭接点提供，输入回路由独立电源供电。且数字信号输入经过光电隔离，还应有接口滤波措施，接点状态改变后，其持续时间为 4～6ms 以上者，视为有效信息。每个数字量输入都有 LED 指示状态。

（2）模拟量输入模块（AI）：电气模拟量输入为 4～20mA，模块可对 A / D 转换精度自动检验或校正。模拟量输入接口参数满足以下要求。

① A/D 分辨率：16 位（可含符号位）。

② 转换精度：包括接口和 A/D 转换，误差小于满量程的 ±0.4%。

③ 支持平均值、断线检测功能。

④ 转换时间：小于 2ms。

（3）数字量输出（DO）：数字量输出接点的容量、数量和电压满足控制对象的要求，并留有充分的裕度。

① 输出继电器为插入式，带防尘罩。

② 每一数字输出有 LED 指示器反映其状态。

③ 瞬时的数字量输出信号持续时间为可调。

（4）配有以太网接口或串行接口。渠首监控站通过以太网接口连接光端机与调度中心通信；串行接口用于连接数传电台与调度中心通信。

（5）输入/输出通道数保留 10% 的备用，内存容量保留 30% 的备用，充分的冗余可以保证系统的稳定可靠运行和将来的功能扩充。

（6）具有高可靠性，能在无空调、无净化设备和无专门屏蔽措施的启闭机旁正常工作。

（7）在脱离上位机控制后，仍能够对所控制的闸门进行正确无误的操作。

（8）外部供电电源为交流 220V 或直流 24V。

3）动力控制柜

动力控制柜包含空气开关、交流接触器、保护装置、手动/自动切换装置、故障/事故信号、电流/电压表、指示灯和控制按钮等。所有部件应满足国家电气设备技术标准的要求。控制开关、接触器和继电器等动作器件应满足接点容量的要求，并留有较大裕量，满足低耗且防尘的要求。

4）闸门电动装置

闸门电动装置应包含上下行程、过力矩保护、闸门开度显示、到位信号灯及仪表等装置，能有效地开关或调节闸门，并发出闸门运行信息。

2. 远程监控计算机

闸门自动监测控制一般采用层次型分布式结构模式，即一台远程监控计算机（工业控制机）连接多台现地监控单元。其系统结构如图 7.4 所示。

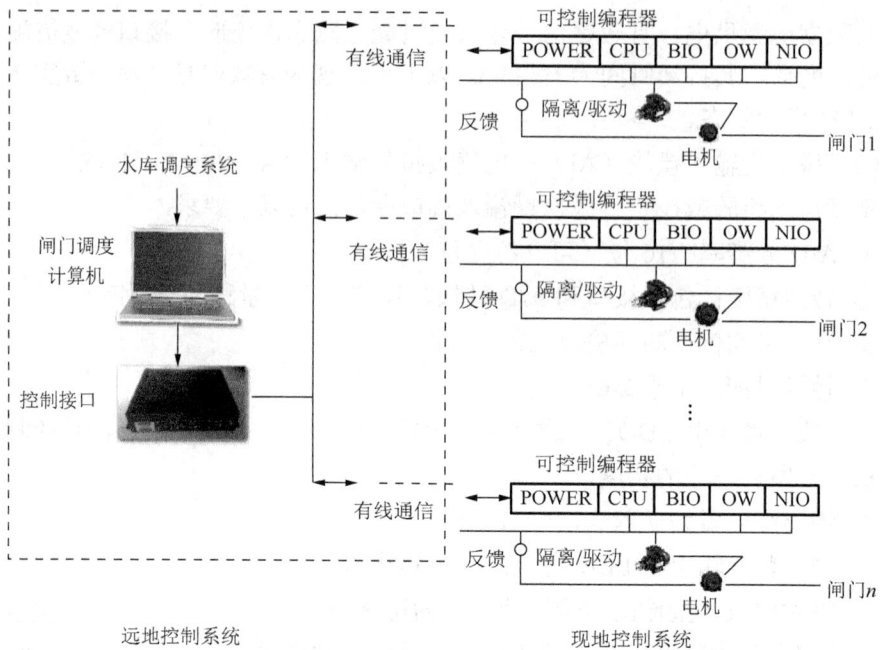

图 7.4　闸门控制系统结构图

　　远程监控系统实时接收现地监控单元传来的数据，经过计算分析，按预先设定的运行程序及时、准确向现地监控单元发送控制命令并回传现地监控单元监测数据；对闸门运行工况、水位和现地监控单元工作状态进行实时记录；计算累计过闸流量、统计启闭次数和时间；实现对水库水位或灌溉用水的精确控制。远程监控计算机作为闸门自动监控系统运行值班机，其主要作用就是控制和管理所属的多个现地监控单元，指挥闸门安全有效运行。远程监控计算机直接接收上位计算机专家决策支持系统发布的水库或灌区调峰或供水调度指令，将调度命令转换成闸门运行控制指令，按预案要求分发至各现地监控单元，指挥控制各闸门安全高效运行，实现水库和灌区调度的自动化与智能化。

　　上位计算机一般用来运行水库调度或灌区供水调度决策系统，其调度命令传至远程监控计算机，由远程监控计算机将调度命令转换成闸门运行控制指令，分发至现地监控单元控制各闸门运行。系统上位计算机与远程监控计算机（工控计算机）之间一般采用以太网络连接模式连接，系统上位计算机与远程监控计算机同置于调度控制中心。远程监控计算机与各主要控制闸门的现地监控单元之间的联系通常采用符合工业标准的串行 RS-482 通信模式，通过双绞线实现调度中心与闸门间的数据通信（通信距离约 1000m）。若通信距离过长也可采用其他连接方式（如无线、光缆等），一台远程监控计算机可以连接多套闸门现地监控单元。

3. 系统功能

1）实时数据采集

实时数据包括水库水位、闸门开度、闸门工况、保安数据和过闸流量等。

（1）水库水位：水库水位通过水位传感器（压力式或浮子式水位计）将水位变化值转换为电信号或编码信息，通过 PLC 的数字或模拟量输入并经 A/D 转换成水位值。

（2）闸门开度：闸门开度传感器采用姿态传感器作为闸位计，闸门启闭角度信号转换为开度，编码送到 PLC 数字输入模块，并由 PLC 进行解码得到闸门开度。

（3）闸门工况：闸门工况除闸门开度，还包括闸门当前的运行状态（即启闭状态），闸门启闭机电气检测信号（如电机过流、过压和断相等），通过 PLC 来判断闸门当前工况。

（4）保安数据。保安数据主要指为满足水闸设备、设施的防盗要求，安装的非法侵入检测开关、线路切断检测开关等开关信号，通过 PLC 判断分析是否有不安全因素，并自动发出报警。

PLC 监测和处理的各种信息同时传送到远程监控计算机系统，可实现远程动态监控闸门运行。

2）运行方式

闸门自动监测运行方式主要有以下几种。

（1）自动控制。按照闸门操作规程或调度方案由计算机自动控制闸门运行。自动控制方式的控制权限移交给上级调度中心中央控制计算机，所有操作均由调度中心，按调度需求执行。这是闸门自动监测控制系统的主要运行方式。

（2）现地控制。在现场设立现地控制柜，管理人员在现场可以通过现地控制单元或远程控制计算机控制闸门按预案运行。现地控制模式也称半自动模式，它是利用本地 PLC 控制单元按预先设置的预案自动控制闸门的运行操作。

（3）手动控制。保留闸门现有手动控制装置，在自控系统、现地控制失效或紧急情况下手动控制闸门运行。手动为相对独立的控制系统，所有自动化控制系统应都不能影响手动控制系统的运行。当 PLC 检测到手动控制信号后，将禁止系统发出任何启闭操作指令，以保证现地操作安全。

3）动态监视

（1）监控软件提供形象逼真的动态模拟闸门运行状态及变化过程，实时显示采集的数据和系统运行信息。监控画面能提供模拟现场操作的按钮、指示灯、数据输入窗口等操作功能。所有的简单操作信号经过后台监控软件运算加密，通过网络传送给闸门现地控制单元，闸门现地控制单元解密后方可执行这些操作，以实现对闸门的控制。

（2）实时显示图形化过程曲线。闸门运行状态和水面变化过程能通过图形化界面动态显示，水位、流量以及水量等实时数据能以过程线形式显示，方便运行管理人员分析监测水量的变化趋势。

（3）能根据优化调度的要求进行闸门控制。优化调度功能以时间或事件触发为基础，通过建立的预测控制、模糊控制模型或规定性要求进行闸门自动控制。

4）报警处理

系统报警分为提示性报警和故障性报警。提示性报警包括操作出错、数据设置超限、特性值出现等不影响系统运行的报警，这类报警主要用于警告性提示。故障性报警一般包括控制设备内部故障、运行出错、控制设备不能执行指令等，这类报警影响系统正常运行，必须及时进行处理，报警发生后系统能自动登录报警数据库并及时记录报警事件和过程，为报警分析提供依据。所有报警信息都在监控计算机监控界面实时显示，同时显示报警区域、报警类型和故障处理办法等内容。

5）系统维护

监控计算机提供随机帮助和远程维护功能。帮助功能主要包括使用说明、操作帮助和故障处理帮助等。远程维护能通过网络进行远程的故障诊断和排除。

6）报表打印

按要求生成各种报表，如年度报表、季度报表、月报表和周报表等。

7）系统维护

操作员口令设定、更改；数据字典维护；系统参数设定、更改。

4. 辅助工程

1）防雷设施

在闸门自动监控系统现地控制部分应设置避雷设施和设备接地装置，将雷电电磁脉冲感应的过电压、过电流引入大地，分离有用信号和雷电冲击波，保护设备免遭破坏。接地体电阻应小于 10Ω，同时在电源接入端加设避雷器。

2）土建工程

闸门现地监控站需要的土建项目有：闸房建设、启闭机改造和测水计量设施。闸房的面积根据实际情况确定，采用砖混结构或轻型钢结构。闸门手动启闭机改为手动、电动两用启闭机。测水设施主要进行量水堰和标准过水断面的建设。

7.3.4　视频监视系统

随着电子技术飞速发展，视频监控应用越来越广泛。有线、无线和光纤通信技术发展使视频监控图像传送质量得到质的提升，让远距离视频监控成为可能。

图像信息具有直观、生动、真实的特点，它实时反映了被监视对象的形态，是对数据信息"形"的补充。作为重要的决策依据，对水利工程安全信息以及周围环境现场图像的监视，也是水利信息化利用的重要内容。

视频监视系统一般由硬盘录像机、摄像机、可控云台、可变镜头及防盗传感器、编码/解码器、传输线路和控制软件组成，主要作用如下。

（1）实时将现场图像传送到调度中心，保存在硬盘录像机中。

（2）进行全天候的现场图像监视。

（3）具有高度的可靠性和稳定性，图像传输质量好。

（4）可远程控制图像采集设备，如控制云台、摄像头（光圈、焦距等）。

1. 系统功能

1）监控功能

MPEG 压缩（纯硬件实现），每路达到 25 帧/秒。采用 32 位嵌入式微处理器及嵌入式实时操作系统，保证了系统的实时性、可靠性和稳定性。多路音频和视频的全实时同步监看、录像，支持对有音频的现场进行声音的实时监听。高清晰度，画质可调，监视分辨率达到 704×576 像素，录像分辨率为 352×288 像素。视频移动动态检测功能：每路视频可设置多达 64 个动态检测区域，提供 10 个灵敏度调节等级。视频屏蔽功能：对重点区域（不需要录像及监视的区域）进行屏蔽。每路最多可以设置 64 个屏蔽区域。内置多种通信协议，支持多种云台、镜头、一体化快球及报警主机。信息提示：系统面板提供了当前各摄像机的工作状态和当前硬盘的容量。

2）录像功能

（1）支持多种不同的录影方式（手动录像、定时录像、移动录像和报警录像等）。

（2）每路的音频参数和录像参数均可以单独设置（录像等级、帧数和录音等级等）。

（3）硬盘数据管理，具有手动和自动覆盖历史资料的功能，保证了数据安全。

（4）字符叠加功能：摄像机的名称、录像的时间、日期的字符与图像叠加，嵌入视频中存储。

（5）录像的图像质量可多档调节。

（6）数据安全：文件之间采用无缝连接，两个连续的文件间不会丢失数据。

3）回放功能

为用户提供两种回放方式：检索放像和文件放像。可以选择需要回放的端口及需要回放的具体日期，选中该端口当日的录像存储文件后播放该录像文件。输入端口的具体起始日期和时间，则播放该端口从该时间开始的录像数据，并且支持远程检索。

4）报警功能

（1）每个摄像机可以单独设定移动报警录像，单独设置移动录像的布防时间段。

（2）每个摄像机的移动检测的灵敏度可调节。

（3）主机提供 4 路报警输入，2 路报警输出接口。

（4）用户可以为每路设置报警输入的检测时间段、报警时的联动录像端口、录像时间和联动报警输出口。

（5）支持外接各种报警器及联动报警设备（警灯、警铃等）。

5）管理功能

（1）系统可设多级密码：锁定密码、系统管理密码、用户密码和软件升级密码等。

（2）提供网络监控功能，可以实现在局域网、广域网上的监看、录像和回放，并可在远程设置主机的各项参数。

（3）采用遥控器操作，可以用遥控器完成所有的设置，包括云台、一体化快球的控制、报警、录像和回放等。

（4）主机具有自动开关机的功能，可以按照设置自动运行。

2. 摄像机的性能要求

室外一体化摄像机应提供基本的摄像机操作功能及视像切换等辅助功能，其中包括远程遥控、镜头变焦、光圈调整、云台控制、手动/自动循环选择。摄像头应有防护罩，满足防雨、防尘、防盗，摄像头必须具有高的灵敏度，红外夜视能力，以免光线不足而影响视像效果。

3. 视频监控软件的要求

在 Windows 环境下运行，中文操作界面上显示的动态图标应能反映该设备的实时状态。完全模拟操作键盘功能，可通过点击这些图标选择和控制相应的设备，包括摄像机、云台、视频录像和控制输出等（石自堂，2009）。

第8章 水库的洪灾风险和防汛管理

8.1 水库的防洪调度

8.1.1 水库调度的意义

水库的作用是调节径流，兴利除害。但是水库在运用中也常常存在各种矛盾，如防洪与兴利的矛盾，各兴利部门之间在用水上的矛盾等，而解决矛盾的方式不同，相应的经济效益也不同。因此，只有在确保水库安全的前提下，根据河川径流的特点和用水部门的需要，充分利用水库的调蓄能力，正确处理好防洪与兴利，蓄水与泄水，以及各用水部门之间的关系，才能发挥水库的最大综合效益。

根据径流预报和用水计划，结合工程的实际能力和上下游防洪的要求，制订合理的水库运用方案，这就是水库调度。水库调度通常分为两种，即防洪调度和兴利调度。防洪调度的任务是在确保工程本身及上下游防洪安全的前提下，对水库的调洪库容和兴利库容进行合理安排，以充分发挥水库的综合效益。兴利调度的任务是充分利用水库的调蓄能力，对河川径流在时空上进行重新分配，以满足用水部门的需要。

8.1.2 水库的洪水调节计算

1. 洪水调节计算的基本方程

水库的洪水调节计算是根据预报的入库洪水过程线 $Q(t)$ 推求水库的泄洪过程线 $q(t)$、相应的调洪库容 V 和水库水位变化过程 $Z(t)$。

水库在 Δt 时段内的水量平衡可用下列方程表示为

$$\frac{Q_1 + Q_2}{2} \Delta t - \frac{q_1 + q_2}{2} \Delta t = V_2 - V_1 \tag{8.1}$$

式中，Δt 为计算时段，从时刻 t_1 到时刻 t_2，即 $\Delta t = t_2 - t_1$；Q_1、Q_2 分别为计算时段初和计算时段末的入库流量（m^3/s）；q_1、q_2 分别为计算时段初和计算时段末的出库流量（m^3/s）；V_1、V_2 分别为计算时段初和计算时段末水库的容积（m^3）。

式（8.1）也可表示为下列形式

$$\left(\frac{V_2}{\Delta t} + \frac{q_2}{2} \right) = \left(\frac{V_1}{\Delta t} + \frac{q_1}{2} \right) + \bar{Q} - q_1 \tag{8.2}$$

式中，$\overline{Q}$ 为计算时段初和计算时段末的平均入库流量，即 $\overline{Q} = \frac{1}{2}(Q_1 + Q_2)$。

2. 洪水调节计算方法

洪水调节计算的方法很多，有解析法（列表法）、图解法、半图解法和概化图形法等，其中半图解法计算比较方便，精度也比较高，因此在实际工作中应用较广，下面仅介绍半图解法的基本原理。

计算前首先需绘制水位-库容关系曲线 $V = f(Z)$ 和水位-泄流量关系曲线 $q = f(Z)$，如图 8.1 所示；然后按表 8.1 计算并绘制辅助曲线 $q = f\left(\frac{V}{\Delta t} + \frac{q}{2}\right)$，如图 8.2 所示。在表 8.1 中，假定不同的水位 Z，即可由图 8.1 中的曲线 $V = f(Z)$ 和 $q = f(Z)$ 上查得相应的 V 和 q，将 V 除以计算时段 Δt，即可求得表 8.1 中第（6）栏的 $\left(\frac{V}{\Delta t} + \frac{q}{2}\right)$ 值，根据表 8.1 中第（4）栏和第（6）栏中的 q 值及 $\left(\frac{V}{\Delta t} + \frac{q}{2}\right)$ 值即可绘制辅助曲线 $q = f\left(\frac{V}{\Delta t} + \frac{q}{2}\right)$，然后按表 8.2 进行洪水调节计算。

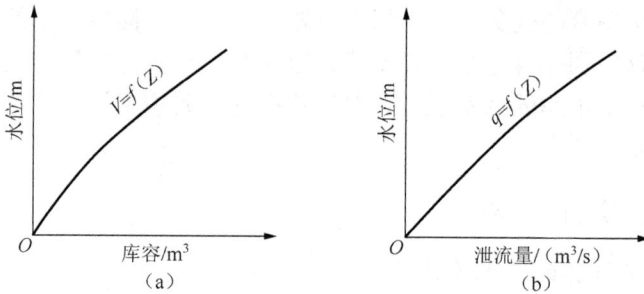

图 8.1　水库水位-库容曲线与水位-流量曲线

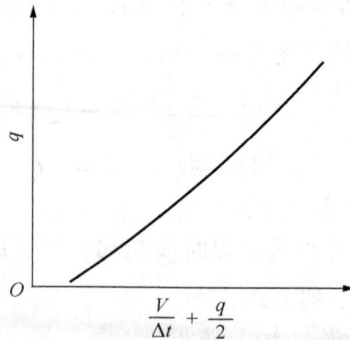

图 8.2　辅助曲线 $q = f\left(\frac{V}{\Delta t} + \frac{q}{2}\right)$

表 8.1　辅助曲线 $q = f\left(\dfrac{V}{\Delta t} + \dfrac{q}{2}\right)$ 计算表

水位 Z/m	库容 V/m^3	$\dfrac{V}{\Delta t}$ /(m³/s)	下泄流量 q/(m³/s)	$\dfrac{q}{2}$ /(m³/s)	$\left(\dfrac{V}{\Delta t} + \dfrac{q}{2}\right)$ /(m³/s)
(1)	(2)	(3)	(4)	(5)	(6)

表 8.2　洪水调节计算表

时间日、时	时段 Δt /s	时段平均入 库流量 $\bar{Q}$ /(m³/s)	$\dfrac{V}{\Delta t} + \dfrac{q}{2}$ /(m³/s)	下泄流量 q/(m³/s)	水库水位 Z/m	$\left(\dfrac{V_1}{\Delta t} + \dfrac{q_1}{2}\right) + \bar{Q} - q_1$ /(m³/s)
(1)	(2)	(3)	(4)	(5)	(6)	(7)

（1）将洪水过程划分为计算时段，填入表 8.2 的第（1）和（2）栏内。

（2）根据水库起调水位可以得到第 1 时段初的水位 Z_1、泄流量 q_1 和 $\left(\dfrac{V_1}{\Delta t} + \dfrac{q_1}{2}\right)$，以及时段内的平均入库流量 $\bar{Q} = \dfrac{1}{2}(q_1 + q_2)$，分别填入表 8.2 的第（6）、（5）、（4）和（3）栏内。

（3）将表中时段初的 $\left(\dfrac{V_1}{\Delta t} + \dfrac{q_1}{2}\right)$、$q_1$ 和 $\bar{Q}$ 相加[即表中第（3）、（4）、（5）栏相加]，即得第 1 时段末的 $\left(\dfrac{V_2}{\Delta t} + \dfrac{q_2}{2}\right)$ 值，分别填入表中第（7）栏和下一时段初的第（4）栏内。根据 $\left(\dfrac{V_2}{\Delta t} + \dfrac{q_2}{2}\right)$ 查图 8.2 中曲线 $q = f\left(\dfrac{V}{\Delta t} + \dfrac{q}{2}\right)$ 即得 q_2（第 1 时段末和第 2 时段初的泄流量），填入表中第（7）栏第 2 行内。

（4）根据 $\left(\dfrac{V_2}{\Delta t} + \dfrac{q_2}{2}\right)$ 和 q_2 按上述同样步骤可得第 2 时段末和第 3 时段初的 $\left(\dfrac{V}{\Delta t} + \dfrac{q}{2}\right)$ 和 q 值。

（5）按照以上方法及步骤可得各时刻水库的泄流量 q，从而可绘出水库泄流量过程线。

（6）根据表 8.2 中第（5）栏内的泄流量 q，查曲线 $q = f(Z)$，即可得相应的库水位 Z，填入表 8.2 中第 6 栏内。根据第（6）栏中的水位和第 1 栏中相应的时间 t，可绘制水库水位过程线，从该水位过程线上可求得水库最高调洪水位 Z_{max}，根据 Z_{max} 查图 8.1 中曲线 $V = f(Z)$，即可得相应于最高调洪水位时的调洪库容 V_{max}。

8.1.3　水库防洪调度方案的编制

1. 防洪调度方案编制的依据

水库的防洪调度方案是水库防洪调度的总计划和总安排，应根据水库的实际情况每隔若干年重新编制一次。

编制防洪调度方案的主要依据是：国家的有关方针政策和各用水部门的要求，上级部门对防汛的要求，水库的防洪任务，水库枢纽的各设计参数，各建筑物的操作和管理规程，建筑物历年运用情况，工程质量及存在问题，水库有关的特性曲线（水库的水位-面积曲线、水位-库容曲线、水位-泄流量曲线、回水曲线和各种用水特性曲线），有关的水文气象预报，水库的设计洪水和上下游有关的设计洪水资料，上下游防护对象的基本情况等（全国人民代表大会常务委员会，2016）。

2. 防洪调度方案的主要内容

防洪调度方案的内容取决于各水库的具体情况，通常包括以下内容。

（1）防洪调度方案编制的目的、原则及基本依据。

（2）工程概况，如坝型、坝高、放水设备情况、泄洪设备情况、水库库容、水电站容量、正常高水位、设计洪水位、校核洪水位及各水位相应的库容等。

（3）水库的运用原则。水库的防洪能力及防洪标准、水库上下游的防洪标准及对水库下泄量的要求和防洪调度的原则等。

（4）有关的防洪指标。各种频率洪水的最高调洪水位和经水库调节后的下泄量，各种频率洪水的允许下泄量，考虑下游区间洪水时有关错峰的规定。

（5）在保证水库本身及下游防洪安全，充分发挥水库综合效益的前提下，制定水库的洪水调度规则，并使判别方式简单易行。

（6）本年度的防洪调度图，并附有水库的泄流方式、允许泄量、调洪库容使用原则及水库水位消落方式等的说明。

3. 水库的调洪参数

水库的调洪参数主要包括防洪限制水位及相应于各种防洪标准的最高调洪水

位和调洪库容，应根据水文气象条件、工程的运用情况和水库所承担的任务，通过调洪计算和分析论证来确定。

水库的防洪限制水位（汛限水位）是指洪水来临前（汛前）水库允许的蓄水位，在调洪计算时从这一水位开始进行调洪计算，又称起调水位。由于汛前将水库水位限制在一定高度上，有时往往需要减小兴利库容，因而影响水库的效益。为了发挥水库的综合效益，可以将水库的兴利库容和防洪库容结合使用，进行分期防洪调度，即将汛期划分为前汛期和后汛期，或者划分为汛初、汛中、汛末等几个时段，根据各时段的设计洪水分期进行洪水调节计算，分别确定所需的防洪库容，逐步抬高防洪限制水位，分期进行蓄水，以便既能满足汛期的防洪要求，在汛末又能有较大的兴利库容。

分期防洪限制水位的确定有下列两种方法。

（1）从设计洪水位（或校核洪水位）反推防洪限制水位。将汛期划分为几个时段后，根据各分期的设计洪水，从设计洪水位（或防洪高水位）开始按逆时序进行调洪计算，反推各分期的防洪限制水位及调节各分期洪水所需的防洪库容。

（2）假定不同的分期防洪限制水位，计算相应的设计洪水位，经综合比较后确定各分期的防洪限制水位。对每一个分期设计洪水，拟定几个防洪限制水位，然后对每一个防洪限制水位，按规定的防洪限制条件和调洪方式，对分期设计洪水进行顺时序的调洪计算，求出相应的设计洪水位、最大泄流量和调洪库容，最后经综合分析后确定各分期的防洪限制水位。

4. 水库的调洪方式

水库的调洪方式就是水库的防洪调度方式，其取决于水库所承担的防洪任务、洪水的特性和其他各种影响因素，因此调洪的方式是多种多样的，但概括起来可分为自由泄流和控制泄流两种方式，其中控制泄流又可分为固定泄流、变动泄流和错峰调节三种方式。

（1）自由泄流方式。对于溢洪道不设闸门的水库，当水库水位超过溢洪道堰顶高程时，水库中的水即从溢洪道自由泄流。对于溢洪道设置闸门的水库，当入库洪水超过水库的设计洪水位时，为了保证水库的安全，将溢洪道闸门全部开启，采取自由泄流。在自由泄流的情况下，水库的防洪调度比较简单，水库的泄流量取决于入库洪水的大小和水库泄水设备的泄流能力。

（2）固定泄流方式。水库在调洪过程中根据下游防洪保护区的重要性，水库和下游防洪设施的防洪能力，按某一个（一级）或几个（多级）固定流量用闸门控制泄流时，即为固定泄流方式。这种泄流方式适用在对下游承担防洪任务，水库距下游防洪保护区很近，区间集水面积较小的情况。采用固定泄流方式必须规定明确的判别条件，以便按此条件调节洪水。通常，对于防洪库容较小的水库，以入库流量作为判别条件；对于防洪库容较大的水库，则以入库洪量结合调洪库容（水位）来判别下泄流量。例如，某水库距下游防洪保护区为 3.5km，区间洪水较小，调洪时将频率为 2%以下的洪水分三级固定泄量下泄，其判别条件和分级泄量如表 8.3 所示。

表 8.3　分级泄量表

判别条件[入库流量 $Q/(\mathrm{m^3/s})$]	泄流方式	备注
<2500	$q=Q$	q 为泄流量$/(\mathrm{m^3/s})$
2500~4000	$q=2500\mathrm{m^3/s}$	—
4000~6100	$q=2500\mathrm{m^3/s}$	—
>6100	自由泄流	为保大坝安全

（3）变动泄流方式。对于调节性能较好，用闸门控制泄流的水库，通常采用变动泄量的泄流方式。在洪峰进入水库之前，水库的泄量逐渐增大，在洪峰进入水库时，水库的泄量加大到相应频率洪水的最大泄量，然后用变动泄量的方式逐渐减小泄量，使水库水位缓慢下降，或者是关闭泄水道闸门，通过发电来削落水位。

（4）错峰调节方式。错峰调节是水库在进行洪水调节时，使水库的最大泄水流量与下游水库或下游区间的洪峰流量在时间上错开，以减轻下游水库或下游河道的防洪负担，这是承担下游防洪任务的水库的一种调节方式。错峰调节一般有两种方式，即前错峰调节和后错峰调节。

前错峰调节是在洪水入库前将水库水位降低，腾出一部分库容来拦蓄洪水，以便经水库调蓄后的最大泄量能与下游水库或区间洪水的洪峰错开。后错峰调节也是在洪水入库前先腾出一部分库容，在洪水入库后，先将洪水拦蓄在水库内，减小下泄流量或完全不泄水，以便下游区间洪水峰通过下游水库或下游防护区后，再加大泄流量，以错开两者在下游出现的时间。

5. 水库的防洪调度图

水库的防洪调度图是水库防洪调度的工具，只要根据库水位在调度图中所处的位置，就可以按相应的调度规则来决定该时刻水库的下泄流量，防洪调度图可以决定整个汛期的调洪方式。防洪调度图由防洪限制水位线、防洪调度线、各种标准洪水的最高调洪水位线和由这些线所划分的各级调洪区所组成，根据调洪库容与兴利库容结合的情况，可分为下列三种。

（1）调洪库容与兴利库容完全结合。由于调洪库容与兴利库容完全结合，所

以设计洪水位 Z_d 与正常蓄水位 Z_n 为同一水位（图 8.3），而防洪限制水位 Z_l 可能等于死水位 Z_{dw} [图 8.3（a）]，也可能高于死水位 Z_{dw} [图 8.3（b）]。

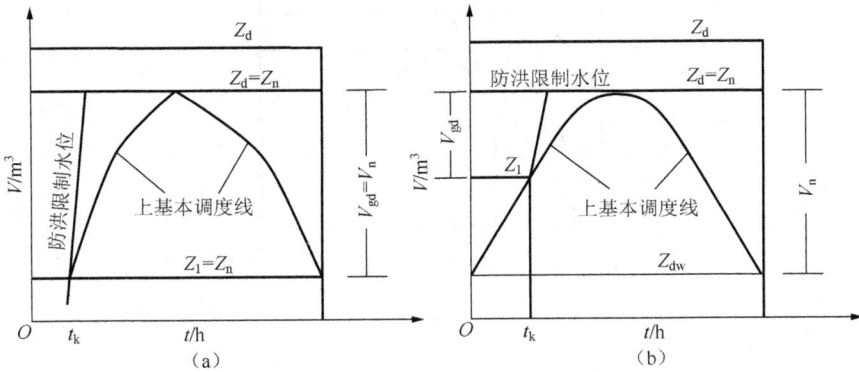

图 8.3　调洪库容与兴利库容完全结合的调度图
V_{gd} -设计水位时的调洪库容；　V_n -兴利库容

图 8.3 中的防洪调度线是根据设计洪水过程线从洪水出现时刻 t_k 开始，由防洪限制水位进行调洪计算所求得的水库蓄水位过程线，它也表示汛期各个时刻为满足防洪要求所必须预留库容的指示线。上基本调度线是根据设计枯水年的来水，经调节计算，在满足发电及其他兴利要求的情况下绘制成的水库水位过程线，因此它必须位于防洪调度线的下侧。在汛前，水库的兴利蓄水位不得超过防洪限制水位 Z_l 和防洪调度线，如果洪水时期水库的水位被迫超过防洪限制水位 Z_l 和防洪调度线，则应根据一定的判别标准确定的调洪规则来控制水库的泄流量，使水库水位回落到防洪限制水位和防洪调度线上来。

调洪库容与兴利库容完全结合的情况适用于控制流域面积较大，洪水出现的日期和洪水的大小比较稳定的水库。

（2）调洪库容与兴利库容部分结合。这种方法适用在洪水出现日期虽不稳定，但洪水的大小随时间逐渐减小的情况。此时只需在汛初留出全部调洪库容，以后随着洪水的减小分期逐步减小预留的防洪库容，逐步抬高蓄水位，如图 8.4（a）所示。各分期的预留库容和防洪调度线可根据各分期的洪水通过调洪计算来确定。防洪调度线在各分期的交界处，可用直线或斜线连接。

（3）调洪库容与兴利库容不结合。这种方法适用在水库控制流域面积较小，洪水出现的日期和洪水的大小无规律的情况。此时调洪库容与兴利库容分别设置，汛期防洪限制水位位于水库正常蓄水位上，预留全部调洪库容以拦蓄随时可能出现的洪水。此时的防洪调度图如图 8.4（b）所示。图中 Z_m 为校核洪水位。

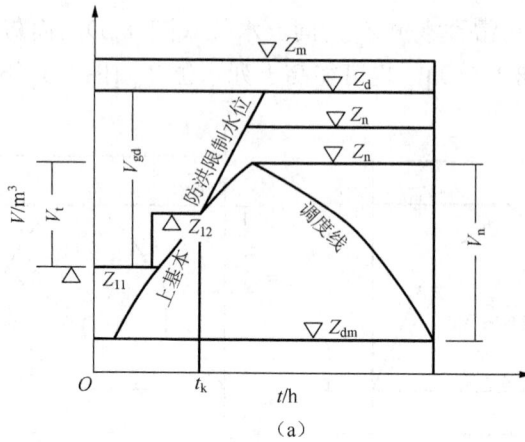

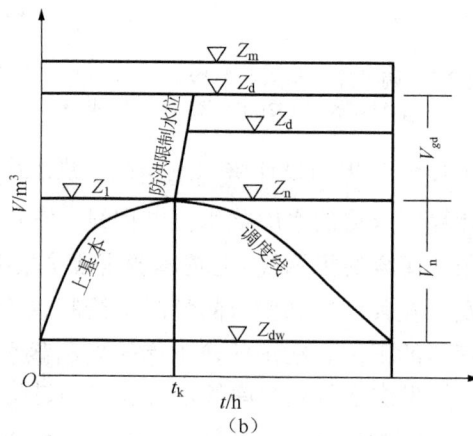

图 8.4 调洪库容与兴利库容部分结合、不结合的调度图
V_{gd} -设计水位时的调洪库容；V_n -兴利库容；V_1 -共用库容

6. 水库洪水调度实例

某水库担负下游某城市防洪任务，水库采取错峰调节方式，并将汛期划分为前汛期和后汛期两个时段，进行分期洪水调节，洪水调度规则如下。

（1）前汛期（7 月 10 日~8 月 15 日）。汛前限制水位为 126.40m。当库水位低于 127.68m（相应泄量为 800m³/s），入库流量大于泄量时，泄水闸门全部开启宣泄洪水；当库水位超过 127.68m 时，水库泄量控制在 800m³/s，使下游错峰；当库水位超过 132.43m 时，或下游某市已出现洪峰减退时，水库停止错峰调节；当库水位达到 137.70m 时，根据防汛指挥部命令启用或不启用第二非常溢洪道。

（2）后汛期（8 月 16 日~9 月 30 日）。后汛期的分期防洪限制水位如表 8.4 所示。

表 8.4　后汛期的分期防洪限制水位

日期	8 月 16 日～ 8 月 20 日	8 月 21 日～ 8 月 25 日	8 月 26 日～ 8 月 31 日	9 月 1 日～ 9 月 11 日	9 月 6 日～ 9 月 11 日	9 月 16 日～ 9 月 30 日
限制水位/m	128.0	129.0	130.0	130.5	131.0	131.5

当入库流量小于错峰流量和水库泄流能力时，按入库流量泄洪；若入库流量大于泄洪能力，则按水库泄流能力泄洪；当入库流量大于 800m³/s 时，按 800m³/s 泄洪错峰；当库水位达到 133.3m 或下游某市出现洪峰消退时，水库停止错峰调节，泄水闸门全部开启泄洪。

8.2　水库群的防洪调度

水库群是指在同一河流的干流和支流上由多个水库所组成的水库群体，如图 8.5 所示，其中 1、4 和 5 水库组成的水库群称为梯级水库群，又称串联水库群；1、2 和 3 水库组成的水库群，称为并联水库群；而 1、2、3、4 和 5 水库组成的水库群，则称为混联水库群。水库群的防洪调度就是指上述水库群为了保证各水库及其区间的防洪安全而共同进行的防洪调度。由于水库群的各水库之间存在着水文、水利和水力上的种种联系，水库群的防洪调度就是使各水库很好地配合运用，以解决各水库区间的防洪联合调度问题，主要是通过洪水遭遇和组合分析计算，确定各水库的设计洪水标准、校核洪水标准和各水库区间及下游的防洪标准，同时通过联合调洪计算，确定防洪库容在各水库间的合理分配和各水库的调洪方式等。

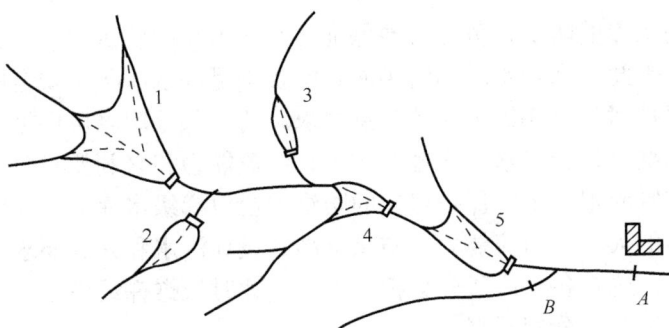

图 8.5　水库群示意图

8.2.1　梯级（串联）水库的防洪标准

在梯级水库中，上下游水库之间存在直接的水文水力联系，共同对下游河道起着防洪保障作用，如果上游水库失事，则将危及下游水库和河道的安全。因此，串联水库的防洪标准应全面考虑，除各水库自身的防洪标准，还应考虑梯级水库整体的防洪标准。对于上游水库防洪标准较高，下游水库防洪标准较低的梯级水库，也应采取措施适当加大下游水库的泄洪能力，提高其抗洪标准，以增强梯级水库整体的防洪标准。对于上游水库防洪标准较低的梯级水库，在确定下游水库的防洪标准时，应考虑上游水库失事对下游水库产生的影响。在确定梯级水库的防洪标准时，除根据各水库本身的规模、重要性、防洪任务和等级按有关规定选取相应的防洪标准，以保证各水库自身的安全，还应从梯级水库的整体防洪出发，全面考虑各水库相互的影响和对下游所承担的防洪任务，进行统筹安排和必要的调整。

8.2.2　梯级水库的设计洪水

梯级水库的设计洪水，应根据具体情况来确定。对于上游为大水库，下游为小水库，两水库间的区间面积不大的梯级水库，主要是确定上游水库的设计洪水（其方法与单一水库相同）和下游各级区间的洪水，而下游各级水库的设计洪水，则等于下游各级水库防洪标准相应的上游水库设计频率的泄水量加区间相应频率的洪水。对于区间面积较小，自然地理特征和暴雨洪水特性与本流域或相邻流域基本相似的情况，可将本流域或相邻流域的洪水按面积比值放大或缩小，作为区间洪水。对于区间面积较大的情况，无论大水库是在上游还是在下游，或者两个都是大水库，均应分别确定上下水库和区间的设计洪水，并考虑几种可能的组合，然后确定其中一种或几种控制性的组合，作为梯级的设计洪水。

8.2.3　梯级水库防洪库容的分配

由于梯级水库的防洪任务是既要保证各水库本身的防洪安全，又要保证下游的防洪安全。因此，梯级水库的防洪库容除要满足各水库防洪安全的要求，还必须满足下游保护对象对梯级水库的防洪要求。前一部分库容可根据梯级中各水库本身的防洪标准、设计洪水、库容的大小、泄流能力和兴利要求等因素来推求。后一部分库容则应根据下游保护对象的防洪安全对梯级水库群总库容的要求，结合各水库库容的大小、泄流能力、防洪标准、设计洪水和兴利要求等因素综合考虑后进行分配，确定各水库所应分担的库容。此时根据梯级中上、下游水库库容的大小，有以下几种分配原则。

对于大水库在上游，小水库在下游的梯级。

（1）当下游水库库容很小，调节能力极其有限时，又要保证下游水库和下游保护对象的防洪安全，因此下游水库主要是依靠本身的泄流能力来保证上游水库的泄流量和区间洪水的大小。

（2）当下游河道无重要保护对象，不应加大防洪要求，去减小上游水库的防洪库容。这种梯级水库的防洪库容除应满足本身防洪要求，还应使各水库效益最大化。

　　当下游河道无重要保护对象且防洪要求不高时，应先确定各自的防洪库容和泄流能力，然后对不同洪水组合的泄流能力进行技术经济比较，选择最优的分配方案。

　　当下游河道有防洪要求时，则应在确定各水库的防洪库容和泄流能力后，对各种洪水组合进行梯级各水库的连续调洪计算，在满足下游河道防洪要求的情况下，调整上下游水库的防洪库容和泄流能力，并在安全可靠的前提下选择防洪库容的最优分配方案。

　　当上游水库的控制流域面积较小时，防洪库容也应根据对不同洪水组合进行技术经济比较后确定。但在一般情况下，宜将防洪库容安排在下游水库。

　　为了使防洪库容与兴利库容能有效地结合使用，梯级水库也应研究分期洪水调度问题。

8.2.4　梯级水库的防洪调度原则

　　梯级水库防洪调度的原则一般是：位于上游的水库在保证自身安全的前提下尽量拦蓄洪水，采取先蓄后泄的调节方式，若遇大洪水，则应根据预报提前腾出库容来拦蓄洪水。

　　位于下游的水库，应根据上游水库和区间的可能来水，保持较大的防洪库容。如果梯级中的几个水库都是大水库，则可根据各水库的蓄水能力自上而下采用间隔蓄水迎汛的方法，一个水库满蓄，一个水库不满蓄，这样也能削减洪峰和洪量。

8.2.5　梯级水库的洪水调度方式

　　梯级水库的调洪计算方法与单一水库基本相同，但此时上游水库的入库洪水是上游水库控制流域内的洪水，而下游水库的入库洪水则是上游水库下泄的洪水和区间洪水。当区间洪水很小时，下游水库的入库洪水就等于上游水库的下泄洪水，如图 8.6 所示，图中 $V_\text{上}$、$V_\text{下}$ 分别为上游水库和下游水库所需的防洪库容。

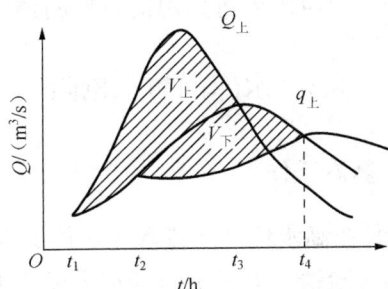

图 8.6　上、下水库入库洪水过程和泄流过程

　　根据下游水库入流过程计算方法的不同,梯级水库的调洪计算有下列两种简单方法。

　　(1)将不考虑上游水库时的下游水库天然入库过程减去上游水库的蓄水过程,即得经上游水库调节后的下游水库入库洪水过程。

　　(2)将上游水库的泄流过程加上区间入库洪水过程,即等于经上游水库调节后的下游水库总的入库洪水过程。

　　以上两种方法具体计算按表 8.5 进行。

表 8.5　梯级水库调洪计算表

时段 /h	上游水库					下游水库					
	入库流量 /(m³/s)	下泄流量 /(m³/s)	时段蓄水量 /m³	水库蓄水量 /m³	库水位 /m	天然入库流量 /(m³/s)	调节后入库流量 /(m³/s)	下泄流量 /(m³/s)	蓄水量变化 /m³	水库蓄水量 /m³	库水位 /m

　　因为梯级各水库之间存在直接的水文水力联系,所以梯级水库应采用联合运用、错峰调节的方式。对于大水库在上游、小水库在下游的情况,可采用后错峰的调节方式,即先用大水库的防洪库容拦蓄开始阶段洪水,等区间洪峰过去后再宣泄上游水库的洪水。当区间面积较大,洪水过程较长时,也可采用后错峰的方式,此时上游水库先不拦蓄洪水或加大泄量,当区间洪峰将进入下游水库时,上游水库减小下泄流量或停止泄水。

　　对于有两个以上大水库的梯级,洪水调节的基本方式仍是采用错峰调节。在一般情况下,如果没有可靠的降雨预报,宜采用后错峰的调节方式,如果有降雨量、雨量分布和雨区移动方向(从上游向下游)的可靠预报,为使上游水库下泄洪水与下游区间洪峰错开,上游水库可采用前错峰的调节方式。

8.3　水库的防汛抢险

8.3.1　汛前准备与抢险的基本工作

　　抢险是指汛期(特别是在高水位期间或水库水位退水较快时),水库建筑物突然发生渗漏、滑坡和坍塌等险情,为避免险情扩大以至工程失事,而必须采取的紧急抢护工作。

1. 组织领导

水库的防汛工作，一般根据水库规模，由相应级别的防汛指挥机构负责。一旦发生险情需要采取抢险时，由防汛指挥机构统一组织力量进行抢险。

水库管理单位必须在汛前对水库工程进行检查，摸清工程现状，对发现的问题及时处理，暂时不能处理的，必须制定出度汛措施。当工程在汛期发生意想不到的险情时，应加强监视，同时立即向上级主管部门报告，以便及时采取抢险的实施方案。

2. 物料准备

水库抢险工作实施时，必须及时提供有关器材和料物，除了已经确定为险病水库，事先已储备抢险料物以外，为应对一般水库突然出险，防汛指挥部应统一储备抢险器材和料物。主要储备以下方面的器材和物料。

（1）砂料、石料和石子。凡是不能就地取得这些材料的地方，县防汛指挥部每年汛前应进行一定数量的储备，可以储放在几个地方，以便调用。凡是能就地取得的，应在汛前对石场、砂场的储量和运输路线调查登记。

（2）木料、木桩和竹材等。这些材料既是水库抢险用料也是河道堤防打桩抢险中常用的物料，各县防汛指挥部每年汛前都应做好储备。

（3）草袋、麻袋和编织袋。过去抢险时都用草袋、麻袋装土。近年来，广泛采用编织袋装土，其缺点是摩擦系数很小。最好能将草袋、编织土袋混合使用，以提高抢筑堆体的稳定性能。

（4）土工织物、土工膜和篷布等。其中土工织物（无纺布）是作为反滤料导渗排水用的；土工膜、篷布是作为隔水防渗用的。这些物料在水利工程抢险中有很好的效能，广泛使用，汛前应做好储备。

（5）铅丝、绳索等绑扎物料。

（6）照明器材，动力设备等。

（7）运输工具，在十分紧急时，可以由防汛指挥部调集社会车辆进行支援。

（8）潜水救生衣等装备。

除了以上 8 类器材料物以外，有时为了紧急降低库水位，必须临时扩大或降低溢洪道的溢流堰顶，需向有关单位调用爆破的雷管炸药和凿岩施工机具等。

8.3.2　土坝超标准洪水抢险

当遭遇超标准洪水时，如果预报水位有可能超过坝顶，为防止土坝漫顶溃决，应迅速扩大溢洪道，降低溢流堰或加高抢护土石坝，或扩大溢洪能力与抢高土石坝同时进行。

土坝抢护加高应根据工程条件和抢险物料可能，选用以下几个方案。

1. 土料子埝

土料子埝适用于坝顶部较宽，现场附近拥有可供选用且含水量适当的黏性土，洪峰持续时间不长和风浪较小的情况。筑于土坝顶部临水一边，距临水坝肩 0.5～1.0m。埝顶宽 0.6～1.0m。边坡不陡于 1∶1，埝顶应超过推算最高水位 0.5～1.0m。在抢筑时，沿原坝顶子埝轴线先开挖一条结合槽，槽深约 0.2m，底宽约 0.3m，子埝底宽范围内的原坝顶部应清除路面、杂物，以利新老土结合。土料宜选用黏性土，不要用砂土和腐殖土。子埝要分层夯实，临水面可用编织布防护抗冲刷，编织布下端压在埝基下，如图 8.7 所示。

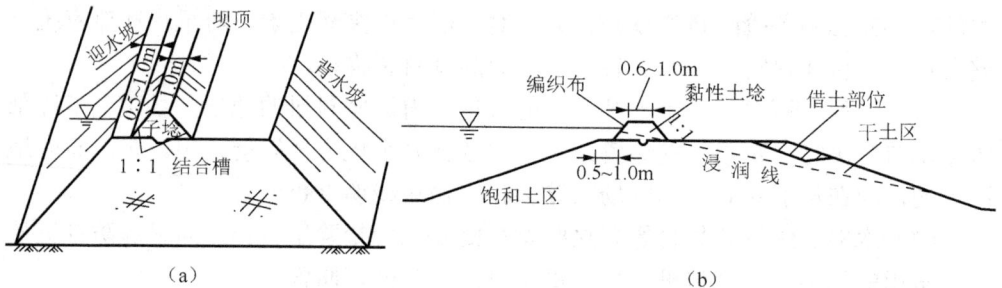

图 8.7　土料子埝示意图

土料子埝具有就地取材、方法简便、成本低和汛后还可以加高培厚成为正式坝体而不需拆除等优点，但也存在体积较大、抵抗风浪冲刷能力弱、下雨天土壤含水量过大难以修筑坚实等缺点。

2. 土袋子埝

土袋子埝适用于风浪较大，取土较困难的土坝，是抗洪抢险中最为常用的形式。一般由土工编织袋、麻袋及草袋装土填筑，并在土袋背水面填土分层夯实而成。土袋放置临水面，起到防浪作用。为确保子埝的稳定，袋内不得装填粉细沙和稀软土，由于它们的颗粒容易被风浪冲刷吸出，宜用黏性土、砾质土装袋，袋口不宜装土过满，袋层间稍填土料，以便填筑紧密。铺砌土袋距临水坝肩 0.5～1.0m，袋口朝向背水，排砌紧密，袋缝上下层错开，并向后退一些，使土袋临水面形成 1∶0.5，最陡 1∶0.3 的边坡，如图 8.8 所示。不足 1.0m 高的子埝，临水叠砌一排土袋；较高的子埝底层可酌情加宽为两排或更宽些。土袋后面土戗，随砌土袋，随分层铺土夯实，背水坡以不陡于 1∶1 为宜。埝顶应超过推算最高水位 0.5～1.0m。

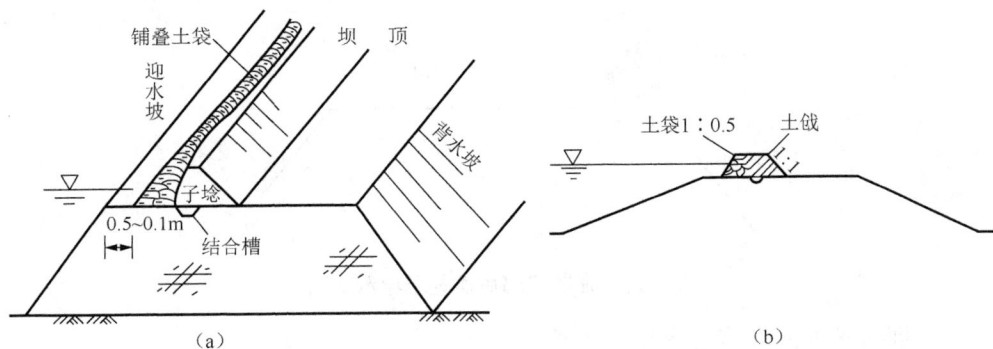

图 8.8　土袋子埝示意图

土袋子埝的优点是体积较小、坚固且能抵御风浪冲刷，缺点是成本高、汛后必须拆除。

3. 桩柳（桩板）子埝

对于土质较差，取土困难，又缺乏土袋时，可就地取材，采用桩柳子埝。具体做法是，在临水坝肩 0.5～1.0m 处先打一排木桩，桩长可根据埝高确定，桩径为 0.05～1.0m，深度为桩长的 1/3～1/2，桩距 0.5～1.0m，起直立和固定柳把的作用。柳把是用柳枝或芦苇、秸料等捆成，长 2～3m，直径 20cm 左右，用铅丝或麻绳绑扎于桩后，自下而上紧靠木桩，逐层叠放。在放置最下一层柳把时，应先在土坝表面挖深约 0.1m，铺土夯实（要求同土料子埝）做成土戗；在情况紧急时，也可用木板等代替柳把，后筑土戗，如图 8.9 所示。当坝顶较窄时，也可用双排桩柳子埝，里外两排桩的净桩距 1.0～11.5m，两排桩的桩顶可用 18～20 号铅丝对拉或用木杆连接牢固。两排桩内侧分别绑上柳把或散柳、木板等，中间分层填土并夯实，与土坝结合部同样要开挖轴线结合槽。

4. 利用防浪墙挡水

一般土石坝都设置浆砌石或混凝土防浪墙。当库水位急剧上升时，可利用防浪墙作为子埝的临水面，在墙后利用土袋加固加高挡水。土袋紧靠防浪墙垒砌，宽度应满足加高需要，其余同土袋子埝筑法，如图 8.10 所示。

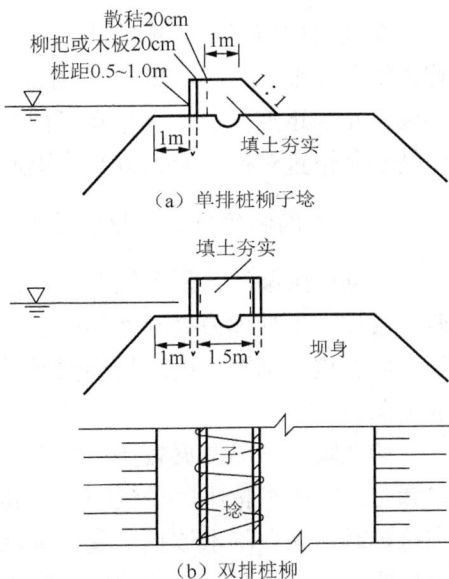

（a）单排桩柳子埝

（b）双排桩柳

图 8.9　桩柳（桩板）子埝示意图

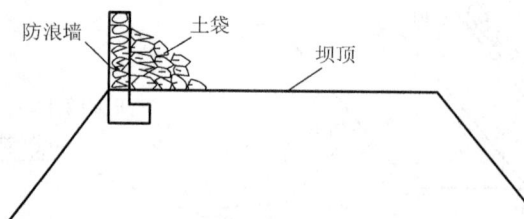

图 8.10　在防浪墙后面叠子埝示意图

土坝抢护加高时应注意以下事项。

（1）根据预报估算洪水到来的时间和最高水位，做好抢筑子埝的料物、机具、劳力、进度、取土地点和施工路线等安排。在抢护中要有周密的计划和统一的指挥，抓紧时间，务必抢在洪水到来以前完成子埝。

（2）抢筑子埝务必全线同步施工，突击进行，不能做好一段，再加一段，决不允许中间留有缺口或部分坝段施工进度过慢。

（3）抢筑子埝要保证质量，要经受得起超标准洪水考验，如果子埝溃决，将会造成更大的灾害。

（4）在抢筑子埝中，要指定专人严密巡视检查，以加强质量监督，若发现问题应及时处理。

8.3.3　土坝漏洞抢险

在高水位情况下，坝的背水坡及坡脚附近出现横贯坝身或基础的渗流孔洞，称为漏洞（张士君等，2005）。若漏洞出流浑水，或由清变浑，或时清时浑，均表明漏洞正在迅速扩大，土坝有可能发生塌陷，甚至有溃决的危险。因此，漏洞的险情必须慎重对待，全力以赴，迅速进行抢护。

1. 产生漏洞的原因及抢护原则

土坝产生漏洞的原因很多，主要有土坝填筑质量差、坝身存在隐患、基础（含两岸接坡）未处理或处理不彻底、土坝与溢洪道和输水洞结合部位的填土质量差等，所有这些都有可能成为渗漏通道，在高水头作用下，渗水沿隐患松土串连而成漏洞。

漏洞险情一般发展较快，特别是浑水漏洞，将迅速危及土坝安全。因此，在堵漏时，要抢早抢小，一气呵成，其抢护原则是："前堵后排，临背并举"，即在抢护时，先在临水坡找到漏洞进水口，及时堵塞，截断漏水来源；同时，在背水坡漏洞出水口采用反滤盖压，防止土料流失，控制险情进一步扩大，切忌在背水用不透水料强塞硬堵，以免造成更大险情。

2. 漏洞进口的探测

当出现漏洞险情时，应查明原因，找到漏洞进口。常用的方法如下。

（1）水面观察。一般在水面发生漩涡的地方，多为漏洞进口附近区域，要仔细查看水面有无漩涡，如果看到漩涡，即可确定漩涡下有漏洞进水口。若漩涡不明显，可在水面上撒些麦麸、谷糠、锯末、碎草或纸草等漂浮物，如果发现这些漂浮物在水面打漩或集中一处，即表明此处水下有进水口。

（2）潜水探漏。漏洞进水口若水深流急，水面看不到漩涡，则需要潜水探摸。其办法是：用一长杆（一般长 4～6m），其一端捆扎一些短布条，潜水探漏人员握另一端，沿迎水坡面潜入水中，由上而下，由近而远，持杆进行探摸，若遇有漏洞，洞口水流吸引力可将短布条吸入，移动困难，即可确定洞口的大致范围。然后在船上用麻绳系石块或土袋，进一步探摸，若遇到洞口处，石块被吸住，提不上来，则可断定洞口的具体位置。对潜水探漏人员应准备必要的安全设施，确保人身安全。

（3）投放颜料观察水色。此办法适用于洪水相对较小的土坝段。在可能出现漏洞且水浅流缓的坝段，分期撒放易溶于水的带色颜料，如高锰酸钾等，记录每次投放时间、地点，并设专人在背水坡漏洞出口处观察，若发现出口水流颜色改变，并记录时间，即可判断漏洞进水口的位置和水流流速大小，然后更换颜料颜色，进一步缩小投放范围，即可较准确地找出漏洞进水口。

（4）探漏杆探测。探漏杆是一种简单的探测漏洞工具，杆身是长 1～2m 的麻秆，用两块矩形白铁片，中间各剪半条缝，相互卡成十字形，嵌于麻秆末端并扎牢，麻秆上端可插小红旗或羽毛作为标志，如图 8.11 所示。制成后先在水中试验，以能直立水中，并露出 10～15cm 为宜。探漏时在探漏杆顶部系上绳子，绳子的另一端持于手中，将探漏杆抛于水中任其漂浮，若遇漏洞，它就会在漩流影响下吸至洞口中不断旋转。此法受风影响较小，深水处也能适用。

（5）电法探测。若条件允许，可在漏洞险情坝段采用电探测仪进行检查，以查明漏水通道，判明埋深及走向。

3. 漏洞的抢护

（1）塞堵法。当漏洞进口较小，周围土质较硬时，可用针刺无纺布、棉被和草把等软性材料塞堵，也可用预先准备的软楔、草捆等塞堵。在有效控制漏洞险情的发展后，再用黏性土封堵闭气，或用大块土工膜、篷布等盖堵，然后压土

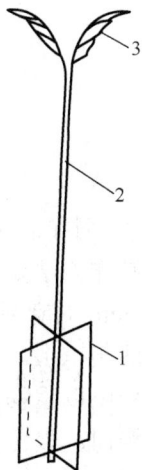

图 8.11　探漏杆示意图
1-白铁片；2-麻秆；3-羽毛

袋或土枕,直到完全断流。

塞堵法是最有效且最常用的方法,尤其是地形复杂、洞口周围有灌木杂物时更适用。但在抢堵漏洞进口时,切忌乱抛砖石等块状料物,以免架空,致使漏洞继续发展。

(2)盖堵法。用土工膜、铁锅、软帘和网兜等物,先盖住洞的进水口,然后在上面抛压土袋子或抛填黏土闭气,以截断漏河的水流。根据覆盖材料不同,一般有以下几种方法。

① 土工膜、篷布盖堵。此法适用于洞口较大或附近洞口较多的情况。先沿迎水坝肩,从上向下,顺坡铺盖洞口,然后抛压土袋,并抛填黏土,形成前戗截渗。

② 铁锅盖堵。此法适用于水不太深,又难于降低水位,洞口单一较小,且周围土质坚实的情况。具体做法是:用直径比洞口大的铁锅,正扣或反扣在漏洞口上,周围用胶泥封闭,以截断水流。为防止铁锅和洞口不密合,也可将铁锅用棉衣、棉被等物包裹后再堵严密,闭气断流。

③ 软帘盖堵。此法适用于洞口附近流速较小,土质松软或周围已有许多裂缝的情况。软帘可用草帘、苇箔或棉絮等重叠数层而成。也可就地取材,用柳枝、秸料和芦苇等编扎软帘,软帘的大小应根据洞口具体情况和需要盖堵的范围决定。在盖堵前,先将软帘卷起,置放在洞口的上部。软帘的上边应根据受力大小用绳索或铅丝系牢于坝顶的木桩上,下边附以重物,使软帘下沉时紧贴边坡,并用长杆顶推,顺土坝迎水坡下滚,把洞口盖堵严密,再盖压土袋,抛填黏土,达到封堵闭气的目的,如图8.12所示。

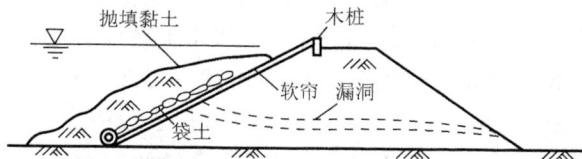

图8.12 软帘盖堵示意图

④ 网兜盖堵。在洞口较大的情况下,也可用预制的方形网兜在漏洞进口盖堵。网兜制作方法如下:先用直径1cm左右的麻绳织成网眼为20cm的网,周围再用直径3cm的麻绳作为网框,网宽一般2~3m,长度应为漏洞进水口至坝顶斜坡距离的两倍以上。在抢堵时,先将网折起,两端一并系牢于坝顶的木桩上,网中间折叠处坠以重物,将网顺边坡沉下成网兜形,然后在网中抛草泥或其他物料,以堵塞洞口。覆盖完成后,再压土袋,并抛填黏土,封闭洞口。

(3)戗堤法。当土坝的临水坡漏洞较多较小,且范围又较大时,进水口难以找准或找不全,而黏土料备料充足的情况下,可采用抛黏土填筑前戗或临时筑月堤的方法进行抢堵。

① 抛黏土填筑前戗。前戗的尺寸根据漏水土坝段的临水深度和漏水严重程度来确定，一般顶宽 3～5m，长度最少超过漏水土坝段两端各 3m，前戗顶高出水面约 1m，水下坡度以边坡稳定为度。施工前先在土坝肩上准备好黏土，然后集中力量沿临水坡由上而下，由里向外，向水中缓慢推下。黏土经过沉积和固结作用，形成截漏戗体。在遇到填土易从漏洞冲出的情况时，可先在洞口两侧抛填黏土，同时准备一些土袋，集中抛填于洞口，当初步堵住洞口后，再抛填黏土，达到堵漏闭气的目的，如图 8.13 所示。

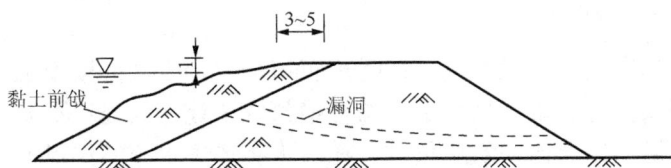

图 8.13　黏土前戗堵漏示意图（单位：m）

② 临时筑月堤。若土坝临水面水深较浅，流速较小，则可在洞口范围内用土袋迅速连续抛填，快速修成月堤围堰，同时在围堰内快速抛填黏土，封堵洞口，如图 8.14 所示。

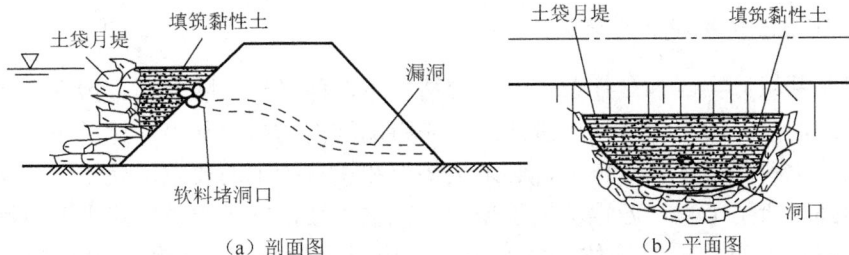

（a）剖面图　　　　　　　　　（b）平面图

图 8.14　临水月堤堵漏示意图

（4）滤水围井。探找漏洞进口和抢堵，均在水面以下摸索进行，要做到准确无误，不遗漏，并能顺利堵住全部进水口，截断水源，难度很大。在临水坡查漏抢堵的同时，为减缓土坝土粒流失，可在背水漏洞出水处构筑围井，反滤导渗，降低洞内水流流速，以稳定险情。滤水围井是用土袋把漏洞出口围住，内径比出口大些，围井自下而上分层铺设粗砂、小碎石、碎石，每层厚 0.2～0.3m，组成反滤层。对于渗漏严重的漏洞，反滤材料的厚度还可加大。切忌在漏洞出口处用不透水料强塞硬堵，致使洞口土体进一步冲蚀，导致险情进一步扩大，危及土坝安全。

8.3.4　土坝塌坑抢险

在持续高水位情况下，在坝的顶部、迎水坡、背水坡及其坡脚附近突然发生局部塌陷而形成的险情，称为塌坑。这种险情既破坏坝的完整性，又有可能缩短渗径，有时还伴随渗水、管涌、流土或漏洞等险情同时发生，危及坝的安全。其抢护原则，应根据险情出现的部位和原因，针对不同情况，采取相应的措施，防止险情扩大。

1. 查明塌坑的原因

塌坑险情的发生，一般原因是：①施工质量差，土坝分段施工，接头处未处理好，夯压不实；②基础、坝头山坡结合槽部位未处理或处理不彻底；③坝体与输水涵管和溢洪道结合部填筑质量差，在高水头渗透水流的作用下，或沙壳浸水湿陷，形成塌坑；④坝身有隐患，如白蚁的蚁穴、蚁路等形成的空洞，遇高水头的浸透或暴雨冲蚀，隐患周围土体湿软下陷，形成塌坑；⑤伴随坝基管涌渗水或坝身漏洞的形成，未能及时发现和处理，使坝身或基础内的细土料局部被渗透水流带走、架空，最后上部土体支撑不住，发生下陷，也能形成塌坑。具体到一个水库发生的塌坑，应根据具体情况做出分析判断。

2. 塌坑险情抢护的主要方法

（1）翻填夯实。凡是在条件许可的情况下，而又未伴随管涌、渗水或漏洞等险情的，均可采用此法。具体做法是：先将塌坑内的松土翻出，然后按原坝体部位要求的土料回填。若有护坡，必须按垫层和块石护砌的要求，恢复原坝状。均质土坝翻筑所用土料，若塌坑位于坝顶部或临水坡，宜用渗透性能小于原坝身的土料，以利截渗。若塌坑位于背水坡，宜用透水性能大于原坝身的土料，以利排渗。

（2）填塞封堵。当发生在临水坡的水下塌坑，凡是不具备降低水位或水不太深的情况，均可采用此法。使用草袋、麻袋或编织袋装黏土直接在水下填实塌坑。必要时可再抛投黏性土，加以封堵和帮宽，以免从塌坑处形成渗水通道，具体如图 8.15 所示。

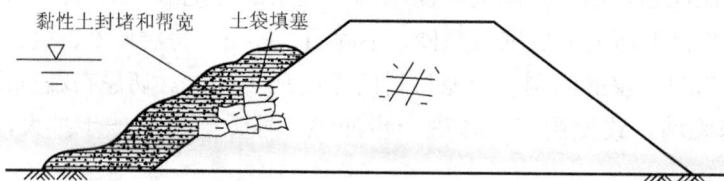

图 8.15　封堵塌坑示意图

（3）填筑滤料。塌坑发生在坝的背水坡，伴随发生管涌、渗水或漏洞，形成跌窝，除尽快对坝的迎水坡渗漏通道进行堵截，对塌坑也可采用此法抢护。具体做法：先将塌坑内松土或湿软土清除，然后在背水坡塌坑处，按导渗要求，铺设反滤层，进行抢护。

3. 塌坑抢险处理实例

浙江省东苕溪右岸堤防"西险大塘"，堤身高近 10m，相当于小型水库均质土坝。1995 年"6·30"洪水中的唐家陡门（涵洞，位于桩号 27+700m 处），7 月 9 日 14 时发现堤身迎水面有漏水声音，管理人员进行检查，探得塌坑洞一个，洞口径 1.0m，用竹竿探到洞深 4m，水从涵洞出口流出。这个跌窝产生的原因，是由于涵洞顶盖板断裂，上部土体逐渐被带出而形成跌窝。当时采取抢险措施，跌窝内抛填砂土麻包，至洞口平，然后拆除洞口部分护坡块石，用三层篷布沿塘身贴盖在漏洞处，其上再填压砂包平台，制止了险情发展。洪水以后彻底处理，如图 8.16 所示。

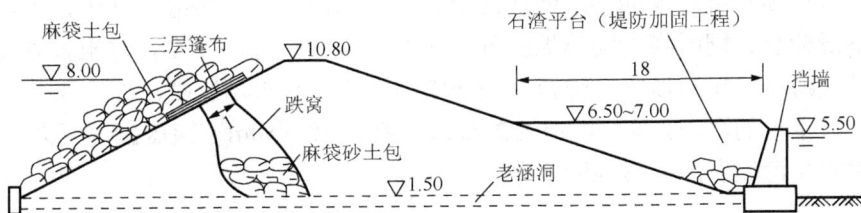

图 8.16　跌窝封堵实例（单位：m）

8.3.5　土坝滑坡抢险

坝体出现滑坡，主要是边坡失稳，土体的下滑力超过抗滑力，造成滑坡险情。开始在坝顶或坝坡上出现裂缝，随着裂缝的发展与加剧，最后形成滑坡。根据滑坡的范围，一般可分为坝身与基础一起滑动和坝身局部滑动两种。前者滑动面较深，缝口呈圆弧形，缝的上下边有错距，滑动体较大，坡脚附近地面往往被推挤外移、隆起，或者沿地基软弱夹层滑动。以上两种滑坡都应及时抢护，以防危及坝身安全。

1. 分析滑坡的原因

坝体发生滑坡的原因是：①高水位持续时间长，在渗透水压力的作用下，浸润线升高，土体抗剪强度降低，渗透压力和土重增大，导致背水坡失稳，特别是边坡过陡，更易引起滑坡；②坝基有淤泥层或液化层，大坝建筑时未处理或处理不彻底；③在土坝施工中，由于每层铺土太厚，碾压不实，或含水量不合要求，干密度未达到设计要求等，填筑土体的抗剪强度不能满足稳定要求；④土坝加高培厚，新旧土体之间结合不好，在渗水饱和后，形成软弱层；⑤坝下游排水设施堵塞，浸润线抬高，土体抗剪强度降低；⑥高水位时，临水坡土体处于大部分饱和、抗剪强度降低的状态下，当水位骤降，临水坡失去水体支持，加之坝体的反向渗压力和土体自重的作用，引起临水坝坡失稳滑动；⑦持续特大暴雨或发生强烈地震等，均有可能引起滑坡。

2. 滑坡抢护原则

造成滑坡的原因是滑动力大于抗滑力。因此，滑坡抢护的原则应该是设法减小滑动力，增加抗滑力。其具体做法可归纳为上部削坡减载，下部固脚压重。对因渗流作用而引起的滑坡，必须采取前堵后排的措施。上部减载是在滑坡体上部削缓边坡，下部压重是抛石（或土袋）固脚。

3. 滑坡抢护的几种方法

1）固脚阻滑

在保护坝身有足够的挡水断面的前提下，将滑坡的主裂缝上部进行削坡，以减少下滑荷载。同时在滑动体坡脚外缘抛块石或砂袋等，作为临时压重固脚，以阻止继续滑动。抛石压脚的部位应当在滑弧的下沿靠近坝脚处。如图 8.17 所示，在大坝迎水坡的滑坡，单位坝长的抛石量一般达 $30\sim50\text{m}^3$。当压重厚度大于 1.5m 时，对阻止滑坡发展会有显著效果。

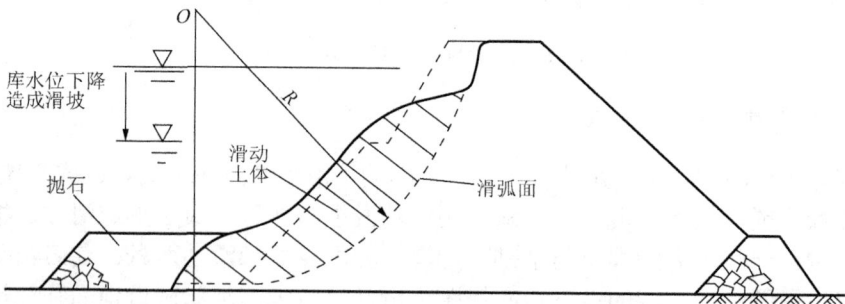

图 8.17　抛石固脚阻滑示意图

当发生大坝上游滑坡时，应缓慢地降低水位。水中抛石不易落在预定位置，应边抛边检查。如果大坝上游面滑动严重削减了大坝的断面，还应考虑在下游面进行培厚大坝断面。

2）滤水土撑

若系背水坡局部滑动，滑坡土体较小，裂缝错位不大，可在其范围内全面抢筑导渗沟，导出滑坡体内渗水，降低浸润线，并采取间隔抢筑透水土撑，阻止继续滑坡。该法适用于背水坝坡排水不畅，范围较大，取土又较困难坝段。具体做法是：先将滑坡体的松土清理，然后在滑坡体上顺坡挖沟，至坡脚拟筑土撑的部位，沟内按反滤要求铺设土工织物滤层或分层铺填砂石等反滤材料，并在其上做好覆盖保护。滤沟向下游挖纵向明沟，以利渗水排出。土撑可在导渗沟完成后抓紧抢筑，其尺寸应视险情和水情确定。一般每条土撑顺坝轴线方向长 10m 左右，土撑采用透水性较大的砂料，分层填筑夯实。若坝基处理不好或背水坡脚靠近老河道低洼地带，需先用块石或砂袋固基，或用砂性土填筑，其高度应高出溃水面 0.5～1.0m。在两土撑之间，在滑坡体上顺坡做反滤沟，覆盖保护。在不破坏反滤沟的前提下，土撑与滤沟可以同时进行，如图 8.18 所示。

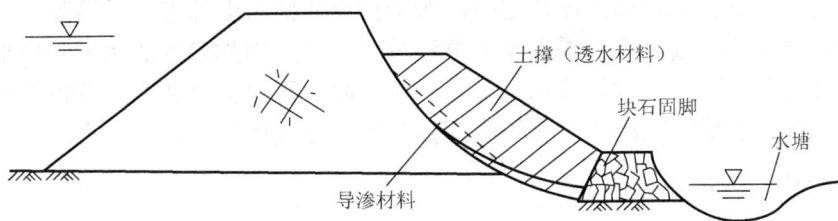

图 8.18　用滤水土撑治理背水坡滑坡示意图

3）滤水后戗

若系背水滑坡，险情严重，可在其范围内全面抢护导渗后戗，既能导出渗水，降低浸润线，又能加大坝的断面，可使险情趋于稳定。此法适用于断面单薄、边坡过陡、有滤水材料和取土较易处。具体做法与上述滤水土撑法相同。其区别在于滤水土撑法抢筑土撑是间隔抢筑，而滤水后戗则是全面连续抢筑，其长度应超过滑坡地段的两端各 5～8m。当滑坡面土层过于稀软不易做导滤沟时，也可用土工织物、砂石作反滤材料的反滤层代替，其具体做法同抢护渗水的反滤层法。

4. 滑坡抢护应注意事项

（1）滑坡是土坝重大险情，发展较快，一旦发现，就要立即采取措施。在抢护时，要抓紧时机，事前把料物准备好，一气呵成。在滑坡险情出现以及抢护中，还可能伴随出现浑水漏洞、管涌、严重渗水以及再次发生滑坡等险情。在这种复杂紧急情况下，不仅只采用单一措施，还应研究选定多种适合险情的抢护方法，如抛石固脚、开沟导渗、透水土撑及滤水还坡等。在临水、背水坡同时进行或采用多种方法抢护，以确保土坝安全。

（2）在渗水严重的滑坡体上，要尽量避免大量抢护人员践踏，造成险情扩大。若坡脚泥泞，人上不去，可铺滤水土工织物、芦柴、秸料和草袋等，先上去少数人工作。

（3）抛石固脚阻滑是抢护临水坡行之有效的方法。但一定要探明水下滑坡的位置，然后在滑坡体外缘进行抛石固脚，才能阻止滑坡土体继续滑动。严禁在滑动土体上抛石，这不但不能起到阻滑作用，反而加大了向下的滑动力，会进一步促使土体滑动。

（4）在滑坡抢护中，不能采用打桩的办法来阻止土体滑动。这是因为桩的阻滑作用很小，不能抵挡滑坡体的巨大推力。

（5）开挖导渗沟，尽可能挖至滑动面。若情况严重，时间紧迫，不能全部挖至滑裂面时，可将沟的上下两端挖至滑裂面，尽可能下端多挖，也能起到部分作用。导渗材料的顶部必须做好覆盖保护，防止滤层被堵塞，以利排水畅通。

（6）导渗沟开挖回填应从上而下，分段进行，切勿全面同时开挖，并保护好开挖边坡，以免引起坍塌。在开挖中，对于松土和稀泥土都应予以清除。

（7）滑坡性裂缝，不应采用灌浆方法处理。这是因为浆液的水分将降低滑坡体与坝身之间抗滑力，对边坡稳定不利，而且灌浆压力也会加速滑坡体下滑。

（8）在滑坡抢护过程中，应始终加强对滑坡体变形的监视。

5. 滑坡抢险处理实例

1）野树山水库主坝滑坡应急处理

野树山水库位于永嘉县楠溪江口左岸小支流上。水库于 1954 年开工建设，后经两次加高，于 1963 年建成。集水面积 1.54km²，均质坝，主坝高 32.30m、坝顶长 71.00m，副坝高 111.25m、坝顶长 115.00m，总库容 79.11 万 m³。

1999 年 9 月 3～4 日，受 9 号热带风暴形成的低气压倒槽影响，该地发生短时特大暴雨。距水库 5km 的温州市海坦山气象站实测最大降雨速度为 137.11mm/h（浙江省水文局分析为百年一遇），3h 降雨 317.8mm（500 年一遇），11h 降雨 378.0mm（400 年一遇）。在此次特大暴雨袭击中，野树山水库副坝首先溃决（缺口上宽 40m，下宽 12m，高 10m），库水位迅速下降，从而引起主坝迎水面滑坡，主坝滑坡后的横断面如图 8.19 所示。

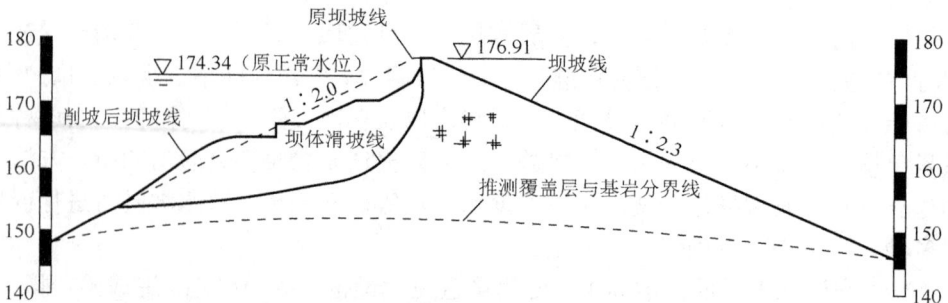

图 8.19　主坝滑坡后的横断面图（单位：m）

主坝滑坡长 70m、垂直错距 3.70m，推算滑动体斜面面积 2700m²、体积 2 万 m³。关于滑坡产生原因，除了副坝溃决导致库水位骤降这一直接诱发原因，还与该水库土坝原来的施工质量问题有关。原来在坝高 15.00m 处有分期施工结合面形成的水平渗漏带；以后进行过劈裂灌浆处理，虽渗漏消失，而此次滑动面上部即是沿原来的劈裂灌浆缝。由于当时尚在主汛期，为了迎接下次可能发生的洪水，当时采取以下应急抢险措施。

（1）对副坝缺口进行修整保护，作为临时溢洪道，使水库控制水位从原来的 174.34m 降到 164.90m，降低了 9.44m。

（2）滑坡段主坝削顶，从坝高程 176.91m 降到高程 173.20m。坝高降低 3.71m 后，滑坡段尚留的坝顶宽由 1.50m 增大到 9.10m，提高了稳定性。

（3）对滑坡体水上部进行削坡，使滑坡体由临界平衡状态转为稳定状态。同时对滑动面上裂缝进行填土夯实处理，防止雨水浸入（也可以采取其他方法，如塑膜覆盖防渗措施等）。

这个水库滑坡事故，在渡过 1999 年汛期以后，于 2000 年进行了彻底的加固改造，恢复了水库的功能。

2）下畈水库大坝滑坡处理

下畈水库位于嵊州市广利乡。1971 年，在原有 10.00m 高小坝基础上扩建。水库集水面积 6.25km²，总库容 370 万 m³。设计坝高 34.00m，多种土质心墙坝（黏土心墙两侧依次为砂壤土、堆石），1972 年，大坝以临时施工断面做到坝高 33.00m，坝顶高程 43.00m。1973 年 5 月最高蓄水位 39.14m。由于右坝头下游侧坝坡出现塌坑、坝脚漏水，水库降低蓄水位至 35.00m。为处理塌坑漏水，水库从 10 月 1 日起又持续放水，10 月 1 日水位 30.11m，10 月 14 日水位 26.40m。

大坝在加高过程中曾出现过纵向裂缝，分析为不均匀沉陷，未进行处理。1973 年蓄水过程同样出现纵向裂缝，宽 1～2cm。10 月 10 日裂缝扩大（当时库水位已降到 26.60m），10 月 12～13 日下小雨，10 月 14 日晨裂缝扩大到 50cm，当天早上 9 时半出现滑坡，10 多分钟上游面的滑坡体下沉 10.50m。10 月 16 日 6 时又下沉 1.50m。10 月 19 日水库已经放空，不再滑动。滑坡坝段总长 92.60m（占全坝长 82%），滑动土体 2.65 万 m³，具体如图 8.20 所示。

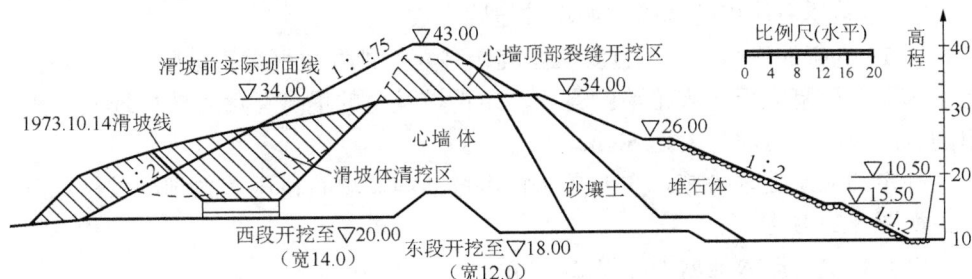

图 8.20　下畈水库 1973 年滑坡情况及处理工程示意图（单位：m）

事后分析滑坡原因:土坝填筑质量差,干密度仅达 1.3~1.4t/m³(设计 1.5t/m³);土料杂,力学指标低;为赶施工进度采用临时断面,缩小了堆石宽度。10 月初库水位下降和 10 月 12~13 日下雨,雨水从坝顶裂缝渗入坝体,使上游坝体荷重增加,直接诱发了滑坡的产生。

滑坡发生时已临汛末,滑坡处理要求能在下一年安全度汛。滑坡处理要点如下。

(1)在滑动体中清理出一条宽 3.00m 的滑动面,探得滑动面的位置,东段在高程 18.00m,西段在高程 20.00m。

(2)根据清挖中查明原有坝体质量差,心墙体与砂壤土体无明显界限的情况,确定将滑坡体清除后重筑防渗斜墙。东段 30.00m 长开挖至高程 18.00m,槽底宽 12.00m;西段 50.00m 长开挖至高程 20.00m,槽底宽 14.00m。

(3)清除滑坡体下部土体,代以堆石;使上游坝坡的下部由原来 1:2 放缓到 1:3;另在上游坡脚加做堆石阻滑齿槽,增强坝坡安全度。

这个水库的滑坡处理,1974 年汛前达到 20 年一遇以上洪水的度汛标准高程 38.00m,1975 年 5 月完成全部工程,具体如图 8.21 所示。蓄水运行以来工程安全正常。特别是 1981 年 9 月 4 日第 14 号台风暴雨期间,经受了最高水位达到 41.25m 的考验。

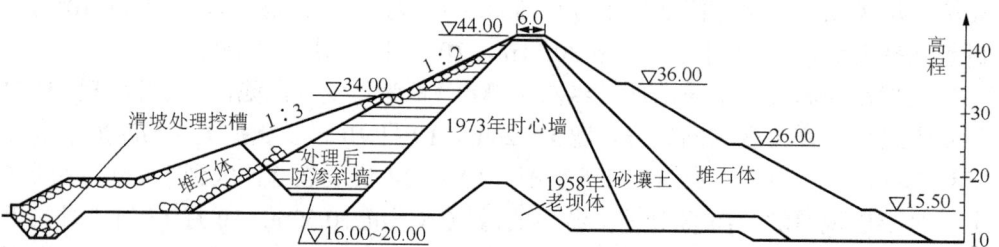

图 8.21　下畈水库滑坡处理后大坝工程示意图(单位:m)

3)东苕溪右岸堤防西险大塘滑坡抢险预案

在 1996 年的洪水中,东苕溪右岸堤防乌龙涧处发生严重滑坡险情。之后,制定了东苕溪西险大塘滑坡抢险预案。假定滑坡发生的堤身背后为池塘地段,为严重的深层滑动,滑坡长度达 50m。

制定的应急处理措施,主要是从背水坡池塘抛填石料压重固脚,以稳定滑动体,如图 8.22 所示。

(1)将块石抛入池塘,厚度 2~3m。

(2)用石渣在已滑去的堤坡上部分覆堤,以增加支撑力。覆堤前,先在滑动土体表面铺盖一层无纺土工布。

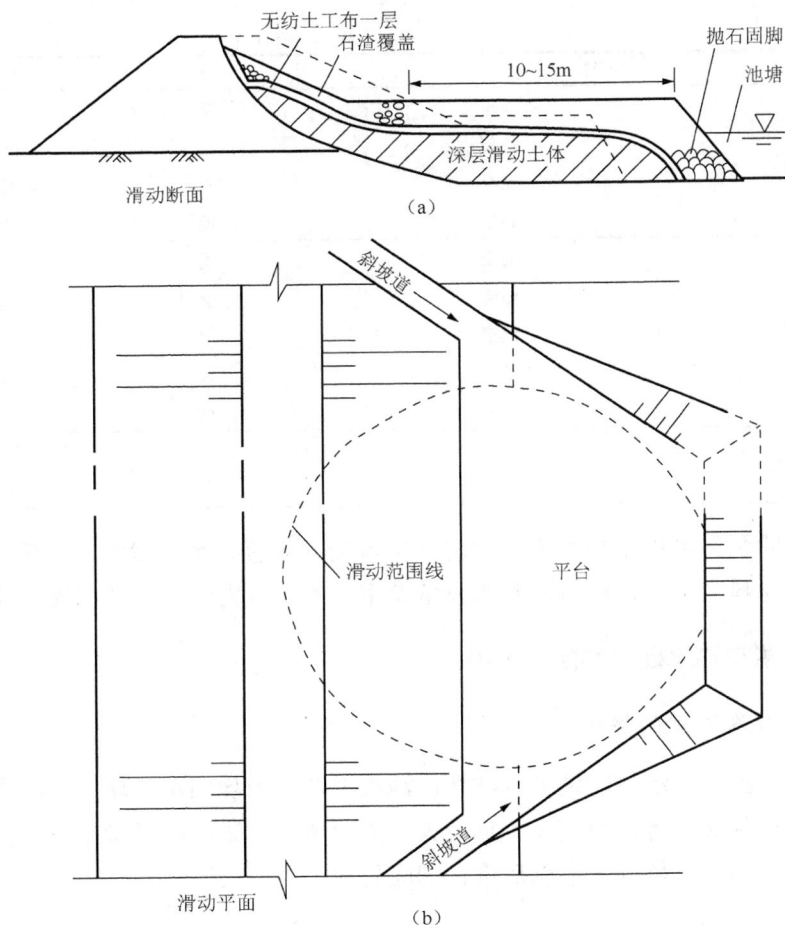

图 8.22　假定滑坡抢险预案示意图

（3）若迎水面滩地较高，可用土袋等帮阔堤身，防渗阻漏。

（4）加强值班观测，时刻注意现场动态。

抢险用物料、设备和人力（按滑坡长 50.00m 考虑；块石、石渣等从料场运输到出险地段在 3～12km 处）准备情况如表 8.6 所示。

表 8.6　抢险用物料、设备和人力

项目		单位	数量
材料	块石	m³	1000
	石渣	m³	500
	无纺土工布	m³	1000
	篷布	块	10
	麻袋	只	1000
	绳索	m	100

续表

项目		单位	数量
工具	铁锹	把	50
	铁耙	把	50
	土箕	双	100
	扁担	根	50
设备	通信	套	1
	照明	套	1
	汽空	辆	2
	翻空	台	2
	手拖	辆	100
人员	技术	人	2～3
	劳力	人	200

该抢险预案可供小型水库发生滑坡抢险制订应急方案时参考,如抢险技术措施,抢险材料、工具,运输、照明设备调用,抢险劳力动员等都应周密计划。

8.3.6 溢洪与输水建筑物险情抢护

1. 不危及大坝的险情

例如,溢洪道泄洪时消力池冲坏;溢洪道两旁山坡坍滑,堵塞溢洪通道;输水洞进口遭到破坏等。对这类不危及大坝的险情,应采取临时措施,维护溢洪、输水建筑物功能,待到汛期以后进行彻底处理。

2. 危及大坝安全的险情

例如,溢洪道的岸墙、翼墙、边墩等混凝土或块石砌体与土坝结合部位,由于接坡较陡,土料回填不实,建筑物与土坝承受的荷载不均匀,很容易引起沉陷不均,产生裂缝。一旦迎水面水位升高,或遇降雨产生地面径流,水体沿岸墙、翼墙、边墩与土坝结合部位裂缝中流动,可能造成集中渗漏。严重时,在建筑物下游背水面造成渗水漏洞险情,危及建筑物与土坝的安全。又如埋设坝内涵管,由于地基不均匀沉陷造成断裂,从而引起漏水;或虽未断裂,但是由于施工质量差、材料性能不好,沿洞壁外的漏水穿过洞壁,在进行闸门关闭的情况下,漏水从洞内流出;或者洞壁周围未设截水环,漏水沿洞壁与土坝之间接触面漏出。这些漏水发展到一定程度,将土坝中的土粒带走,漏水呈浑水,上游坝坡上出现塌坑。当出现以上险情时,首先要按土坝漏洞抢险预案的相关探查方法,通过水面观察、布幕、席片探漏、潜水探漏或在可疑地段投放颜料,查明漏水的进口。

8.3.7　堤坝险情及抢护

1. 防止堤防漫顶的措施

堤防是散粒体结构，洪水漫顶极易引起溃坝事故。引起漫顶的原因主要有：实际发生的洪水超过了设计标准或堤坝本身未达到设计标准；河道淤积使过流断面减小，水位壅高；水库淤积使库容减小，库水位抬高；在设计时，对波浪的计算与实际不符，使堤坝顶部高程偏低，或者设计的防浪墙高度不足；河势的变化、潮汐顶托及地震引起水位增高等。针对以上漫顶原因，应采用增大泄洪能力、加高堤（坝）顶和减小上游来水量等抢护措施。

（1）抢筑子埝，增加挡水高程。在堤坝顶部抢筑子埝，增加堤坝挡水高程，是防止洪水漫顶的有效措施之一。子埝的外脚一般应距临水坝肩 0.5～1.0m。抢筑子埝前应彻底清除堤坝顶部的杂草、杂物，将表层刨毛，以利新老土层结合，并在堤坝轴线处开挖一条结合槽，深 20cm 左右，底宽 30cm 左右。子埝的形式由物料条件、原堤坝顶宽及风浪大小来选择，一般有土料子埝、土袋子埝、桩柳（板桩）子埝和防浪墙子埝等几种，具体方案做法见 8.3.2 小节。

（2）加大泄洪能力，控制水位上涨。加大泄洪能力，控制水位上涨是防止堤坝洪水漫顶的重要措施之一。对于堤防，应加强河道管理，事先拆除河道阻水障碍物，使水流畅通。对于水库，则应加大泄洪建筑物的泄洪能力，如充分发挥已有泄水建筑物的泄洪能力；加宽或降低溢洪道，加大泄洪能力；增设非常溢洪道等。

（3）减小来水流量。当河道平缓，并且两岸有低洼地时，可在适当地方修建分洪枢纽工程，当遇特大暴雨，堤坝前水位上涨，有可能漫顶时，为保证堤坝安全，可采取上游分洪，以减轻洪水对堤坝的威胁。

2. 散浸、管涌、漏洞、塌坑的抢护

堤坝的散浸、管涌、漏洞和塌坑都是防汛抢险中比较常见的险情，它们之间存在着一定的内在联系，也有一定的发展规律，必须掌握它们在发生、发展和变化过程中的特点，才能有效地进行抢护。

散浸是渗流透过坝体，从背水坡渗出，土壤潮湿变软。散浸严重时，背水坡将出现小股渗流。漏洞是渗流从堤坝的漏水通道通过，从背水坡逸出。按流出的水是清水还是浑水，漏洞可分为清水漏洞和浑水漏洞，浑水漏洞极易扩大，严重时将造成堤坝溃决。堤坝内或积水坑内，集中或分散冒出"泉眼"，并带出砂、土粒，称为管涌。堤坝局部发生突然下陷则为塌坑。

抢护的原则是"上堵下排"，即在迎水坡抛填透水性较小的土料，或者采用其他措施进行防渗堵漏，以减少入渗水量；在背水坡反滤导渗，使渗入堤坝体内的水顺利排出而不带走土壤颗粒。

1）散浸的抢护

（1）抢挖导渗沟。在堤坝背水坡有散浸的部位上，进行开沟导渗，目的是将渗水集中于沟内并顺利导出，而不带走坝身的土粒。开挖导渗沟能有效地降低浸润线，使堤坝坡上土壤恢复干燥，有利于堤坝的稳定。

（2）修筑反滤层导渗。对于局部渗水严重，堤坝土壤稀软，开沟困难的地段，可采用砂石反滤层导渗。首先，将散浸部位表面湿软的松土、草皮清除；其次，依次铺以粗砂、砾石和碎石，每层厚 0.2～0.3m，如图 8.23 所示；最后，在碎石层上面再盖一层小片石，使渗水从各层缝隙中流入坝趾的滤水沟内。

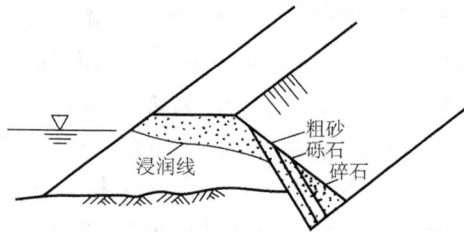

图 8.23　砂石反滤层

（3）柴土压浸台。当堤坝断面较小，背坡较陡，且渗水严重有滑坡可能时，可采用柴土压浸以稳定坝（堤）身。抢护前应先挖除散浸部位的烂泥草皮，清好底盘，将芦柴铺在底盘上，柴梢向外，柴头向内，厚约 0.20m，然后在其上铺厚0.10m 稻草或其他草类，再填土厚 1.11m，做到层土层夯，最后重复以上做法，铺放芦柴、稻草和填土，直至阴湿面以上。此法适用于缺乏砂石料而芦柴又较多的地区，柴土压浸台在汛后必须拆除。

2）管涌的抢护

管涌又称泡泉，是引起堤坝溃决的常见原因之一。出现管涌的原因一般是堤坝地基上层覆盖有弱透水层，下面有强透水层，在汛期高水位作用下，渗透坡降加大，渗透流速也加大，当渗透坡降大于地基表层透水层允许的渗透坡降时，即在堤坝下游坡脚附近发生渗透破坏，形成管涌。其渗流入渗点一般在堤坝的临水面深水下的强透水层露头处，或上游防渗铺盖较薄，质量较差，在高水头作用下，穿透防渗设施而形成的，由于水深，汛期很难在临水面进行抢护，一般只能在背水面抢险。其抢护原则应以"反滤导渗、控制涌水及留有渗水出路"为原则。这样做的好处是既可使细沙层不再被破坏，又可以降低渗水压力，使险情得以稳定。常见的方法有以下几种。

（1）反滤围井。在管涌口处用编织袋或麻袋装土，抢筑反滤围井，井内同步填反滤料，制止涌水带沙，防止险情扩大。此法适用于管涌数目不多、面积不大或数目虽多但比较集中的情况，对于水下管涌，当水深较浅时也可以采用。

围井面积应根据地面情况、险情程度及料物储备等来确定，其高度以能够控制涌水带沙为原则，但也不能过高，一般不超过 1.11m，以免围井周围产生新的管涌。若发现井壁渗水，可距井壁 0.11～1.0m 位置再围一圈土袋，中间填土夯实。

（2）减压围井。在堤坝的背水坡使用土袋抢筑围井，抬高井内水位以减小临水与背水的水头差，降低渗透压力，减小水力坡降，防止渗透破坏，以稳定管涌险情。此法适用于临、背水头差较小，高水位持续时间短，出现管涌的周围地表坚实、完整、渗透性较小且未遭破坏，出险处又缺少土工织物和砂砾反滤材料的情况。

（3）反滤压盖。在堤坝的背水坡脚险情处，抢筑反滤压盖，以制止地基泥沙流失，稳定险情。此法适用于出现大面积管涌或管涌群，渗水涌沙比较严重，且反滤材料充足的地方。根据所用反滤料不同，具体抢护方法有以下几种。

① 土工织物反滤压盖。若铺设反滤料面积较大时可采用此法。抢护时应把地基中一切带有尖、棱的石块和杂物清除干净，并加以平整，然后铺一层土工织物，其上铺砂石透水料，最后再压一层块石或砂袋，如图 8.24 所示。

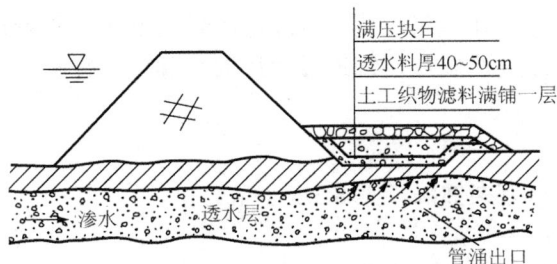

满压块石
透水料厚40~50cm
土工织物滤料满铺一层

渗水　透水层

管涌出口

图 8.24 土工织物反滤压盖示意图

② 砂石反滤压盖。若出险处砂石料充足，可优先采用此法。如图 8.25 所示，在抢护前，首先将铺设范围内的杂物和软泥清除，同时对其中涌水涌沙较严重的出口用块石或砖块抛填，以消杀水势，其次在已清理好的管涌范围内，铺粗砂一层，厚约 20cm，其上先后再铺小石子和大石子各一层，厚度均约 20cm，最后压盖块石一层，予以保护。

③ 梢料反滤压盖。在缺乏土工织物和砂石料的地方，可就地取材，采用梢料反滤压盖。其抢护前的清基和消杀水势措施与土工织物、砂石反滤压盖相同；在抢护时，先铺细梢料，如麦秸、稻草等，厚 15～20cm，粗细梢料共厚约 30cm，然后铺席片或草垫等，视情况可只铺一层或连续数层，最后用块石或砂袋压盖，以免梢料漂浮。梢料总的厚度以能够制止涌水携带泥沙、浑水变清水，稳定险情为原则，如图 8.26 所示。

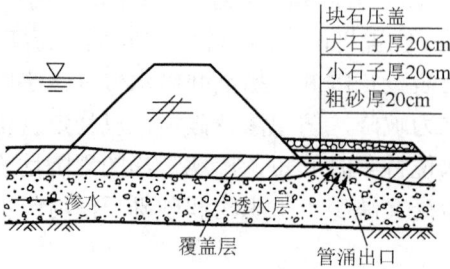

图 8.25　砂石反滤压盖示意图　　　　图 8.26　梢料反滤压盖示意图

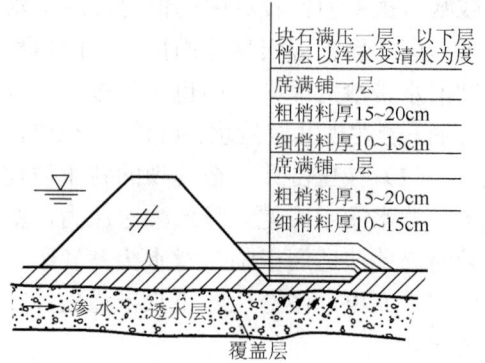

④ 透水压渗台。在堤坝背水坡脚抢筑透水压渗台，可以平衡渗压，延长渗径，减小水力坡降，并导出渗水，防止涌水带沙，稳定险情。此法适用于管涌较多，反滤料缺乏，砂土料源比较丰富的地方。具体做法是：先将抢护范围内的杂物清除，再用透水性大的沙土修筑平台。透水压渗台尺寸的确定：先根据地基土质条件，分析作用于弱透水层底部垂直向上的渗透压力分布情况和修筑压渗台所用土料的物理力学性能；再计算在自然容重或浮容重情况下，压渗台要平衡自下向上承压水头所必需的厚度，以及因修筑透水压渗台导致渗径延长、渗压增大所需要的台宽与台高。

3）漏洞抢护

漏洞抢护的具体方案做法详见 8.3.3 小节。

4）塌坑抢护

塌坑抢护的具体方案做法详见 8.3.4 小节。

8.3.8　涵闸及穿堤管道的抢护

涵闸通常遇到的险情有：闸与堤坝之间形成集中渗漏、闸顶漫溢、闸门漏水、闸门不能正常开启、水闸滑动及消能防冲工程出现破坏等。穿堤建筑物常出现的险情是建筑物与土堤接触面产生集中渗漏。在抢护前，应认真分析险情发生原因，再选择相应的抢护方法。

1. 涵闸与堤坝接触渗漏的抢护

涵闸与堤坝接触部位，由于坡度较陡、土料回填不实，且涵闸与堤坝一刚一柔承受的荷载不一，很容易引起沉陷不均，产生裂缝。当上游水位升高，或遇降雨产生地面径流时，水沿接触面裂缝流动，就可能形成集中渗漏，严重时将在建筑物下游背水面造成渗水漏洞险情，危及涵闸与堤坝的安全。

接触渗漏抢护的原则是"临水截渗，背水导渗"。在临水坡用透水性小的黏性土料抛筑前戗，也可用篷布、土工膜截渗，减少水体入渗；在背水坡用透水性较大的砂石、土工编织物或柴草反滤，通过反滤，不让土料流失，从而降低浸润线，保持坝身稳定。切忌在背水坡用黏土压渗，如此会抬高浸润线，导致渗水范围扩大和险情加剧。

2. 闸顶漫溢抢护

闸顶漫溢抢护措施有以下两种方式。

（1）无胸墙的开敞式泄水闸。若闸孔跨度不大，可焊接一网格不大于 0.3m×0.3m 的平面刚架，将钢架吊入闸门槽内，置放在关闭的工作闸门顶上，并紧靠门槽下游侧，然后在钢架前部的闸门顶部，分层铺放土袋，临水面再放置土工膜或篷布挡水。

（2）有胸墙的开敞式泄水闸，可利用闸前工作桥在胸墙顶部堆放土袋，临水面压入土工膜或篷布挡水；也可采用在胸墙顶与启闭台大梁间浆砌砖，上游面用砂浆抹面，封闭墙顶与大梁之间的空间来挡水。

以上抢护所堆放的土袋应与闸门两侧堤坝衔接，共同抵御洪水。若洪水位超过顶高，则应考虑抢筑子埝挡水，以保证水闸安全。

3. 闸门漏水及不能开启的抢护

1）闸门漏水的抢护

闸门漏水主要是止水安装不好或年久失效，需要临时抢护时，可从闸上游接近闸门处，用沥青麻丝、棉纱团及棉絮等堵塞缝隙，并用木楔挤紧；也可采用灰渣在闸门临水面水中投放，利用水的吸力堵漏。在堵塞时，要特别注意人身安全。

2）闸门不能开启的抢护

闸门不能开启时应认真分析原因，然后采取相应的措施。

（1）启闭螺杆折断的抢修。因闸门启闭螺杆或拉条折断而不能开启闸门时，可派潜水员下水查明闸门卡阻原因及螺杆或拉条折断的位置，用钢丝绳系住原闸门吊耳，利用卷扬机绕卷钢丝绳，开启闸门，待水位降低露出折断部位后再进行拆卸更换。

（2）平压管失灵的抢护。当平压管堵塞或充水阀门损坏而无法充水时，可用抽水机通过进口闸门井（或调压井）往隧洞（或钢管）内抽水，待洞（管）内、外水压力接近时，再开启进水口闸门。

4. 水闸滑动抢护

水闸主要靠闸底板与土基间的摩擦力来维持其抗滑稳定，若遇超标准洪水或基础渗透破坏，闸体就可能失稳，产生滑动。水闸滑动抢护原则是增加抗滑力，减少滑动力，具体抢护方法如下。

（1）闸顶加重增加阻滑力。此方法适用于沿平面缓慢滑动水闸的抢护，闸顶加重的重量由稳定计算确定，加重部位可选在泄水闸的闸墩、交通桥等处。必须注意，不要在闸室内加重，以免压坏闸底板或闸门构件；加重不得超过地基允许应力和不超过加重部位结构的承重限度；堆放重物必须留出必要的通道；险情解除后，应及时卸载，进行加固。

（2）下游堆重物阻滑。此方法适用于圆弧滑动和混合滑动两种险情的抢护，阻滑物的重量由阻滑稳定计算确定，堆放的位置为泄水闸可能出现的滑动面下游端。

（3）下游蓄水平压。在泄水闸下游一定的范围内用土袋等物筑成围堤，抬高下游水位，缩小上下游水位差，以减小水闸的水平推力。围堤的高度应根据允许水头差所需壅水高度而定，一般堤顶宽度约 2m，土袋围堤边坡 1∶1，预留 1m 左右的超高，并在靠近控制水位高程处设排水管。

5. 消能工破坏的抢护

消能防冲工程，如消力池、消力槛、护坦及海漫等，汛期被洪水冲刷破坏是常见的，主要可采用以下几方面的措施进行抢护。

（1）断流抢护。条件许可时，应暂时关闭泄水闸孔断流；若无闸门控制，但水深不大时，可用土袋等堵塞断流。断流后，冲损部位用速凝砂浆补砌块石抢护；被冲刷的部位，采用打短桩填充块石或埽捆防护，如图 8.27 所示。若流速较大且冲刷严重，可用柳石枕、铅丝笼等防护。

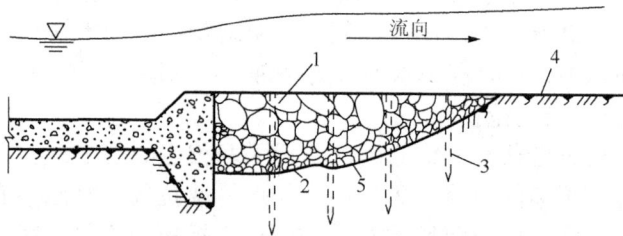

图 8.27　短桩抛石防冲示意图
1-块石；2-卵石；3-木桩；4-原地面线；5-冲刷坑

（2）筑潜坝缓冲。对于被冲刷部位除进行抛石防护外，还可在海漫末端或下游做柳枕潜坝或其他形式的潜坝，以增加水深，缓和冲刷，如图 8.28 所示。打桩时必须注意观察有无新的险情（如地基管涌或流土）发生。

（3）筑导水墙导流。若溢洪道尾水渠离坝脚太近，导致泄洪时尾水对坝脚有淘刷，除根据情况对被淘刷部位进行抢护，有条件时还可以用砂袋或块石抢筑导水墙，将尾水与坝脚隔离开来。

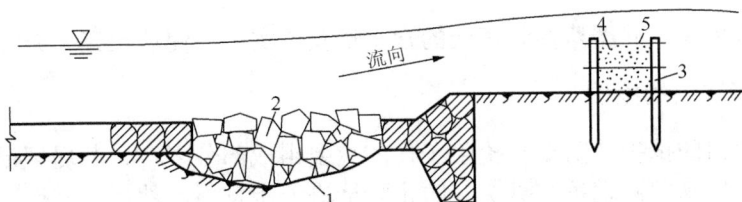

图 8.28　柳捆壅水防冲示意图
1-冲刷坑；2-抛石；3-木桩；4-柳捆；5-铁丝

6. 穿堤管道险情的抢护

穿堤管道多为刚性结构，在汛期高水位持续作用下，与土堤结合部位极有可能因位移而张开，使水沿张开的缝渗漏，形成接触冲刷险情。因为接触冲刷险情发展较快，直接危及建筑物与堤防的安全，所以抢护时，应抢早抢小，一气呵成。抢护的原则是在临水面进行抢堵，背水面进行反滤导水，对可能产生建筑物塌陷的，应在堤临水面修筑挡水围堰或重新筑堤等。具体抢护办法如下。

1）堤坝临水侧堵截

（1）抛填黏土截渗。当临水侧水不太深，风浪不大，附近有黏土料，且取土容易，运输方便时，可采用此法。黏土抛填前，为使抛填黏土较好地与临水坡面接触，应先将建筑物两侧临水坡面的杂草、树木等清除，然后从建筑物两侧临水坡开始抛填，依次向建筑物进水口方向抛填，最终形成封闭的防渗黏土斜墙，高度以超过水面 1m 左右为宜，顶宽 2～3m。

（2）临水围堰。当临水侧有滩地，水流速度不大，而接触冲刷险情又很严重时，可在临水侧抢筑围堰，截断进水，制止接触冲刷。临水围堰应绕过管道顶端，将管道与土堤及堤坝基础的结合部位围在其中。围堰可从管道两侧堤顶开始进占抢筑，最后在水中合拢；也可用船连接圆形浮桥进行抛填，加快施工速度。

2）堤坝背水侧导渗

（1）反滤围井。当堤内水不深时（小于 2.5m），在接触冲刷水流出口处可修筑反滤围井，将出口围住并蓄水，再按反滤要求填充反滤料，具体方法可参考管涌抢护方法中的反滤围井。

（2）围堰蓄水反压。在穿堤管道出口修筑较大的围堰，将整个穿堤管道的下游出口围在其中，再蓄水反压，达到控制险情的目的。

3）筑堤

当穿堤管道已发生较严重的接触冲刷险情而又无有效抢护措施时，可先在堤临水侧或堤背水侧抢筑新堤封闭，汛后再进行彻底处理。新堤施工前，首先根据河流流速、滩地的宽窄及堤内的地形情况、筑堤工作量大小和施工能力，确定新堤的线路和长度；然后清除筑堤范围内的杂草、淤泥等；最后选用含沙少的壤土或黏土抢筑新堤，并严格控制填土的含水量及压实度，使填土充分夯实或压实。

8.3.9　堤坝决口的抢护

堤坝决口的抢护是防汛与抢险工作的重要组成部分之一，若堤坝已经决口，应首先在决口闸门两端抢筑裹头，防止险情进一步发展，然后再进行堵口工程布置，并选择相应的堵口方法。

1. 堵口工程布置

堵口工程一般由主体工程（堵坝）、辅助工程（挑流坝）和引河三个部分组成，其工程布置如下。

1）堵坝

堵坝的坝址应根据调查研究结果慎重确定。在河道宽阔并且有一定滩地的情况下，或堤坝背水侧较为开阔且地势较高的情况下，为了减少封堵施工时对高流速水流拦截的困难，可选择"月弧"形堤线，以增大有效过流面积，降低流速。否则，堵坝一般布置在决口附近，迫使主流仍走原河道。

2）挑流坝和引河

为了降低堵口附近的水头差和减小水流流量及流速，在堵口前可采用修筑挑流坝和开挖引河等辅助工程措施。挑流坝及引河的位置，应根据水力学原理精心选择，以引导水流偏离决口处，并能顺流下泄，以降低堵口抢护的难度。

（1）挑流坝。对于有引河的堵口，挑流坝应建于堵口上游的同岸，将水流挑向引河；无引河的堵口，挑流坝位置则应选在门口附近河湾上游段，目的是将主流挑离口门，减少口门流量，另外还可减轻流势对堵口截流的顶冲作用。挑流坝的长短要适当，若流势过强，也可修两道或两道以上的挑流坝，相邻两坝的距离约为上游挑流坝长的 2 倍，其方向应为最下游一坝能正对引河下唇为宜。

（2）开挖引河。引河位置一般选在堵口的上游，以减小堵口流量，降低堵坝处的水位。若河口无下唇，则可做临时挑流坝导水入引河，出口应选在原河道受淤积影响少的深槽处，如图 8.29 所示。

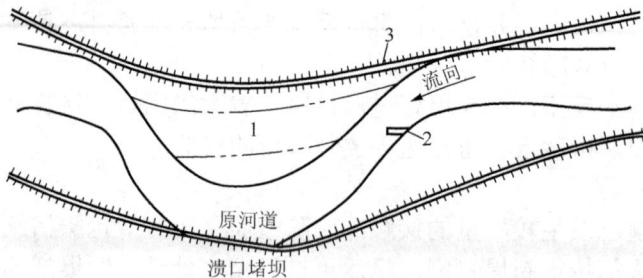

图 8.29　引河分流示意图

1-引河；2-挑流坝；3-河堤

2. 堵口的方法

1）沉船截流

沉船截流的目的是减小通过决口处的过流流量，为全面封堵决口创造条件。沉船截流的效果主要取决于船只能否准确定位，因此要精心确定最佳封堵位置，防止沉船不到位的情况发生。此外，还应考虑由于沉船处底部的不平整，船底部很难与河床底部紧密结合的实际情况，如图 8.30 所示。这时，在决口处高水位差的作用下，沉船底部水流速度仍很大，淘刷严重，必须迅速抛投大量料物，堵塞空隙。条件允许时，也可以在沉船的迎水侧打钢板桩等阻水。

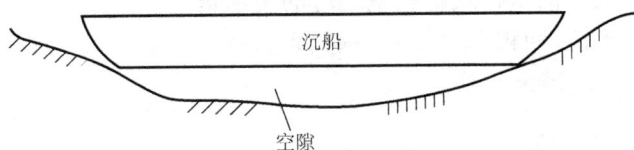

图 8.30　沉船底部空隙示意图

2）进占堵口

堵口工程布置并采取了一些辅助措施后，应迅速组织进占堵口，以确保顺利封堵决口。常用的堵口方法有以下三种。

（1）平堵法。平堵法是沿口门的宽度，向河底抛投柳石枕、石块及土袋等料物，自下而上逐层填高至高出水面，以堵截水流。此法因是从底部逐渐平铺抬高，口门的水深、流量和流速相应减小，故冲刷也是逐步减弱，方便施工，可实现机械化操作，但一次需要的材料及施工附属设施较多，投资大。平堵法适用于水头差较小，河床易于冲刷的情况。平堵的抛投方法有架桥和采用抛投船两种。

（2）立堵法。立堵法是从口门的两端或一端，按照拟定的堵口堤线向水中进占，逐渐缩窄口门，直到实现合龙。此法可就地取材、投资较少，但随着口门的逐渐缩窄，龙口处水头差加大，流速增大，加剧了对抛投物料的冲击，使其难以到位，增加了实现合龙的难度。因此，必须做好施工组织工作，事先准备好巨型块石笼等物料，届时抛入龙口，实现合龙。条件许可时，也可从口门的两端架设缆索，加快抛投速率和降低进行抛投的难度。

（3）混合堵法。混合堵法是采用平堵法与立堵法相结合的堵口方式。堵口时，应根据口门的具体情况、平堵法与立堵法的不同特点，因地制宜，灵活采用。若过水流量较小，可采用立堵快速进占，当口门缩小后导致流速加大时，再采用平堵法，以减小施工难度。

8.4　水库的兴利控制运用

水库兴利控制运用的目的，是在保证水库安全的前提下，充分利用河川径流资源和水库的库容，以满足用水的要求，最大限度地发挥水库的兴利效益（周之豪等，1986）。

在进行水库的兴利控制运用时，应具备下列资料。

（1）水库集水面积内历年降水量、蒸发量资料及当年的气象与水文预报资料。

（2）水库历年逐月来水量资料。

（3）历年灌溉、供水、发电及航运等的用水资料。

（4）水库的水位-面积、水位-容积关系曲线。

（5）水库蒸发、渗漏损失资料。

8.4.1　水库来水量估算

根据预报的降水量估计月径流量，常用的径流计算方法有以下两种。

（1）降雨径流相关法。根据预报的各月降雨量 b，由月降雨径流相关图查得月径流深度 h，即可按式（8.3）计算各月来水量

$$W = 0.1hF \tag{8.3}$$

式中，W 为月来水量（$\times 10^4 \mathrm{m}^3$）；h 为月径流深度（mm）；F 为水库集水面积（km^2）。

（2）月径流系数法。根据预报的各月降雨量 b 和各月的径流系数 a，按式（8.4）计算各月来水量：

$$W = 0.1abF \tag{8.4}$$

式中，b 为预报的月降雨量（mm）；a 为径流系数。其他符号的意义同上。

针对具有长期水文预报的水库，可直接预报各月径流量。

8.4.2　水库供水量估算

1. 灌溉用水量的计算

（1）逐月耗水定额法。

$$W = \frac{M - 0.667\beta c}{\eta} A \tag{8.5}$$

式中，W 为各月灌溉用水量（$\times 10^4 \mathrm{m}^3$）；M 为作物月耗水定额（m^3/亩）；A 为灌溉面积（万亩）；β 为降雨的田间有效利用系数；c 为田间月降雨量（mm）；η 为渠系水有效利用系数；0.667 为降雨量由 mm 变换成 m^3/亩的单位换算系数。

（2）固定灌溉用水量法。对于北方地区的旱作物，各年灌溉用水量差别不大，

各年同一月的灌溉用水量可以采用为一常量。

2. 发电用水量和保证出力的计算

$$Q_{\mathrm{p}} = \frac{W + V - W_{\mathrm{f}} - W_{\mathrm{c}}}{T} \tag{8.6}$$

$$N_{\mathrm{p}} = \lambda Q_{\mathrm{p}} H_{\mathrm{p}} \tag{8.7}$$

式中，Q_{p} 为水电站供水期的调节流量（$\mathrm{m^3/s}$）；W 为供水期天然来水量（$\mathrm{m^3}$）；V 为水库兴利库容（$\mathrm{m^3}$）；W_{f} 为水库的损失（渗漏、蒸发）水量（$\mathrm{m^3}$）；W_{c} 为由于其他用途（灌溉、航运）引走的水量（$\mathrm{m^3}$）；T 为供水期（s）；N_{p} 为水电量在供水期的保证出力（N）；H_{p} 为水电量在供水期的平均水头（m）；λ 为出力系数，根据机组类型及其传动方式来确定，对于一般小型水电站 $\lambda=6.5\sim7.5$。

8.4.3 水库损失水量计算

1. 水库蒸发损失水量

$$W_0 = 1000\left(h_{\mathrm{w}} - h_{\mathrm{e}}\right)\left(A - a\right) \tag{8.8}$$

式中，W_0 为水库月蒸发损失水量（$\mathrm{m^3}$）；h_{w} 为月水面蒸发水层深度（mm）；h_{e} 为原来陆面蒸发水层深度（mm）；A 为水库月平均水面面积（$\mathrm{km^2}$）；a 为建库前库区原有水面面积（$\mathrm{km^2}$）。

2. 水库的渗漏损失水量

水库的渗漏损失与水库的水文地质条件有极大的关系，可按表 8.7 进行估算。

表 8.7 水库渗漏损失水量估算表

水库的水文地质条件	月渗漏量 W_{s}/（$\mathrm{m^3/}$月）	年渗漏量 W_{s}/（$\mathrm{m^3/}$年）
优越	$(0\sim1.0\%)\,W$	$(0\sim10\%)\,W_{\mathrm{a}}$
一般	$(1.0\%\sim1.5\%)\,W$	$(10\%\sim20\%)\,W_{\mathrm{a}}$
较差	$(1.5\%\sim3.0\%)\,W$	$(20\%\sim40\%)\,W_{\mathrm{a}}$

注：表中 W 为水库的月蓄水量（$\mathrm{m^3}$）；W_{a} 为水库的年蓄水量（$\mathrm{m^3}$）。

8.4.4 水库兴利调节计算

水库兴利调节计算的基本原理是某时段的入库水量与出库水量（包括各部门的用水量、汛期的弃水量和损失水量）之差，应等于该时段水库增蓄水量，即

$$\Delta W_{\mathrm{e}} - \Delta W_{\mathrm{u}} - \Delta W_{\mathrm{f}} = \pm\Delta W \tag{8.9}$$

式中，ΔW_{e} 为某计算时段水库的来水量（$\mathrm{m^3}$）；ΔW_{u} 为同一时段的出库水量（包括各部门用水量和汛期弃水量)($\mathrm{m^3}$)；ΔW_{f} 为同一时段水库的损失水量($\mathrm{m^3}$)；ΔW

为同一时段水库蓄水量的变化（m^3），其中"+"号表示蓄水量增加，"-"号表示蓄水量减少。

例 8.1　某水库各月的月平均来水流量和来水量如表 8.8 中的第 2 列和第 3 列所示，各月用水量和全年各月平均损失来水量（近似）如表 8.8 中第 4 列和第 5 列所示，根据水量平衡公式[式（8.9）]经行兴利调节计算，如表 8.8 所示。

表 8.8　水库兴利调节计算

时段 /月		水库来水		用水量 /×10⁴m³	损失水量 /×10⁴m³	多余水量 /×10⁴m³	不足水量 /×10⁴m³	水库弃水量 /×10⁴m³	时段（月）末水库 兴利库容/×10⁴m³
		月平均流量/(m³/s)	水量 /×10⁴m³						
丰水期	6 月	18.00	4 665.6	3 950	4.33	711.27	—	0	711.27
	7 月	76.00	20 355.8	11 550	4.33	8 801.47	—	1 708.01	7 804.73
	8 月	114.00	30 533.8	14 820	4.33	15 709.47	—	15 709.47	7 804.73
	9 月	53.00	13 737.6	8 730	4.33	5 003.27	—	0	12 808.00
	10 月	26.00	6 963.8	5 140	4.33	1 819.47	—	401.86	14 225.61
枯水期枯	11 月	13.00	3 369.6	3 730	4.33	—	364.73	0	13 860.88
	12 月	7.00	1 814.4	3 730	4.33	—	1 919.93	0	11 940.95
	1 月	4.30	1 157.1	3 730	4.33	—	2 582.63	0	9 538.32
	2 月	3.40	822.5	3 730	4.33	—	2 911.83	0	6 446.49
	3 月	11.00	2 946.2	4 150	4.33	—	1 208.13	0	5 238.36
	4 月	9.70	2 514.2	4 530	4.33	—	2 020.13	0	3 218.23
	5 月	8.05	2 156.1	5 070	4.33	—	2 918.23	0	300.00
总计		—	91 036.7	71 860	4.33	—	—	17 819.34	—

水库的兴利库容为 $14\,225.61 \times 10^4 m^3$，死库容为 $10.50 \times 10^4 m^3$，根据水库的防洪要求，6 月 1 日~8 月 31 日的汛限水位为 173.50m，相应的库容为 $7815.23 \times 10^4 m^3$，故 6 月 1 日~8 月 31 日水库的最大兴利库容为 $(7815.23-10.50) \times 10^4 m^3 = 7804.73 \times 10^4 m^3$。8 月 31 日以后，水库可以保持正常蓄水，即最大兴利库容可达 $14\,225.61 \times 10^4 m^3$。

8.4.5　综合利用水库的调度原则

对于以灌溉为主的水库，应该在满足灌溉用水的前提下，增加发电效益，以获得季节性电能。对于以发电为主的水库，如果是从坝下游引水灌溉，则可按单一发电的水库进行调度；如果是从库内引水灌溉，而灌溉用水的比重较小时，可扣除灌溉用水后按单一发电的水库进行调度（顾慰慈，1998）。对于灌溉、发电并重的水库，或自库内引水灌溉，而灌溉用水的比重较大时，应按下列原则进行调度：对于灌溉设计保证率以内年份，在满足灌溉、发电正常供水的前提下增加发电效益；对于灌溉、发电两个设计保证率之间的年份，发电按正常供水，灌溉则降低供水；对于枯水年份，即在发电保证率以外的年份，灌溉和发电均降低供水。

参 考 文 献

顾慰慈, 1998. 水利水电工程管理[M]. 北京: 中国水利水电出版社.

胡德秀, 2001. 供水系统环境影响风险分析研究——以"引额济乌"工程供水系统为例[D]. 西安: 西安理工大学.

胡德秀, 2009. 黄河上游梯级开发的生态与环境风险分析方法研究[D]. 西安: 西安理工大学.

李爱花, 刘恒, 耿雷华, 等, 2009. 水利工程风险分析研究现状综述[J]. 水科学进展, 20: 453-458.

李芬花, 2011. 水利水电工程系统的风险评估方法研究[D]. 北京: 华北电力大学.

李树新, 2012. 水利水电工程中水库库区的防护[J]. 中国新技术新产品, (6): 44.

刘佳, 2016. 水利水电工程系统的风险评估方法研究[J]. 江西建材, 8: 131-136.

全国人民代表大会常务委员会, 2016. 中华人民共和国防洪法[M]. 北京: 法律出版社.

石青梅, 吕元龙, 2008. 水利工程的风险体现及管理——以小浪底水利工程实践为例[J]. 水利科技与经济, 11: 888-891.

石自堂, 2009. 水利工程管理[M]. 北京: 中国水利水电出版社.

水利部西北水利科学研究所, 1983. 中小型水库设计与管理中的泥沙问题[M]. 北京: 科学出版社.

文理, 孙超平, 杨正道, 2003. 试析我国风险管理的理论研究和应用现状[J].科技导报, 10: 6-7.

吴世伟, 1990. 结构可靠度分析[M]. 北京: 人民交通出版社.

吴同强, 2011. 水利项目风险管理研究[D]. 济南: 山东大学.

张士君, 董福平, 2005. 小型水库的安全与管理[M]. 北京: 中国水利水电出版社.

赵刚, 2008. 某水电工程施工导流风险管理研究[D]. 长沙: 国防科学技术大学.

赵焕臣, 1986. 层次分析法: 一种简易的新决策方法[M]. 北京: 科学出版社.

中国水利水电科学研究院, 1959. 异重流的研究与应用[M]. 北京: 水利电力出版社.

周建方, 李庆典, 2008. 水工钢闸门结构可靠度分析[M]. 北京: 中国水利水电出版社.

周之豪, 沈曾源, 1986. 水利水能规划[M]. 北京: 中国水利水电出版社.

Al-BAHAR J F, CRANDALL K C, 1990. Systematic risk management approach for construction projects[J]. Journal of Construction Engineering and Management, 116(3): 533-547.

CARTER B, HANCOCK T, MORIN J, et al. 1994. Introducing riskman: The European projects risk management methodology[M]. New Jeysey: Wiley.

JAYNES E T, 1957. Information theory and statistical mechanics[J]. Physical Review, 106(4): 620-630.

JAYNES E T, 1957. Information theory and statistical mechanics II [J]. Physical Review, 108(2): 171-190.

SHANNON C E, 1948. A mathematical theory of communication[J]. Bell Labs Technical Journal, 27(3): 379-423.

YEN B C, ANG A H S, 1971. Risk analysis in design of hydraulic projects[A]//Sump on Stocha Hydrau. Pittsbugh: University of Pittsbugh: 694-709.